台灣環境議題特論

環境議題特論

Environmental Issues in Taiwan
during Early 21 Century

於幼華◎編著

作者簡介

（依姓氏筆劃順序排列）

李鴻源

學歷：美國愛荷華大學土木暨環境工程研究所博士

現職：台灣大學土木系教授

於幼華

學歷：美國聖路易華盛頓大學環境工程博士

現職：台灣大學環境工程學研究所教授

林宏端

學歷：台灣大學環境工程學研究所

現職：經濟部工業局永續發展組科長

林盛豐

學歷：美國加州柏克萊大學建築研究所博士

現職：行政院政務委員

張祖恩

學歷：日本東北大學土木工學專攻博士

現職：成功大學環工系教授

張時禹

學歷：美國紐約州立大學應數及統計研究所

現職：中央大學地球科學學院院長

葉俊榮

學歷：美國耶魯大學法學院博士

現職：台灣大學法律學系暨研究所教授

　　　行政院研究發展考核會主任委員

鄭森雄

學歷：日本九州大學水產學博士

現職：國立台灣海洋大學食品科學系暨研究所教授

魏元珪

學歷：台灣大學法律系法學組博士

現職：東海大學哲學系兼任教授

　　1993 年，亦即在巴西地球高峰會議後的翌年，筆者因感國際環境問題的來勢洶洶，明顯將會波及我們本土相關課題的侯後發展，因而便在原已開設的「國際環境議題特論」課程外，另增闢為期半學年的相應課目「台灣環境議題特論」，希望研究所的博士班同學能對不同尺度下的環境問題有所區辨與聯結。

　　當年，為了要從不同角度來探討我們自己的環境面貌，筆者邀到了張石角、劉小如、黃榮村、范光龍、蕭代基、駱尚廉與葉俊榮等教授，連同自己，共 8 位老師來聯合授課，因成員湊巧是七男一女，以致在討論熱烈的課堂外，所謂「八仙過招、各顯神通」的玩笑亦不脛而走，成為如今回憶中的一樁趣事。

　　歲月流逝得真快，轉瞬間當三度開授此門課程時，之間竟已滑失了五分之一個甲子了。然而，時間荏苒是一回事，我們台灣的空間變化在這 12 年來又是如何一番光景呢?!以前各個散仙般的老師們所論述的，不論是地理台灣、生態台灣、海洋台灣或是人文台灣、社經台灣與工程台灣，其中有哪幾項是進步的或退步?有哪些的空間發展是向國際永續楷模看齊，或者仍只一逕在追隨著壞榜樣的腳步的?!

　　對上述嚴肅的問號群，本書其實原即未含有要一一作答的意思，理由很簡單，因為本書的作者群主體乃屬正在求學中的新生代，這些正在本所博士班肄業中的同學，對於 12 年前台灣環境是何等光景，恐怕印象不足、了解欠深；既缺乏對照基準，哪可得比較答案?!只是，本專輯中卻存有唯一位作者，正是葉俊榮政務委員，也就是 12 年前的台大法律系葉教授，或許這位當年曾為我們戲稱為之最年少的「藍采和」，在他應允刊出的「公共政策的永續觀」講稿中，或可讓有興趣知道答案的讀者得到部分滿足。是呀，所謂「部分」者指的是頂為要緊的部分，因為大家可以比一比，這 12 年前後，最影響台灣通盤環境的公共政策群，其永續觀究竟是進抑退?!是與國際接了軌或僅閉門造車而已?!

在感謝昔日授課戰友葉政委外，本人在此更必須格外向諸位鞠躬致謝的，依文章輯目有林盛豐政務委員、鄭森雄教授、張時禹教授、張祖恩教授、林宏端科長與李鴻源教授。承蒙他們能在應邀來為「國土與海洋」、「全球氣候變遷」、「環保政策之規劃、執行與管理」、「工業環保」、「生態工法」等專題上為我們師生們授課外，還願耐心忍受本編輯小組的多番騷擾，始能彙成這本紀錄文字。而確實只有在他們的關題導引下，我們才好將修課同學們的專題報告逐一整理與分題歸類。是的，書籍的整編工作最繁瑣了，在此除了要向所有的賜稿同學們致意以外，更特別得感謝廖卿惠小姐與謝奇旭博士，尤其前者，她真是作者中最不幸的一位，因為編書的所有雜事全拉了她來處理，原因無他，只因她正巧也是有事服其勞的我的弟子。

本序文末，筆者最最需要表達敬意的是向本書的壓卷作作者──東海大學哲學系退休教授魏元珪先生。魏老雖在受邀為我們講演前與本人素昧平生，但自他慨然允諾北上授課以來，無論在講題的商榷、文稿的準備，以至於最後專輯文字的確定上，確讓我們師生體會到什麼才叫做敬業。當然，這份了解是大家額外的收穫，他的大作本身，《環保心靈與環保文化──從歷史制度與環境倫理看當前環保生態問題》，才真正啟示了我們這些粗枝大葉的現代科技人──**原來人類社會永續發展的前程，最後仍必須在充分回顧我們自己與先民的生存與生活哲理後，始可能恍悟出方向感與信心來源的！**

確實，人類自工業文明興起以來，就無日不在向所謂生存環境中的天條與地戒挑戰，直到這個新舊世紀的轉折點上，才因觸犯所受的懲戒日甚，始令國際社會以至於我們台灣朝野警覺，以及開始有了那麼一點點的反思。在這個關鍵時刻，筆者自就更格外要感謝魏老的賜稿了，因它等於是一幅高懸的明鏡，正好可讓我們大家在重新起步出發前，再有一次可好好端詳自己配備是否齊全的機會。

於幼華

2006.6

目　錄

作者簡介
代　序

永續發展議題

國土與海洋議題

全球氣候變遷議題

環保政策之規劃、執行與管理議題

工業環保議題

生態工法議題

生態農業與外來物種議題

環保心靈與環保文化議題

永續發展議題

第1章

論全球化之環境危機
——兼談台灣之相關議題

於幼華

第一節　前言

　　環境危機的區域化與全球化約起始於上世紀 60 年代末期，以致 1972 年，聯合國召開了第一次的所謂人類環境會議。當年於瑞典斯德哥爾摩所討論的環境議題，乃以酸性氣體的擴散與其管制為主，自彼時起，「污染無國界」現象遂引起國際社會的關懷。

　　20 年後，地球高峰會議於巴西里約熱內盧舉行，之前「巴塞爾公約」、「蒙特婁公約」等國際規範雖早就開始約束了各國對毒物輸出入或使用氟氯碳類化合物的行為，但全球環境逐日劣化的背後兇手更憑添了無色、無臭、無毒的溫室氣體類別與項目，於為與會的百餘國家元首正式開始惶惶討論應如何抑制以二氧化碳為代表的近代人類生活的瘋狂產出，並叫出為下世代著想的所謂「永續發展」口號。

　　相應於國際社會對全球環境危機的認知與覺醒，台灣自 1972 年起即派有代表團與會，而且，政府方面亦於巴西大會後即於行政院內設置了相應組織，無奈這番可稱之亦步亦趨的官方反應中，有些作為尚頗能收效，例如：對氟氯碳類物質控管，但凡涉及必須全民投入始可盼有成的行動，如：溫室氣體的減量，則至今仍進度遲緩。

第二節　工業社會形成後的人口邊增現象

　　地球環境危機的明顯化、區域化乃至於全球化，皆可溯及人類社會自十八世紀中葉工業革命開始的這 250 年間事。之前，農業社會自亦有環境問題，但當時多半問題的肇生乃與人類飲食起居中的衛生習性有關，屬生物性病媒與病菌所造成的瘟疫雖確也曾釀成廣大災難，只是彼時的紀錄若與工業時代以來的物理或化學性禍害相較，其尺度

與深層影響情況實皆微不足道。

現階段的環境問題有五大肇因，如下：

 工業社會形成後的人口遽增現象

圖 1-1 所示地球人口的倍增乃係近代這兩、三百年間事。這種每十二、三年間即增加 10 億人的對數式成長，預測至下世紀初則有三種版本的估計（虛線部分）。迄今，單就如今呈 63 億的總人口現況，即已讓全球各地產生了如圖 1-2 所示的五大類環境問題。

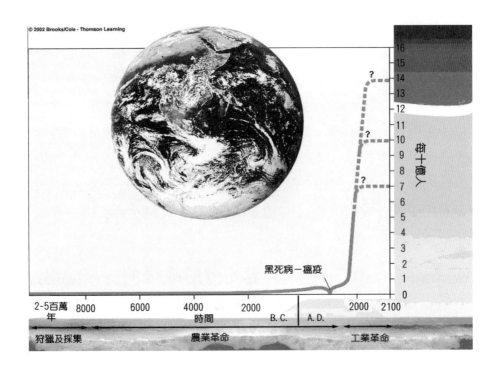

圖 1-1　全球人口數的變遷狀況一覽

註：本文所本之圖表其原稿件全出自 G. T. Miller Jr. 的 "Living in Environment"。筆者曾對部分圖表內涵中譯並略加修訂。

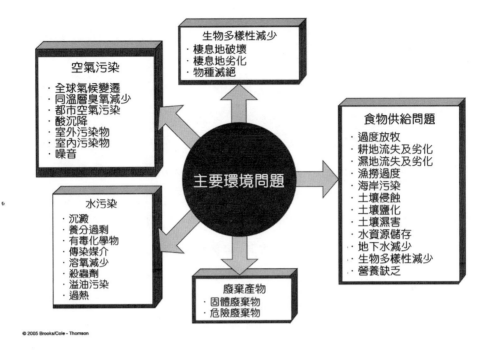

圖 1-2　環境問題所造成的全球性危機

　　基本而言，環境問題的擴張，在污染物部分乃與污染物本身的物理性狀態息息相關，而這也就是為何屬氣態性質的酸性氣體，或氟氯碳類化合物或溫室效應氣體，會接踵造成近年來最明顯的全球課題的原因。另外，在自然環境的破壞上，如：生物多樣性的喪失與整體人類糧食供應系統的退縮，則直接與人口在地球版圖上對農地的擴張與侵犯相關，呈「人侵地消」的必然結局。

　　回顧台灣人口的快速增長，除了二次大戰後所謂嬰兒潮係主因外，60 年末期起的工業起飛亦是項正相關因素。對於蕞爾海島言，人口密集尤其導致了環境問題的叢生與難解。所幸台灣後期的家庭計畫相當成功，島上近年人口的增殖終朝所謂的 Replacement Level 逐趨平穩，只是，已形過密的人口現狀更須有周詳的長期社經發展計畫，來緩和各項活動所造成的環境壓力。

由貧富懸殊所導致的環境惡性循環

工業社會非僅賦予人類向外擴張的動力、器具與拓展野心，也更造成其內部社會貧富階層，因資源分配愈形不均而彰顯的兩極現象。在國際之間，貧窮國家為求生存與溫飽，遂流向輸出其低廉的勞力與環境資源，在國家內部，窮苦階層於自顧不暇之餘更無所選擇，只能苟活於所謂品質低劣或危險的環境邊緣地帶。也正因環境保護成為窮國或貧民的奢想，自然資源的不斷流失以及與污染疾病為伍為鄰的生活現象，乃成為惡性循環下貧窮者的必然宿命。

然而，人類社會這種對內與對外的不公與不義，其由少數人剝削多數人的後果，到頭來同樣也導致富國與富人的集體災難，如今所謂生態學上的蝴蝶效應，正讓全球人類共同面對諸如：臭氧層破洞或氣候變遷問題，所以，這才讓近代社會警覺：原來人間的貧富不均非僅不能以所謂的「人不為己，天誅地滅」說法來從輕看待，反過來，我們應大加譴責的是：鼓勵私慾與私念，果然就是導致全球今日環境危機的病根所在！

台灣早年的「以農養工」國家政策，曾造就了 70、80 年代的經濟起飛奇蹟，但「以農為壑」的環境效應也極快地造成台灣土地資源及水資源數量與品質上的急速劣化。而伴隨工業化所必然興起的城鄉差距，如今雖朝野皆有心彌補，但唯富是逐的普遍心態似仍是社會主流，也因此，「生活上減物質化」以及生產與消費上的建構「循環性社會」，仍值口號上響亮但行動上荊棘重重的階段。

三 不永續的資能源利用

地球生物圈所仰賴為生的資能源，全由太陽所賜，圖 1-3 與 1-4 簡示了陽光如何出入生物圈中的大氣層，以及如何由光能轉化為化學

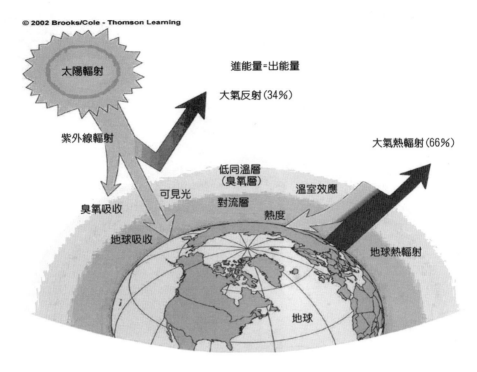

圖 1-3 日光幅射出入地球生物圈之示意圖

能，也就是最初生產力或最初植物質量產生的過程。

　　前聯合國秘書長，Dr. Herman Daly，曾爲資能源的永續利用下過簡單的守恆定義，即：

　　（一）人類社會利用可再生性資源的速率必須低於資源本身的再生速率。

　　（二）當所利用者爲不可再生性資源，則速率必須低於人類覓得其替代性物質的速率。

　　（三）因利用資源所形成污染之速率必須低於自然環境所能轉化該污染物群的速率。

　　然而，從全球森林面積的迅速縮小，或從地底化石燃料的趨近耗竭觀，近代人類對太陽所賜資源的糟蹋情境，可謂嚴重至極，豈僅是雲淡風輕的「不永續」三字所能形容。

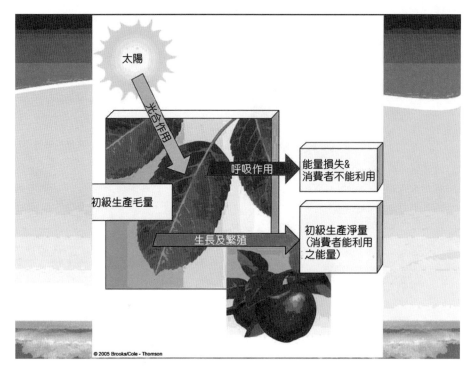

圖 1-4　最初生產力與物質質量如何由日光能形成

　　若以我們台灣所使用水與砂石資源的近況為例，前者為可再生性資源，連此項農業社會時代一向自許豐饒的自產性資源，近二、三十年來亦已態勢逆轉，每成為需索無度下的年度稀有品，更遑論本質上原即屬非再生性的砂石礦物，其被濫用無度的慘狀了；另一方面，高人口密度與其活動下所肇生的污染物種類與總量，在台灣環境中因涵容不及而歷來的累積與爆發課題，亦成為一項項或此地居民日常生活裡隨時可發生的夢魘。

四　環境價值實非市場價格所能反映

　　全球所謂工業先進國，在近 30 年來，每每企圖以「市場」哲理與作為，來化解所謂由環境外部成本所肇生的資源破壞與環境污染問

題。然而，市場機制終究僅能平衡人群內部的貨流，而進入貨流循環圖的始末點的「源」與「匯」，卻全得仰賴自然界的生成與消化能力，而那偏偏卻是人類的簡單市場理論所無法貫通的複雜生態系統。所以，富國所自許已解決的國家環保問題，其實並未解決，它只是暫時轉化或移轉成相對貧國其國內更嚴重的資源耗竭與污染問題，此即正如富戶只顧將屋內的穢物掃出門外，即以為一切業已處理完畢一樣。

　　以身處第二世界國家的台灣為例，我們甚至在人群的市場裡，都還為經濟命脈而捨不得提高如：水、油、電等稀有資能源的價格，以致讓企業與民眾在生產或生活行為上更了無珍惜資能源的概念。易言之，若從實從詳來計算台灣數十年來的經濟發展指標，我們過去所常引以為傲的成就，恐怕其中以犧牲環境為代價的部分將成為未來世代會大肆清算的主題。

五　人類對自然界繁複運作系統的幾近無知

　　生態學自 1850 年左右於德國首創以來，冷僻沈寂了近百餘年，始又在美國卡遜女士出版《寂靜的春天》一書後復甦。這門科學自彼迄今，隨地球環境危機的惡化更愈成熱門。

　　研究生物與非生物環境間的互存關係，其研究範圍可大可小，若僅以「水」環境為例，我們即可將水域區分為淡水與海水兩項，探討其對全球生態所提供的功能，或者對人類社經發展所呈的意義，前者乃導衍出所謂以生態學本身為價值所在的「深層生態學」觀點，而後者則為以人類為首要保全對象的永續利用務實思想。若套用中國先哲在環保課題上所曾表達過的睿智，深層生態學乃雷同於莊子萬物平等的環境觀，至於以物盡其用的觀點言，則孟子所陳生生不息的環境哲學確是完全入世的，且僅以人類發展為生態保育推動的目的。

　　圖 1-5 與圖 1-6 乃分別示意出淡水與海水生態系的上述雙重價值所在。

　　然而，造物主在地球生物圈內所設出的種種繁複布局，實遠遠超出人類智慧的想像與求知能力，正如人對其肉身本身迄今尚無有全盤的真知灼見那般，更遑論對其周遭夥伴群的認知。

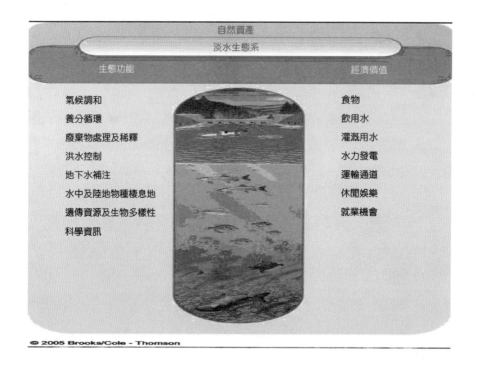

圖 1-5　淡水生態系的生態功能與經濟價值項目

　　人類與大半的陸域生物皆係依存淡水生態體系為生的成員，惟所有淡水的源頭乃來自海水經陽光的蒸發，其再以降水方式於陸域著地，其中在地表成逕流者，為湖泊河川與所蓄積與運送，而滲入地表者則成為地下水來源。圖 1-7 所示者，即為所謂水文循環圈的架構。

　　以全球水資源總量觀，淡水僅占全量的 2.6%，而其中留於地表且確為大多生物可及者，竟僅占全球總量的 0.014%（圖 1-8）。

圖 1-6　海水生態系的生態功能與經濟價值項目

圖 1-7　陸域所呈的水文循環圈

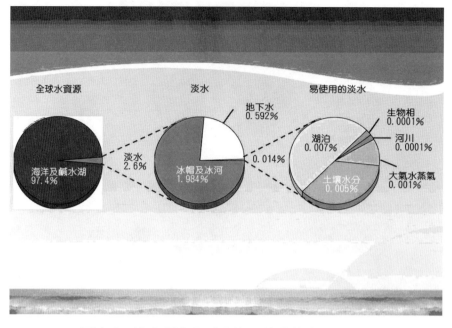

圖 1-8　淡水所占全球水資源總量值之百分比

　　今人對於生態學中屬淡水環境的知識還可謂相當豐富，至於對廣大海域的理化或生物瞭解基本上仍多半空白。只是，在接近無知狀態下，人類社會對其周遭環境的對待方式非僅未小心翼翼，反而常因社會本身內部所鼓勵而形成的各種支配慾念，讓近人每不計後果的先妄所欲爲，以致總在全球性禍患一旦突顯後，始才再來思考補救之道。

　　台灣在對其本身海島生的認知研究上，直到 80 年代之後才逐漸投入規劃與行動的組織與人力，所幸相對有限的國土面積，就生態資料庫的建立難易度竟卻反而成爲了大國所無的優勢。只是在不斷變動中的生態環境，惟賴不輟的各方努力才能確保其動態資料與紀錄的完整，而確亦惟藉正確的國土環境資訊爲本，始能進而將國土利用計畫導往永續發展的方向。

　　總之，在結束本節文字前，筆者乃將現階段全球化諸危機濃縮爲八大課題如下：

（一）氣候變遷。

（二）水環境質量變化。

（三）土壤退化。

（四）毒物化擴增。

（五）漁場耗竭。

（六）林地減少。

（七）生物多樣性喪失。

（八）地球整體環境難以永續。

而在全球上述環境危機之關照下，台灣雖亦同樣面對著每項危機的威脅，但此海島本身現階段似又以水環境之質量劣化、土壤退化與毒物化擴增課題，此三者更較嚴重。因鑒於篇幅所限，且水環境質量劣化問題多少亦影響土壤品質或受毒性物質擴增之波及，所以以下專設之水環境危機特論一節，一方面談全球化之共同危機，另一方面，則同樣再藉以點出本島之特殊相關議題所在。

第三節　全球水環境危機特論

在全球水環境所面臨林林總總的匱乏與污染危機中，本節以四項最嚴重的現況作為議論對象，它們分別是：一、地下水耗竭與海水入侵，二、由質量所肇致的水資源匱乏，三、水生物棲地破壞及物種減少及四、人類飲用水之質量危機。

一　地下水耗竭與海水入侵

在陸海交界的海岸地區，較重的海水與企圖外流入海的地下淡水原保持著一定程度的介面平衡關係，此介面正如圖 1-9 中虛線部分所

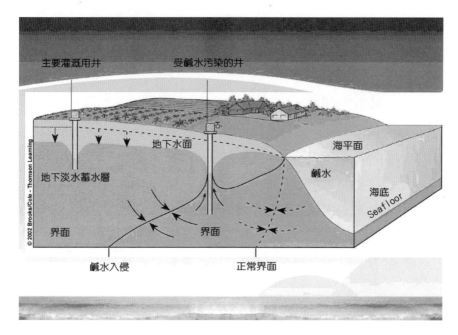

圖 1-9 海岸地區地下淡水層與海水間之介面平衡圖

示。

　　然而，由於地下水經鑿井抽取，當抽取速率超過原先該地區天然的地下水補注率時，地下水介面先前所維持的平衡破壞，於是海水乃往內陸推近，構成新的平衡介面，這種海水向地下內陸推進的現象，即可稱其爲「海水入侵」。

　　因海水入侵所引起的頭一椿惡效即是土壤的鹽化，另外，地下水的超抽，經年累月後往往由飽和層的下降而引起上方土地的落陷，其被稱爲「地層下陷」現象。

　　土壤鹽化與地層下陷在全球屬砂質海岸區皆極爲普遍，是當今全球水環境危機之一。這危機亦代表因全球水荒而造成長期以來濫採地下水資源的後果。

　　台灣居民，尤其西南部地區沿海居民，特別身受地層下陷與海水入侵所肇致的土壤鹽化之害。其原因是自 70 年代末期起，在幾無管

制狀況，沿海養殖業因日夜不斷汲取地下水水源的惡果。如今部分地區因地層下陷所引起的所謂「國土淪陷」早已成爲居民生活上的經常性噩夢，而沈淪的土地仍繼續在向內擴張與加深之中。

另外，陸海交界處的海岸，其河口地帶每每必是水生物多樣性最爲豐饒處，而這些棲地多樣化的天然地景，在台灣西岸數十年來人工設施的侵占下已消失殆盡。

 由質變所肇致的水資源匱乏

超抽地下水的背後每有伏因，其一是因平日更容易取得的地面水因匱乏或因品質欠佳之故。台灣與全球其他許多地面水水源豐富，但卻因質地日趨惡劣而無法採用的情況十分相似，以致每設於河川下游地區的漁場、工廠，甚至居民聚落本身，皆非得汲用污染狀況不嚴重的井水爲其生產與生活用水水源。

圖 1-10 所示即代表全球各地在其河川入海前與其沿岸人類社會間的互動關係。在本圖上除了標有所謂的點狀與非點狀污染源的種類外，對水污染物之特色內涵則亦可藉圖 1-2 之相應框欄與文字加以簡要說明。一般而言，人類生活污水、工廠廢水以及農地排水每各有其污染特質，惟一旦流進河川，若僅藉河川之天然自淨能耐，就人口密度高或活動頻繁地區言，常無力應對，於焉就正如台灣西海岸地區現今之情景，幾乎每條河川皆自流入人煙稠密區起，即成爲所謂的臭水溝。而正也如此，地面水因水質過於惡劣，用水戶只有鑿井取水了。

 水生物棲地破壞及物種減少

上述曾以海岸與河口爲例，略述及生物棲地因消失而導致物種減少課題。本節則針對地面水中的河川上游環境，以台灣櫻花鈎吻鮭的

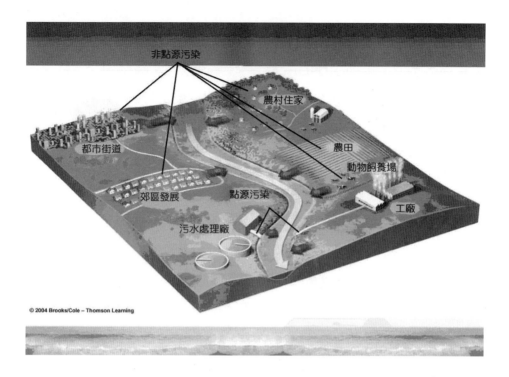

圖 1-10　河川中、下淵環境與居民活動間之污染關係

圖 1-11　珊瑚礁生態區示意及珊瑚白化現象

瀕臨滅絕來說明棲地破壞的嚴重性。另外，海岸地區如台灣東北角與墾丁南端的兩處珊瑚礁，其多年來因種種肇因而引致的白化現象，確亦是以代表生態敏感區的脆弱與破壞後的不可逆性。

櫻花鉤吻鮭的不易復育實與台灣河川上游的土地利用作為之長年失當，息息相關。山坡地自授意至放任開發乃是一直構成台灣水源地保護失控的重要肇因，而不幸國寶魚乃成為祭品中的犖犖大者罷了。

另外，除河川上游每遭四周土地利用之害外，河川內部本身為蓄水而設的種種工程障礙，自亦必須為生態改變的後果負責，總之，這些人為戕害只要繼續存在一天，台灣河川上游的生態敏感區即一日不得安寧。

同樣地，屬海域環境之生產力最豐饒卻也對外來干擾每最敏感的珊瑚礁區，其一旦白化（見圖1-11），則其復育談何容易！

四 全球飲用水質量危機

根據聯合國統計，全球現下有三分之二人口無法取得日常且安全所須的飲用水水源，且此人口數仍在逐年增加之中。相較下，台灣的自來水普及率以及飲用水的安全性現況兩者皆超越平均水準以上，只不過，後者的危機已開始逐年顯現，以致瓶裝水的取代用量日增，尤其在大都會區更是如此。

以地表水水源為主的飲用水危機形成自與水源地管理失靈有直接關係。若以大台北地區最主要的水源—北勢與南勢溪為例，北勢溪上游翡翠水庫的管理在台灣諸水源地管理中原可稱首屈一指，然而該管理委員會對諸多周邊土地之利用作為仍有職權不及之處，例如：對當年北宜快速道路的興建，以及近月來喧騰一時的坪林便道開放案，兩者幾皆無該委員會可置喙處。另外，歷年紛爭雖每常發生在北勢

溪，但另一提供更占二分之一強的水量的南勢溪，其沿岸管理竟常乏人過問，以烏來及烏來地區以下的溫泉業對飲用水水源所呈的威脅言，真可謂日甚一日，若繼續放任現狀於不顧，則大台北地區飲水之安全實危機近矣。

　　台灣西海岸的地面飲用水源，另亦多賴類似翡翠水庫般，乃由其他水庫供給。只是所有水庫現正個個飽受優養化的危害，優養雖是所有湖泊的自然演化過程，但優養現象的加速化則完全係來自人為管控的失靈。整體而言，在這屬全球性危機課題下，台灣居民必須更該警覺於專屬於我們自己的嚴重問題，比如：在南勢溪沿岸管制上軌道前，每人可身體力行處即是儘早打消去該溪泡溫泉之念頭。

第四節　結語

　　本文以上藉全球化危機的通識介紹，一方面討論屬台灣特有的整體危機所在，另一方面亦特以水環境為對象，列舉出全球與本地最顯危機重重的幾個議題為專論範圍。

　　總之，解鈴仍須繫鈴人，近 300 年來由工業人類所惹出的環境災難，以及預測中仍將出現的禍患，皆只能藉現代的智慧妥加消彌與防範，而無論治與防，欲見成效的最根本作為在於：必須將人類社會中先哲所倡導的「義利之辨」推廣為對環境公與義價值上的認同。惟此，始能匯聚眾人決心來從事制度與技術上的必要作為。文末，筆者覺得所謂第一、二、三世界的舊定義必須先予扭正，過去世人每以物質生活水準為標竿，深信其必可引領精神內涵提升的說法，實十分無稽，否則全球環保上今日所正倡導的「去物質化」概念，實也無從廣被接受且漸為實踐的了。

第2章

從公共政策的永續觀談起

葉俊榮

台灣環境長期以來不斷地變化，其發展好壞都有，本
章對於各項台灣議題之討論與分析，分成二個部分：

▶以台灣長期觀察的觀點做基本結構分析。

▶以台灣目前的主要個案為討論核心。

第一節　四個重要的永續觀架構

關於公共政策的永續觀議題，其架構主要有四大重點：

（一）人與制度的探討。

（二）台灣永續發展觀點。

（三）公共政策的探討。

（四）永續觀念在政策制度的落實。

以下，將就此四大重點逐一闡述。

永續發展與制度建立的關連與重要性

對今日的台灣而言，建立永續發展的制度是當務之急，但在制度中負責處理及執行的人，其重要性亦不可忽視；因為這些人在執行的過程中，勢必也要面對制度、面對民眾。永續發展應該是與社會相連結的作法，切不可「大政府而小社會」，事實上，要達成永續發展的目標也並非政府能獨立完成，或是一蹴可幾便能達到。

此外，還必須了解企業界的發展趨勢，使其與永續發展相結合。以 LED 為例，在當今 LED 風行的盛況下，我們可以僅將其視為一項產品，或是將其與永續發展相連結，這一切都端視從何種角度來看待。若以後者眼光來看，那麼 LED 也可以與節能等能源政策相互配合，形成一種連結的關係，以達到節能、節源的目的。如此，公共政策就可以與實際生活產生一定的關連性，而不是各自單一的事件了。

政策彼此間也是存在高度的關連性，因此更應該重新考慮目前的問題點，並且對未來加以評估，以提高管理、分配的效率。以焚化爐政策為例，因為背後隱藏著垃圾管理問題，因此其議題考量的程序、經費的運用就不應該是以目前各自規劃或無法呈現網狀脈絡及永續

思考的方式來執行。能源使用的效率問題亦是如此；雖然現在台灣的經濟發展情況是大眾目光之焦點，但在能源效率的表現上卻僅為日本的二·五分之一，可見能努力的空間仍相當大。在此方面，我們首先應該討論節能定義、願景（vision）、範疇，再來談論再生能源比重的配置，而不是只以上對下地要求產業達到一特定要求；此外，一定要有誘因使產業有利可圖，如此產業才願意配合，這種政策的思考模式才比較具體可行，也比較容易達到政策目標。

如果今日的政策目標是節水、節電，那麼，忠實反應各項環境成本（如：水、電）並使大眾了解環境的價值就將成為一項重要工作；節水、節電的目的若是以省錢為出發點會比勸說保護環境之利他心更為實際。經濟學家 Arrow 曾經說過：「利他心（公益心）為一稀有物質，非為無窮無盡的資源。」因此，我們不能過度濫用「利他心」來支援公共政策的施行，對於「利他心」，可以期待但是不可以過度依賴，重要的是考量制度的調整，以發揮市場的機能。建立制度的過程即為改革；我們應該以永續發展作為一座指引改革的燈塔，再加上人心的配合，才能建設一個更美好的台灣。

二 全盤理性與漸進主義

討論公共政策的方法有兩種：comprehensive rationality（全盤理性）與 incrementalism（漸進主義）兩種。全盤理性是先確立一個大方向、大目標，然後各方開始大刀闊斧地實行，結果單純：即非輸則贏；而漸進主義則是一種隨時保持彈性的作法，可以因應局勢的變化，先前亦有全盤規劃，後續時間再慢慢調整其配套措施以達到目標（sail-through）。日後若以永續發展觀點作為公共政策的指引燈塔，需要的是更加了解我們現在所在的系統體系，公共政策的成敗非常重要，然而，台灣對政策的基礎研究卻極度不足。

　　若政策制訂的方式是放在金字塔頂端，則此政策的永續性何在？這便需要更多的基礎政策研究。而台灣的迷思在於：我們的政策決定是由領導者的領導能力（leadership）所決定，而非以專業的政策研究分析爲決策基礎；反觀美國，在 1996 年討論「全球氣候變遷」的公共政策研擬時，結合全美 20 位至 30 位法學教授等，由政策制定的結構、美國國際立場等各種角度同時探討分析。事實上，公共政策的範疇過於廣泛，實應與環境、企業、法學等各個不同的領域相連結，作多向同步溝通方可達到較適宜的政策擬定。

 時間序列與空間序列

在制訂永續的公共政策時應注意：

（一）時間序列

　　過去的歷史與現今事件的關連性，是否記取過去的教訓作爲今日政策擬定的依據之一；如：今日的核廢料皆爲過去的發電所留下的產物，因此做決策時，必須考慮到未來可能會出現的問題。

（二）空間序列

　　探討台灣與世界的關係及台灣區內不同區域對於政策的適應、調配等，如：台灣過去的漁港開發、工業區的建設政策、焚化爐……等，至今已成爲一種非效率（oversupply）又破壞台灣自然環境的兇手；而另一個對環境影響甚鉅的下水道政策卻嚴重不足（undersupply）。

　　另外，財政（財稅）制度加入永續發展公共政策議題的擬定，會使整個政策的制定更有效率。公共政策實爲各種不同專業領域的結合，科技雖然重要，但法律和經濟在公共政策的制定上更有舉足輕重的角色，以各個角度加以評估，如此公共政策的探討才不至於淪爲空

談。

第二節 「領航型」政府

政府應該扮演「領航型」的角色，要全盤考量各種因素與背景條件，方足以了解公共政策是否有所偏離，如此擬定的機制才能因應未來不同的社會環境與結構。現今永續的政策擬定應有三個主要要素：

（一）是否結合民間力量與時代的趨勢。

（二）是否有具體之指標。

（三）是否有具體評估策略與行動方案之方法。

一 環境基本法與台灣永續發展觀點

台灣環境基本法的立法較晚，但是其中強調了許多環境制度性的永續觀點，其格局足以與世界各國並駕齊驅。其中，關於補償與求償、回饋機制方面在環境影響評估法中亦有提及。事實上，補償與求償是屬於市民法（civil law）的範疇，然而在過去的台灣，在與環境相關議題的市民抗爭中，受害者卻連這一項最基本的權利都無法主張，或必須以「不求償」為口號向社會大眾證明其清白，最後仍必須靠環保署公權力的介入來解決事情。此根本問題無法解決造成了環境流氓及因潔身自愛而忍辱吞聲的兩種極端，使許多因環境衝擊而受損失的受害者（如：水庫集水區之居民）無法得到補償。也因此，環境基本法中賠償、求償與回饋機制的建立應可大幅伸張社會正義。

在永續發展的願景下，對制度的量度為：減少做出以後會後悔的政策的可能性。公共政策的決定與法官的工作，在性質上異曲同工，均為要求人去做神的工作。而人可以做的，通常只能盡力去減少做出

以後會後悔的政策的可能性。永續發展重點爲過程（決策擬定），其需要的是一個開放的改革過程；沒有一個國家可以說自己已經達到永續發展，因爲它並不是一個最終結果，而是一種境界。所以我們可以說，當我們不斷地努力減少做出以後會後悔的政策的可能性時，即爲追求永續發展。以天然災害頻仍的台灣島爲例，現今各項災害救援組織因職權複雜、運用上極度不靈活，而若統合其組織功能不但能提高災害救援的效率，亦能大幅降低經濟上的成本。此外，漁港、工業區、下水道等方面的規劃，中央與地方的溝通是否足夠，是否考量地方的實際需求，或地方的需求是否真的必要等。認識台灣是一個海島，善用台灣的資源，記取過去教訓來設計一個適合台灣完善的組織，使各項成本（包括環境成本）可以達到最小而效率可以達到最大，此即爲朝向台灣永續發展的努力。

綜合而言，永續發展的意涵，包含了：

（一）生活哲學。

（二）研究領域。

（三）國家目標。

（四）政府義務。

（五）基本權利。

（六）憲法制度。

但其間的關連性爲何？順位如何決定？政府義務何在？目前的預算編列是否可以因應與支援永續發展決策的進行？機制與理念間的權衡如何調配？預算編列的過程能否加入績效觀念？機制的永續性是否會隨執行者的變化而折損？等都需要列入考慮。其中，以預算制度的影響最爲立即且深遠。現今台灣的預算制度非爲理念性，單單以資本部門與經常部門決定了所有的現行預算編列使組織深具僵化性。預算制度與永續發展實際上有極其重大的影響，因此，將永續發展觀點納入財務預算機制實屬當務之急，無法納入經建計畫與預算制

度的永續發展極容易淪為空談。

二　公共政策的探討

　　在既有制度之政策環境影響評估部分，既然為公共政策，影響深及全國，因此，所要注目的重點除了個案處理之外，整體性也不容忽視。現今在政策環評的審理案中，往往被「刁難」比較多的不是環境污染問題，而是在生態保育部分。當初政策環評在立法時，決定該由哪一機關做為審理機關時就曾多有爭議。事實上，由環保署（或環保機關）來當審議機關堪稱為「小孩拿大刀」，因為其背後政治壓力過於沉重，使環保署拿了政策環評這把大刀卻砍不下去。當初，美國的環境影響評估是為了評估公共政策，而非開發行為，其對象是「公共政策決定」而非其「開發行為」。因此，真正的目的是在規範公共決策者的決策行為，並使其在編列預算時更加謹慎。決定如何超越台灣既有政策環評的窠臼，使其確實發揮其功效，各項公共政策預算決定之可能衝擊及其績效性實為一必要考量。

思考沙發

◆**預算機制修改應該朝何種方向發展？**

預算制度的改革並非由下而上的遞送文件，而是應將績效考量納入，既要通盤考量，亦不能缺少個案的評估。例如：若要編列建立一個漁港的預算，需透過成本效益分析，提出其可能效益及其必要性，並列出其所有成本及可能衝擊，以作為預算編列的參考基礎。

◆**焚化爐規劃興建問題：以新竹縣市為例，其在預算上的探討及與資源回收政策的配合為何？**

此問題的前提是應考量既行行政轄區的規劃及其與中央和地方互動的狀況。在無法將區域完全清楚切割的情況下，應將市場機制納入。以美國為例，是以 regional compact（廣域行政）來處理，地方行政區間合作建立公共設施，使成本降低並提高資源使用的效率，就不會出現像新竹市、新竹縣各設一個焚化爐，而使全體使用效率反而降低的現象。

目前的問題多為制度面上的考量不夠周延所衍生的結果，造成地方自行找尋場所向中央申請經費，而導致各司其利卻損及全體效率的問題。理論上，應配合資源回收政策的修訂。垃圾處理為地方性事務，必須要求地方區域間的相互合作，非單單以行政轄區來劃分作為政策執行依據。

◆**下水道全面推動雖屬供給不足（under supply）的政策，中央有全面推動之責。但現行規定維修為地方責任，但地方的能力有限，在考量其可行性時，是否有用錢來買下水道普及率之嫌？**

下水道工程是利益普及於大眾，雖無人可以獲得最大利益，但卻又相當重要。在此情況之下，因其利益分散不明顯，所以容易出現供給不足的現象。

因此，若只以短視觀點執行，則如下水道這般可獲最大公共利益之政策可能會被忽視。可知，政府願意撥出大筆預算來推動下水道工程實為一難能可貴的事。究竟公共工程應只由中央全力執行，或要考量民間意見使民主政策政權落實，如何使政策可行性提高，實為現行台灣的重要問題。

第3章

台灣城鄉社區環境永續發展之初探

呂適仲

永續發展的理念起源於人類對於本身居住環境的關切與思考，而對於人口稠密的都市環境而言，永續發展理念的發揮似乎較其他地區更為迫切。然就都市環境與社群而言，社區為都市整體規劃的最小單元，而欲成就永續都市之願景，生態社區的建構將是全球永續發展與地方性行動的基礎單元。雖然台灣各地近年來紛紛建立其所謂的生態社區，然其本質卻傾向於當地產業之觀光發展。有鑑於此，本章擬透過台灣社區發展歷程的回顧及現況的分析，與國際永續發展潮流之比較，歸納出台灣發展生態社區所面臨的問題與其潛力，期能以較廣泛的探討對台灣社區發展的未來提出可行之建議。

第一節　為何要建構生態社區

　　隨著經濟的起飛與政治的更迭，近年來台灣的社區發展亦隨之蓬勃發展。儘管生活品質日益提高，但過度都市化的結果造成了社區鄰里間人際的疏離與生態環境的破壞，亦因此阻礙了台灣城鄉的發展與永續經營。是故，建立兼顧生態、社會、經濟的全新社區型態，將是未來台灣城鄉建設的新契機。

　　1992 年，里約熱內盧的地球高峰會後，各領域開始發展其永續發展策略，而人類面對環境問題的方式，亦由傲慢與無理趨向於尊重自然與生態（Palmer, 1998）。然面對人類活動對各項環境資源所造成的衝擊與破壞，許多學者與規劃者致力於將生態保育以及永續發展觀念納入規劃理念中，「生態國家」（Eco-nation）、「生態城市」（Eco-city）、「生態社區」（Eco-community）、「生態村莊」（Eco-village）等概念被一一提出，藉以彌補過度工業化所造成生態環境的破壞，並闡述人無法脫離自然而獨立生活（李永展、何紀芳，1995）。

　　1996 年 6 月在土耳其召開的「城市高峰會議」（City Summit）中，提出永續都市需達到「健康、安全、平等、永續」四大目標，以實踐 Agenda 21 之「全球思考、地區行動」（Think globally, act locally）的觀念。然而對於過度都市化的台灣而言，都市地區的永續發展似乎是最迫切與急需執行的方案（蔡勳雄等，2001）。然就城鄉環境與社群而言，社區為城鄉整體規劃的最小單元（詹士樑，1999；中華民國環境保護文教基金會，2000），而欲成就永續城鄉之願景，生態社區的建構將是全球永續發展與地方性行動的基礎單元（詹士樑、吳書萍，2003），也是落實地方二十一世紀議程的最佳方法。本文透過台灣城鄉社區發展歷程的回顧及現況的分析，與國際永續發展潮流之比較，歸納出台灣發展生態社區所面臨的面向與其潛力，期能以較廣泛的探

討對台灣社區發展的未來提出可行之建議。

第二節 台灣城鄉社區發展之演變

台灣之城鄉社區發展演變，若以台灣民主政治發展階段加以區分，可分為三個時期：社區發展時期、國民黨主政之社區總體營造時期、民進黨主政之社區總體營造時期，其各時期之施政重點與執行方針，隨其時空背景與主政者而有所不同，其分述如下：

一 社區發展時期（1965-1993）

台灣之社區發展肇始於民國 54 年，從第一階段以改善民眾生活條件為目標之社區發展工作綱要；至第二階段以促進社區發展，增進居民福利，建設現代化社會為主軸之社區發展工作綱領；最後到第三階段主張社區主義精神之社區發展工作綱要，其工作重點主要為基礎建設、生產福利建設及精神倫理建設等。這些發展雖經歷近 30 年，其主要成效仍侷限於社區發展協會之廣泛設立、硬體設備之建設等，對社區精神面與社區主義的落實而言稍嫌不足。其主要之缺失如下：

（一）村里組織未能與社區發展協會接軌，形成各行其事、各踞山頭之局面。

（二）口號多於行動，沒有確實之預算與政策加以落實。

（三）偏重硬體設施。

（四）社區概念尚未成形。

（五）社區發展的意義未能深植民心。

二　國民黨主政之社區總體營造時期（1994-1999）

社區總體營造政策一詞，在整個台灣社區發展的過程中扮演著極其重要的角色與突破。以往由中央政府所主導的文化政策走向，藉此轉移到地方政府，設置到最基層的社區，該政策模式的改變，為台灣社會帶來不少之省思。然探究其推動與促成之主因乃是因為政經發展的改變、民眾意識的覺醒及過去社區政策的偏差。於民國 93 年 1 月所提之十二項建設計畫加入了三個社區發展與改善之計畫，而經文建會等相關部會長期的研議後，於民國 83 年 10 月正式以社區總體營造之名向社會大眾提出，其除改善現有軟硬體設施外，更改變以往由上而下之政策理念，強調由下而上的社區主義發展模式。其主要之四項計畫為社區文化活動發展計畫、充實鄉鎮展演設施計畫、輔導縣市主題展示館之設立及文物館藏充實計畫、輔導美化地方傳統文化建築空間計畫。姑且不論其施行內容是否正確，但其強調社區自主性與民眾參與等內涵，其正確性是無庸置疑。然其仍有若干問題仍須檢討：

（一）無法摒棄過去以行政機關為主導的機制。

（二）文建會對社區營造所設計之各項活動，其目光仍著重於具有潛力之少部分社區。

（三）各部會仍各自為政，缺乏整合。

（四）缺乏讓民眾參與公共事務與意見整合之機制。

三　民進黨主政之社區總體營造時期（2000-至今）

在政黨輪替後，有鑑於國民黨主政時期部際間的合作未能有效整合，故將社區發展之工作層級提升至行政院的層級，在行政院底下成立總體營造協調及推動委員會。其成員為行政院各部會首長所組成，不僅可發揮指揮協調的功能，亦可彰顯其對社區工作的重視。其主要

執行之計畫有永續就業工程計畫、農村新風貌計畫及落實社區總體營造——創意新點子計畫、九二一震災重建社區總體營造方案等。而其主要分為社區環境改造計畫、社區文化再造計畫、社區藝文發展計畫等。然仍有若干問題仍須檢討：

（一）無實質之執行單位，易流於將寡兵少，以至於功效不易顯見。

（二）九二一震災重建委員會一旦撤除，其九二一震災重建社區總體營造工作，如何與一般社區發展工作接軌為重要議題。

（三）中央與地方政府仍未有共同之社區發展信念。

（四）補助之社區發展議題仍嫌狹隘。

 **第三節　社區發展之國際趨勢
與社區永續發展之內涵**

一　社區發展之國際新趨勢

1996 年在土耳其召開的聯合國第二屆人類集居會議（Habitat II）曾指出，一個新的世界營造希望正逐漸的成型，在這個新世紀中，永續發展的三個面向（環境保護、社會公平以及經濟發展）可以透過國際間有效的合夥關係加以落實。其主要提出兩個主題：足夠的避難場所及逐漸都市化的世界之永續環境發展，皆需要在大自然和諧的情況下達成（UNCHS, 1996）。

從工業革命以來，人類消耗大量能源，排放大量廢棄物，超限利用自然資源，全然忽視環境惡化所帶來的惡果；而此種「線形新陳代謝」的城鄉建設與社區發展結果，不僅無法達到永續城鄉發展的目標，更將造成人類生活品質之降低，且造成生態環境的失衡，更剝蝕

過往傳統社區互助合作的鄰里功能。因此，為了破除經濟迷思所造成的不永續狀態，重新架構城鄉發展的內涵，以建立循環式新陳代謝的城鄉建設社區發展方式，已是刻不容緩。近年來永續發展概念的世界潮流下，確實能避免環境浩劫的策略與模式，已逐漸被提出，並將帶領人類朝向三生（生態、生活、生產）環境（李永展，1999）。因此，許多相關之議題被學者們提出，如：生態國家、生態城市、生態社區、生態城鄉等。然欲構成一個真正的生態永續環境，生態國家與生態城市之尺度過大，易流於區域上的不均與不公；鄰里單元又過於零碎，且實際政策推廣不易，也較不符合經濟性。因此，唯有生態社區的尺度與發展規模較能確實符合政策與計畫之執行，並也易於落實之優點，相信生態社區已是未來城鄉發展的主要趨勢，更將是台灣未來朝向先進國家之林的叩門磚。

二　社區永續發展與永續社區

「永續發展」（sustainable development）的理念起源於人類對於本身居住環境的關切與思考。然而對於永續發展觀念而言，最重要的是整合與解決面對生態環境、經濟與社會發展課題的最適解決方針，不僅是滿足目前的需求，更顧及下一世代的發展與生存空間（IUCN, UNEP & WWF, 1991; Elliott, 1994；中華民國環境保護文教基金會，2000; Lu, 2002）。1996 年，聯合國世界環境與發展委員會提出「健康、安全、平等、永續」為城鄉發展目標之後，世界各國紛紛對永續發展進行多方面的研究與探討。從城鄉的立場出發，永續發展結合了生態層面、經濟層面與社會層面，並建立於「生態的完整」、「經濟的契機」與「社會的平等」三個重要原則下，彼此相容共存，發展成為人類生活環境、自然生態環境與經濟生產環境所謂「三生系統」的向度（鄒克萬，1999；中華民國環境保護文教基金會，2000）。

　　永續發展觀念象徵人類對過去思考模式的一種覺醒與反省（Elliott,1994），其觀念乃伴隨著對環境保育的重視而逐漸凝聚共識，對於人所居處的城鄉環境，生態學者提出了生態都市之理想，希望創造出一個與自然和平共存的永續發展都市。然社區實為城鄉規劃中之最小單元，為了永續城鄉的達成，社區的永續發展將是其中關鍵。

 ## 生態社區之規劃原則與評估指標

　　綜觀國內外各學者對生態社區（或稱永續社區）所下之定義與其內涵著墨甚多，然一般而言，其內容包含自然生態保育、綠色消費、資源節約與再利用、居民參與與自治、綠建築與永續設計、能源節約與再生能源利用等（林憲德，1997；李永展，1998；中華民國環境保護文教基金會，2000；詹士樑、吳書萍，2003）。

　　對於生態社區之規劃原則與其評估指標而言，國內外各學者皆提出其看法，本文將其歸納如下（表3-1）：

表 3-1

編　號	原則內容	生態社區指標	發表者
原則一	保育及恢復自然環境	綠化指標、基地保水指標、營建衝擊指標	Elliott, 1994；李永展、何紀芳，1995；林憲德，1997；中華民國環境保護文教基金會，2000
原則二	建立實際成本價格制度以成為經濟可行性的基礎	經濟性指標	中華民國環境保護文教基金會，2000；張景舜，2003
原則三	支持當地的農業、當地的商業產物及服務業	社會向度	中華民國環境保護文教基金會，2000；張衍、邢志航、詹世州，2003

原則四	發展簇群式、混合使用、行人專用道的生態社區	營建衝擊指標	李永展、何紀芳，1995；中華民國環境保護文教基金會，2000
原則五	使用進步的交通、通訊及生產系統	基地保水指標透水性、本土性	Elliott, 1994；李永展、何紀芳，1995；中華民國環境保護文教基金會，2000；張景舜，2003
原則六	發展可更新且可再生的資源	基地保水指標、水資源利用指標、營建衝擊指標、經濟性指標	李永展、何紀芳，1995；林憲德，1997；中華民國環境保護文教基金會，2000；張景舜，2003
原則七	支持大範圍的教育，以鼓勵直接參與的民主	民眾參與	Elliott, 1994；李永展、何紀芳，1995；中華民國環境保護文教基金會，2000

第四節　台灣目前相關案例推動之現況

　　台灣目前已有幾個縣市開始積極推廣生態社區，其最早推行的為台南縣，主要推行地區以具產業特色之鄉村社區為主，並隨後有宜蘭縣等縣市跟進，其發展與推動概述如下：

一　台南生態社區發展與推動

　　目前台南市推動生態社區發展，主要以生態綠網之方式作推行，目前共有 12 個生態社區，包括有龍山社區、蚵寮社區、嘉田社區、長安社區、關山社區、知義社區、中沙社區、高原社區、篤農社區、

第八社區、山上社區與牧場社區（張衍等，2003）；此 12 個生態社區主要以鄉村聚落為主。台南縣利用交通路網，設置綠間帶與綠色隧道，諸如：柳營太康綠隧、後壁樟樹綠隧，連接各生態景點；一方面保有珍稀的自然生態與農村景觀，一方面試圖帶動地方產業，並確保高品質安和樂利的生活環境（台南縣環保局，2004）。然除篤農與長安兩社區較屬定義上之生態社區外，其餘大多數之社區仍以自然保護區及當地產業特色為主之觀光型社區；更有如牧場、山上、知義等社區並未見生態社區之雛形與特色，卻也假生態社區之名，行觀光發展之實。綜觀台南縣發展生態社區之方式，主要仍以當地產業特色為主，少部分社區有達成部分生態指標，然在社會與文化向度上卻較為缺乏。

 宜蘭社區發展與推動

　　宜蘭縣目前推動社區發展之主軸主要為社區總體營造，目前較具規模與知名度的社區為大二結社區與白米社區。其他發展社區如：朝陽社區、中山社區、光武社區等（財團法人仰山文教基金會，2004），其發展走向主要遵循社區總體營造的路線進行。與台南縣市之生態社區所不同的地方是：宜蘭縣的社區發展除產業特色外，較傾向於民眾參與的社會面向發展，其社區居民所發動的組織亦較其他地區之團體具行動力。雖然目前並無生態社區的推動，但其地理、人文以及縣民的向心力，相信未來或許將是生態社區的重要發展地區。

第五節 台灣永續社區建立之潛力與限制

一 政府政策面

從台灣的社區發展史中，我們很容易的可以發現一個城鄉或社區政策的執行往往取決於執政者的施政方針。從目前台灣政治環境看來，不管何人當政，「永續台灣」的推動將是各黨派與各界普遍認同的努力目標。而生態社區的推動亦必將是未來數年或數十年台灣中央或地方政府努力發展的方向。然目前政府政策面上所面臨的最大問題在於許多環境議題較易流於意識型態之爭，而非理性討論；在地方政府方面則由於選舉與政治因素，當權者常常選定較易於執行且易於看到政績的施政措施作執行；而生態社區的營造則選取所謂的模範或示範社區進行，而無法兼顧到其他社區，反而無法達到永續發展中的公平性問題。而這些問題同樣也反映在許多發展生態社區已有一段時日之先進國家（Smith, J. et al., 1998），如：英國；或許應為我國發展生態社區或永續社區時所應考量的問題。

二 相關法規面

近幾年來，台灣有關社區發展之相關法規更迭不斷，目前在生態社區相關法規中以社區發展工作綱要與九二一震災社區重建新社區開發住宅設計準則兩者為主要依循之法規。其中九二一震災社區重建新社區開發住宅設計準則主要依循綠建築等硬體設施之規範為主，其規範內容多為建築物及道路等工程為主；而社區發展工作綱要則主要傾向於社區發展委員會之設立為主，並且鼓勵社區進行活動與產業之

推廣。此兩法規之規範雖已提供生態社區發展之雛形，但其中規範尚有些許缺失；如：九二一震災社區重建新社區開發住宅設計準則，其主要適用對象主要著重於九二一震災社區重建新社區之重建，其適用性較低，其他地區亦較無法依循此一規範進行，且台灣地區新社區的創造似乎較無潛力，此原因為建築開發之供需已到了一定之瓶頸，而就社區重新營造出生態社區的方式似乎較為可行。又如：社區發展工作綱要，其已提出具體社區發展良好之社區之表揚方式（該法第 22 條），其中包含列為示範社區、獎品頒發以及社區發展獎助金；然其具體金額與補助方式並未名列，難以對有心發展之社區產生經濟上的誘因。另一方面，對於生態社區之發展，政府的補貼與獎勵政策將是其發展前景與相關工作推動之重要因素。目前政府對於社區發展之獎勵與補貼來源，主要為文建會的社區總體營造及上文提到之社區發展工作綱要。然整體政策執行並非僅有經費的補貼，正確方向與輔導方為重要；且政府若能建立一套認證系統，並透過認證系統之稽核與評估給予鼓勵與管制，相信對生態社區的發展有極為正面的幫助。

 三　專家認知與科際整合面

　　台灣目前從事生態社區或永續社區研究之專家學者並不多，曾發表多篇論文之學者不超過 5 位，其學術領域分布於建築、都市計畫、景觀或是環境工程等領域，更有些許其他專業背景之學者，如：經濟、社會、水土保持、政治等，曾發表少量之研究，然研究者領域分布雖廣，但其主要探討的面向仍以自己專擅之領域為主，並缺乏相互間的交流與整合。反觀國外學者，其發表相關研究之領域雖廣，但相互間合作與實證工作的推廣甚為常見，並常有跨學門之合作與討論，而統整出可供落實的執行方案。國內學者實需加緊腳步，放下彼此間領域與學門之分，戮力合作方能研究出可供本土落實之生態社區方案。

四　民眾認知與環境教育面

　　台灣民眾對於永續發展一詞並不陌生，但對於其具體實行方針與目標並非大多數人所能清楚指出的，更遑論生態社區了。筆者曾試圖於獅潭鄉進行生態社區之問卷調查，但發現僅有一到兩成的民眾曾經聽過生態社區，也只有極少數的民眾可指出具體可供執行的方法。反觀國外，筆者曾旅居國外，在詢問相關問題時，發現國外民眾對永續發展或生態社區之認知儘管有些許差距，但他們大多數都能具體的指出一些公認可落實之策略與其特徵，此為我國目前民眾所無法相比的。然民眾認知上的差異，其原因應源於相關環境教育的問題，台灣環境教育近年來雖蓬勃發展且有許多學者投入研究或實務工作，但仍嫌不足，或許仍須更多的時間方能見成效。但吾人並不需過分悲觀，若能確實持續正確之環境教育，相信不久的將來，民眾認知之建立將是可以預見的未來。同時在生態社區的推動上，一個真正之生態社區亦具有環境教育的功能，也易於建立居民的認同感與參與程度；而社區意識亦會回饋到生態社區的促進與改善，如此一來，將建立起一套不斷精進的發展模式。

五　地方經濟與產業發展面

　　在社區的永續發展方面，除生態與社會層面外，經濟層面亦將是生態社區是否能持續發展之重要關鍵，一個成功的生態社區應能確實發展其當地之產業特色，否則僅是曲高和寡的示範地，罔顧經濟面的發展將造成居民認同上的困難與日後維護管理費用上的拮据；從觀光旅遊的角度而言，生態社區若能兼具產業特色，將是一個具有吸引力的景點，尤其於鄉村地區。然在大量遊客湧入的同時，生態社區仍須注意其環境管理與監測之工作，以免造成生態社區觀光化與口號化的

情況。目前台灣生態社區之發展大多以鄉村地區居多，且皆以當地傳統產業為號召，如：宜蘭白米社區的木屐。此等發展確實兼顧經濟面的發展，然台灣大多生態社區之發展其出發點主要以觀光旅遊為出發點，或許最大的問題癥結在於其是否要創造一個以觀光為導向的生態社區，或徒具生態社區稱號的觀光城鎮罷了！

第六節　結論與建議

社區是「某一特定地域之居民，而居民之間普遍有共同歸屬感，且具社會、心理及文化等關係的共同體」；而生態／永續社區則為結合社區內部心靈層面的價值外，更能使永續發展與文化傳承之觀念融於其建築物與外部空間。台灣或許目前在生態社區之推動上已遠較許多發展中國家先進，但在許多層面上的努力仍須繼續進行。國外先進國家許多實證之例子雖然可供國內社區發展作為依循的方向；然為了台灣的永續生活環境，建立本土化生態社區的規範與全面的配套措施，應為當前吾人所應持續努力的目標。

參考文獻

1. 中華民國環境保護文教基金會，休閒農業發展資料調查──建立農村生態社區準則之研究。財團法人七星農業發展基金會：p.2-1，2000。

2. 林憲德，綠建築社區的評估體系與指標之研究──農村生態社區的評估指標系統。內政部建築研究所，1997。

3. 李永展、何紀芳，社區環境規劃之新範例。建築學報：pp.113-122，1995。

4. 李永展，永續發展：大地反撲的省思。台北市：巨流圖書公司：pp.43，1999。

5. 李永展，生態社區之營造。生態工法講習會，2002。

6. 張景舜，台灣原住民永續部落規劃準則初探──以南投布農族潭南部落為檢驗案例。台中：中華民國建築學會第 15 屆建築研究成果發表會論文集：pp.J7-1-J7-6，2003。

7. 張衍、邢志航、詹世州，鄉村型社區之環境類型評估與生態永續理念執行策略之研究──以台南縣鄉村型社區為例。台中：中華民國建築學會第 15 屆建築研究成果發表會論文集：D17-1-D17-6，2003。

8. 台南縣環保局，2004，環保社區。台南縣環保局網站：http://www.tncep.gov.tw/community.asp。（2004/3/10）

9. 財團法人仰山文教基金會，2004，宜蘭縣社區日曆。財團法人仰山文教基金會網站：http://www.youngsun.org.tw/calendar/community.asp。

10. 劉鎮男，山坡地社區環境品質評估──大台北華城的個案研究。國立台灣大學地理學研究所碩士論文，1997。

11. 詹士樑，社區整體環境結構之生態辨識，中華民國住宅學第 8 屆學

術研討會論文集。台北：中華民國住宅學會，1999。

12. 詹士樑、吳書萍，永續性社區發展之系統模擬──以平等里社區為例。都市與計畫 30（1）：pp.63-86，2003。

13. 廖淳森，鄰里單元觀念在台灣都市社區規劃上應用之研究。國立中興大學法商學院都市計畫研究所碩士論文，1987。

14. 鄒克萬，都市發展永續性結構分析與規劃策略之研究。永續國土發展青年論壇論文集：pp.2-6-2-7，1999。

15. 蔡勳雄、張隆盛、陳錦賜、廖美莉，都市永續發展指標的建立。國政報告：永續（研）090-013 號，2001。

16. Belton, V. & Gear, A.E. (1985) The Legitimacy of Rank Reversal-A Comment, Omega, Vol. 13, No. 3, pp. 227-230.

17. Elliott, J. A. (1994) An introduction to Sustainable Development. London and New York: Routledge.

18. IUCN, UNEP & WWF (1991) Caring for the Earth- A Strategy for Sustainable Living. IUCN, UNEP & WWF.

19. Lu, S. (2002) The challenge of the Taiwanese landscape design and management in the global thought of sustainable design-A case study to the London Royal Park and the Earth Centre. UK: SUROCEU Conference 8 Aug.-10 Aug.

20. Millet, I. & Harker, P.T. (1990) Globally Effective Questioning In the Analytic Hierarchy Process, European Journal of Operational Research, Vol. 48, pp.88-97.

21. Palmer, J. A. (1998) Environmental Education in the 21st Century: theory, practice, progress and promise. London: Routledge.

22. Smith, J., Blake, J. & Davies, A. (1998) Promoting sustainable development at the community level: the case of Scottish borders forum on sustainable development. European environment (8): pp.22-27.

國土與海洋議題

第4章

國土規劃與地貌改造

林盛豐

本內容主要分六部分：行政院永續發展委員會、國土規劃、景觀法、地貌改造與復育、綠營建、地貌改造與公共建設，目前這些項目均為行政院永續發展委員會所持續推動的部分。

第一節 行政院永續發展委員會

一　台灣永續發展之課題

近年來台灣由於天災頻繁，如：九二一所造成之重大災害與環境的改變，再加上九二一後之環境改變所造成之坍塌、土石流等；加上全球氣候變遷，台灣附近的海域溫度上升，水分增加，而造成颱風災害變劇，再再的凸顯台灣環境規劃並未進行整體災害預估的缺失，更發現生態工法與生態營建等皆未盡完善。其主要問題在於台灣環境發展具有以下特點：

（一）獨特之海島型生態系統。

（二）環境負荷沈重。

（三）自然資源有限。

（四）天然災害頻繁。

（五）節能及再生能源的推動仍待加強。

（六）資源配置不當。

（七）缺乏將外部成本內部化，且具市場機能之資源開發及分配制度。

二　永續台灣之定義與願景

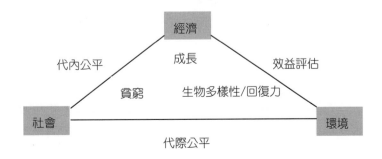

目前政府施政的重點主要在討論環境與社會這兩方面，但在未來或許為主要考慮環境保護與民眾就業，甚至有可能會為了環境保護而放棄就業面向的考量。

 永續發展委員會之組織架構

永續發展委員會其組成人員一半為官員，一半為學者、專家、社會運動者等；其組成上的主要考量為：若純為官員，將造成官僚化而失去其應有之效能；再加上民間管結果不管過程，而政府管過程不管結果，故此整體架構主要是希望能夠彌補兩者之落差。

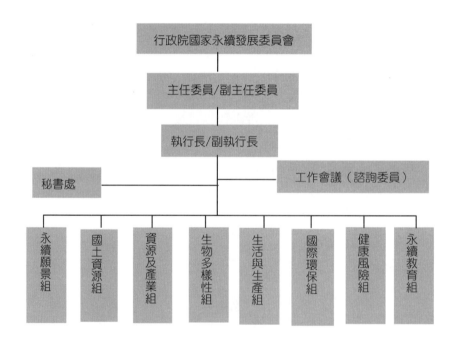

四　工作分組行動計畫表

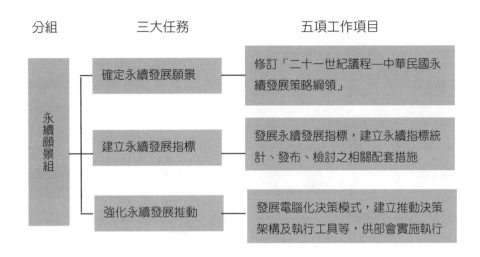

| 分組 | 三大任務 | 五項工作項目 |

五　永續發展指標選擇過程

　　經建會於 91 年 7 月 22 日邀請 50 餘個部會及附屬單位組成「建立永續指標系統跨部會工作小組」，並於 91 年底完成「環境污染」、「生態資源」、「社會壓力」、「經濟壓力」、「制度回應」與「都市發展」六組共 41 項核心指標作為永續發展之指標。

六　永續台灣計畫

　　永續台灣計畫分為二大部分，即都市台灣計畫與海島台灣計畫。

（一）都市台灣計畫

　　都市台灣計畫係主要利用 D-S-R 做建構之標準，其重點在於台灣都市發展之永續性問題。

（二）海島台灣計畫

海島台灣計畫則較為複雜，其配合之行政單位包含環保署、林務局、漁業署、國家公園署、水利署等部會，各部會皆被要求有自己的可供量度指標，因為沒有指標僅有理念，其政策就無法執行。故其未來每年各部會皆需反映這些指標，而政府則將依據這些指標進行政策之調整與改變。

第二節　國土規劃

一　現階段國土規劃

現階段國土規劃所面臨的問題如下：

（一）海岸及海域未宣示，未能凸顯海洋國家特色。

（二）全國及縣市未作土地使用整體規劃，欠缺宏觀願景。

（三）未能落實國土保育與保安，造成環境破壞。

（四）水、土、林業務未予整合，缺乏有效管理。

（五）重要農業生產環境未能確保完整，影響農業經營管理。

（六）城鄉地區未能有秩序發展，公共設施缺乏配套規劃。

（七）非都市地區實施開發許可缺乏計畫指導。

（八）都會區域重大基礎建設缺乏協調機制，影響國際競爭力。

（九）特定區域發展緩慢及特殊課題，亟待加強規劃解決。

（十）部門計畫缺乏國土計畫指導，造成無效率之投資。

二　國土法立法重點

　　國土計畫範圍應涵括陸域、海岸及海域三大部分。確立國土計畫體系為全國國土計畫及直轄市、縣（市）國土計畫、都會區域計畫、特定區域計畫及部門計畫，直轄市、縣（市）國土計畫並應整合都市計畫及非都市計畫之土地使用管制。

　　為提升國家競爭力，塑造良好都會區域發展環境，應依全國國土計畫之指導，由中央主管機關擬訂及推動都會區域計畫。為解決跨行政區域或一定地區範圍內特殊課題等需要，應依全國國土計畫之指導，由中央目的事業主管機關擬訂及推動特定區域計畫。國土計畫指導部門計畫，為配合國土整體發展，並避免重複投資，一定規模以上之部門計畫，應於先期規劃階段與國土計畫主管機關妥予協調。

三　國土三大功能分區

　　（一）國土保育地區應以保育與保安為最高指導原則，海域、海岸、森林及山坡地等環境敏感地區應限制開發。涉及國土保安與生態敏感之保育地區，土地應以維持公有為原則；國土保育地區範圍內之水、土、林業務應予整合，並進行整體規劃及統籌管理。

　　（二）農業發展地區應考量農業發展、基本糧食安全，積極保護重要農業生產環境及基礎設施，並應避免零星散漫之發展，以確保農業生產環境之完整。

　　（三）城鄉發展地區應以永續發展、成長管理為原則，創造寧適的生活環境及有效率的生產環境，並提供完整之配套公共設施。

　　而三大功能分區之執行與國土資訊系統之建立，對國土形成一完整之監測系統，以有效監測保育地區。因此，若藉由此一分區原則，

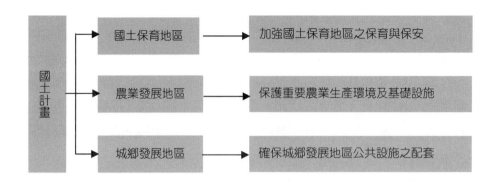

高山茶園或許將歸於國土保育地區，而行政院勢將編列收購土地之預算，而目前重點並非沒有錢，而主因是用錯地方。另一方面，儘管地政系統與既得利益者認為不可行，但都市地區與非都市地區將會朝向一元化發展。目前政府與新加坡合作建立圖例，而宜蘭縣已經執行此一方案，北宜高速公路於宜蘭之路線規劃即依據此一分區原則進行之實例。

第三節 景觀法

 計畫體系

（一）直轄市、縣（市）景觀綱要計畫

以直轄市、縣（市）行政轄區為範圍擬訂，作為擬訂重點景觀計畫或充實景觀規劃之準則，以及推動景觀保育、管理及維護之指導原則。本計畫主要在劃出重點景觀區。

（二）重點景觀計畫

重點景觀地區得由直轄市、縣（市）主管機關擬訂重點景觀計畫，其位於都市計畫地區範圍者，得併入都市計畫之細部計畫規定。

（三）景觀改善計畫

直轄市、縣（市）主管機關指定之重點景觀地區應訂定景觀改善計畫實施。其實行方式主要以當地居民提出重點景觀區改善計畫，提出全區景觀統一之方案，如：全區之窗戶皆爲白色等，而政府即依據此一方案對其執行行政權，而該法將訂有 2 千元到 1 萬元之罰則。

第四節　地貌改造與復育：水與綠建設計畫

一　生態復育及造林

（一）國家公園永續經營

過去台灣國家公園著重於觀光發展，現今更改其主要目的爲生態復育與教育研究，期能真正達到永續發展。然實際上台灣之國家公園劃設仍有一些問題，如：馬告國家公園之設立，則受到民粹之影響而無法實行。

（二）林地分級分區管理

造林與否主要爲林務局與生態運動者之相互矛盾，而政府之方針爲山坡地之森林需要養護，而造林則傾向於平地造林。如：政府已規

劃於台糖之土地中有十分之一要做平地造林之工作。

另外，保育天然林與平地景觀造林及綠美化亦是工作要點。

 ## 二　水岸與海岸復育

（一）水岸復育

1.河川水岸整建及景觀改善。

2.河岸生態復育，河川水質維護與改善：如：盧山、烏來無污水處理廠，觀光人口提高，無法處理大量遊客造成之生活污水，此種情況將透過水岸復育而改善。

3.新治水方式之研擬。

（二）海岸復育

對於海岸設施，其主要採行原則為新的不可做，而舊的需慢慢拆除。

1.加強海岸保安林定砂、新植、更新及復育管理。建造兼具防風、遊憩及教育功能之海岸景觀環境林。

2.海岸景觀改善，擇定 6 處具發展潛力之據點：台北淡海、新竹香山、台中高美、嘉義好美寮、台南七股及宜蘭頭城，作為海岸景觀改善之示範地。

 ## 三　生態工法

生態工法（Eco-technology）係指人類基於對生態系統的深切認知，為落實生物多樣性保育及永續發展，採取以生態為基礎，安全為導向，減少對生態系統造成傷害的永續系統工程設計皆稱之。

（一）土石流整治

土石流整治於傳統工程中稱之為提款機工程，效果不甚彰顯，應以自然材料整治源頭，防止土石流。

（二）河溪整治

需秉持光滑坡面之傳統方式，更需要以自然工法進行改善。

第五節　綠建築

所謂綠建築是：在建築生命週期中，減少資源、能源的消耗及廢棄物產生之建築物。在台灣，其主要考量原則如下：

（一）適用於亞熱帶高溫高濕型氣候。

（二）省能、節水、減廢、低污染。

二　綠建築九大指標

綠建築標準已經法治化，目前中央與地方立法之建築需通過綠建築指標，而既有之建築物將需做局部之改善。

綠建築其指標概要如表 4-1。

三　永續校園

以永續之概念來建立校園，使中、小學變成推動環境教育與台灣環境永續發展工作之基地。

表 4-1

大指標群	指標名稱	
	92 年（修訂版）	評估要項
生　態	1. 生物多樣性指標	生態綠網、小生物棲地、植物多樣化、土壤生態
	2. 綠化量指標	綠化量、CO_2 固定量
	3. 基地保水指標	保水、儲留滲透、軟性防洪
節　能	4. 日常節能指標（必要）	外殼、空調、照明節能
減　廢	5. CO_2 減量指標	建材 CO_2 排放量
	6. 廢棄物減量指標	土方平衡、廢棄物減量
健　康	7. 室內環境指標	隔音、採光、通風、建材
	8. 水資源指標（必要）	節水器具、雨水、中水再利用
	9. 污水垃圾改善指標	雨水污水分流、垃圾分類處理

第5章

台灣海洋環境之保護
―貝類大量死亡事例之研究及其影響

鄭森雄

提到台灣海洋環境保護，相信大家對環境保護的資料與台灣的現況都很了解，因此本章內容不僅是為了陳述台灣海洋環境的現況，並且如同現在很多的分子生物學方面的書籍，都擁有一個很重要的特色，就是每一章節除了描述事實之外，該章節之後還會記載其中的關鍵實驗，讓讀者可由這些關鍵實驗中獲得更多的資訊。在台灣海洋環境的保護研究中，貝類的大量死亡絕對是一個關鍵議題，從這之中除了能知道台灣海洋環境的情形，也同時能更進一步地得知台灣所面臨的環境問題。

第一節 台灣的魚可以吃嗎

30 年前筆者曾被中央研究院動物研究所的同事詢問：「台灣的魚可以吃嗎？」之所以會提出這樣的問題，是因為當時背景正處於《寂靜的春天》一書的發表以及日本水俁病事件的發生，而這兩件事可說是世界環境保護中重要的關鍵議題，同時也分別為當時日本公害防治研究所所長提出的「相關日本環境的重要里程碑」中的第一、二項。《寂靜的春天》是一本影響歷史的書，其中在 DDT 對環境的影響之深遠與累積做了十分詳盡的說明，也因此促成了 DDT 的深入研究與禁用。

日本發生水俁病事件的時候，筆者人正好身處日本，因此這起汞中毒事件，筆者是親身經歷過的。水俁病發生在 1950 年，而在快 1968年時，這起案件才逐漸被世人了解。而這起事件中，受害者的無助、社會大眾的驚慌、科學家的努力與地方政府的拖延，真的是活生生的一課。而水俁病至今尚未了結，由發生地逐漸擴展至整個九州。由於之前從未有科學家接觸過這類因吃了累積重金屬而使人中毒的先例，因此實驗過程中許多的猜測、懷疑與科學家間的不信任等狀況層出不窮。而台灣當時所遭遇的沿海貝類大量死亡的情形也與水俁病發生時所產生的狀況類似，沒有前例可循且充滿疑點，再加上先前同事所提出的疑問：「台灣的魚可以吃嗎？」便引起我在這方面的調查與研究的興趣。

翻閱了當時的資料，發現並沒有學者做過相關之調查，且當時台灣的研究界與教學界從未有污染中毒這個名詞。當時教科書內記載的污染與魚產的關係僅有食物中毒，而其可分為三類：

（一）魚急性死亡。

（二）魚會迴避。

（三）魚慢性中毒。

水俁病的情形就是在污染的環境下，魚既沒有死亡亦沒有迴避，因此就慢性中毒累積毒性。這些污染包含了《寂靜的春天》中提到的農藥污染、水俁病中的重金屬污染與放射性污染，而這些都是持久性的。其中以前二者的污染較爲出名，同時又想了解台灣是否有發生如《寂靜的春天》一書中關於日本水俁病曾發生的情形，故我們在調查研究時就從農藥與重金屬的污染著手。

第二節　貝類急性死亡之原因

起初，因爲外銷至英國的蟹罐頭含鋅量被質疑過高，因此筆者被委託分析，接著筆者大規模地做台灣養殖魚、貝類的重金屬含量。魚、貝類重金屬含量研究的結果顯示台灣的魚沒有重金屬污染，這完全出乎我們的意料，但是同時水污染的情形又很嚴重，這種情形很難去解釋。當時的結論是台灣的魚、貝類沒有重金屬污染，且吃了也不會中毒，同時台灣至今也鮮少聽說有類似水俁病的情形，吃了魚、貝類後有重金屬中毒的現象。而在有機氯農藥的部分，結果顯示台灣的魚都有農藥，即使是在高山中的魚，不過含量都不到危害人體的程度，但水中的水族因污染的關係而所剩無幾，與養殖魚、貝類的情形相同。如同前面所述，台灣魚、貝類的重金屬含量不高，但是在調查的過程中，又發現河川與港口的污染很嚴重，這兩個情形無法結合。而在進行全面性的調查時，得知養殖貝類發生了大量死亡的情形，因此，研究方向轉往這方面。

一　貝類死亡率與雨量分布的關係

　　當時我們推測影響養殖貝類大量死亡的原因有：工廠排水、農藥污染、養殖密度過高、海流方向、敵害與天然災害等因素，各種在教科書上出現的狀況都被考慮，但沒有任何一個原因能解釋為何養殖貝類僅在 4、5 月份有大量死亡的情況發生。

　　魚、貝類大量死亡受到注意，是從民國 58 年開始，而且常發生於每年 4、5 月下大雨後的二、三天，同時維持約 1 至 2 星期。死亡率每年不同，有高有低，且多發生於河口之南岸或北岸。進行研究時，我們計畫從水質分析著手，所以先調查北港溪的流量情形，也因此獲知在冬季時北港溪的流量小至徒步涉水即可穿越，僅在 5 月至 10 月時水量變得很大，11 月至隔年 3 月是缺水期。因此，我們做了一個推測：在雨季（5 月至 10 月）時，由於河水量很大，稀釋了工廠排放的廢水，因此貝類能忍受而沒有死亡；而乾季（11 月至 4 月）時則因為河水乾枯，故工廠廢水會沉滯於河川內，所以貝類不會死亡；但是在乾、雨季交界之時（4 月至 5 月），第一次大雨之後，沉積於河川內的污染物一起被沖到河口，河口水中的污染物濃度大幅度的增加，因此貝類承受不了便大量死亡。如此完全能解釋為何在 4、5 月時貝類死亡率最高，而發生在南、北岸則與海流方向有關。

　　至於死亡率高低的變化，則與該年的雨量分布情形有關。若該年乾旱時間很長，則經乾、雨季交接時的大雨後，河口附近水中污染物濃度會相當高，導致貝類死亡率大增；反之，若該年年終時雨下的很頻繁，僅有少量的污染物沉滯於河川中，此時大雨後造成河口水中污染物濃度雖然仍然會增加，但是相較於乾季很長的情形時，卻是低了許多，因此貝類的死亡率會比較低。在調查了前幾年的雨量紀錄與貝類死亡的情形，結果發現與我們的推論一致。

二 河川之水質水量研究

接著我們開始進行各河川於不同季節的水質水量情形研究。

以朴子溪為例，在溶氧方面，是由河川上游向下游遞減，有工廠廢水排出之處甚至為零；在最具代表性的化學需氧量（COD）部分，在雨季的時候，河川由上游至下游的 COD 值都很低。在乾季的時侯，則是上游有工廠的部分 COD 值最高，但下游河口卻很低。而在第一次下大雨的時候，所有的污染物都被沖往下游，故 COD 值由上游向下游遞增。研究結果顯示，除了朴子溪之外，北港溪、八掌溪與急水溪等河川的污染都很嚴重。

由於引起魚、貝類急性死亡之原因有：

（一）魚窒息：包含水中缺氧、腮受到阻塞、腮受到腐蝕造成魚窒息。

（二）表皮組織腐蝕。

（三）內臟器官中毒。

為了解魚、貝類的死亡是由窒息還是急毒性致死，因此作了一系列的生物檢定河水與底土的急性毒性。在充分曝氣的條件下，結果顯示河水的急性毒性能使魚類大量死亡；而底土的急性毒性能使得文蛤、牡蠣與魚類大量死亡，且與現場的死亡率相近。

由以上所有的研究結果可做出以下的結論：

工廠排出之廢水中，含有強烈有毒物質，在乾季（每年 11 月左右至次年 4、5 月）中沉積於河床，每年春季初次大雨來時，即將累積在河床的有毒物質沖至河口，此為台灣淺海養殖貝類大量死亡之原因。

下列因素則可能與其死亡比率有關：

（一）工廠廢水量的多寡：如果排出該等毒物之工廠，生產額升高、廢水量增加，即有多量毒物流至河川。

（二）乾季的久暫及初次大雨帶來水量之多寡：沉積於河川之有毒物質，其流至河口之濃度大約由此等氣象條件決定。乾季期長，初次溪流大時，毒物之濃度即高。

（三）河口之潮汐及潮流的方向：毒物流至河口時，潮汐的時間、潮流的方向會影響污水之流向與停滯養殖場之久暫。停滯時間愈久，貝類之死亡率愈高。換句話說，該年貝類的死亡率是各項因素加總起來的結果。

實驗中也進行了各種重金屬的研究，結果顯示 4、5 月時，魚、貝類組織內的重金屬濃度並沒有偏高，因為重金屬的濃度需要長時間的累積。同時活著的牡蠣與死亡的牡蠣其中的重金屬含量並沒有明顯的差異。另外，僅有少數的有機氯農藥如 DDT 等被測出，但濃度都相當低，故可確定魚、貝類的死亡與農藥無關。

之後我們陸續做了台灣河川與海岸水質對魚、貝類的影響，結果發現：

（一）西南部河川下游幾乎無魚類生存。

（二）西南部河川上游尚有魚類，但污染已逐漸移往上游區域。

（三）各大港口魚、貝類甚少。

（四）東部河川甚少受到污染，並且由於受污染區的魚不是迴避就是絕滅，因此不會有魚體內累積毒性的情形發生。

 環境污染與鐵路發展的關係

在生態調查時，發現環境污染與鐵路發展有關，因為交通與工業發展有密切的關係：

（一）在河川上游且縱貫鐵路以東之處污染甚少。

（二）河川中、下游與鐵路或城鎮附近污染嚴重。

（三）河口僅在乾、雨交接季節（4、5 月）時污染嚴重。

調查的結果顯示，影響台灣河川水質的因素有：

（一）自然環境：包含氣候、雨季、雨量等。

（二）南部河川水量：在冬季乾涸，夏季豐盈。

（三）人類活動：如：農業之經營，會將河川隔為一段一段的以方便取水，或如：人口大多集中在西部平原，還有如：鐵路附近有城鎮污水及工廠廢水等。

而台灣魚、貝類的有毒物質是否會危害人體健康呢？

在養殖魚、貝類方面，其重金屬與農藥的含量皆不高，故食用時重金屬與農藥之毒害不高。而自然水域如河川、港口等地的魚大多已受污染，故食用時應注意。但因為生產量少，所以對民眾影響較少。

四　省思

回到先前的研究，台灣的魚、貝類不易累積毒性的原因，除了會迴避與死亡的原因之外，尚有以下幾個因素：

（一）台灣漁民會選擇養殖用水：台灣漁民在長期的養殖經驗之下，會以地下水替代河水。

（二）台灣之生態環境：台灣之海岸線平直，少有內灣，故不易累積養分，但同時使得魚、貝類不易累積毒物。

（三）養殖之魚、貝類在數個月至一年內就上市：由於乾季水少、雨季有豪雨及颱風以及漁民的心態，養殖魚、貝類在短期內就上市，所以無足夠時間累積毒物。

魚、貝類的大量死亡是大自然給予的警告，日本水俁病事件即為前車之鑑。1950 年水俁灣的魚類死亡，1956 年開始有貓死亡，從 1956 年至今仍有人處於水俁病的傷害中。台灣四周環海，四周海域是國家最大的資產，因此對於大自然的警訊要加倍注意，而維護台灣水域環境更是重要的課題。先前我們的研究已經呈現了目前台灣水域環境的

情形與遭遇的問題，接著需要以下的工作來進行分析、監測與維護：

（一）分析方法之引進、開發及確立。

（二）建立台灣自有之資料與監測系統，包含：

　1.已有資料之整理及建檔。

　2.長期監測之規劃與執行。

（三）有害化學物質對水產生物與人體長期影響研究，包含：

　1.有害化學物質與台灣生態之關係。

　2.長期之影響，特別是環境荷爾蒙等之研究。

如此才能使得台灣水域環境獲得完善的保護。

第三節　研究結果帶來的迴響

　　有關魚、貝類大量死亡的研究帶給國內的影響甚大。這份報告帶給政府很大的震撼，政府至此才知道台灣已經有水污染，立即下令盡速訂定朴子溪與北港溪工廠放流水標準，且在上頂放流水標準訂定前，先暫用「工廠廢水管理辦法」之規定，並優先將朴子溪與北港溪列為水污染管制區。在教學方面，國中教材的地球科學與高中的環境教育輔助教材也將這研究列在其中。在學術界的影響方面，在本研究之後，有許多學者相繼從事相關之研究，且研究結果均與本研究相符。而在筆者個人方面，之前在調查重金屬時，發現鯉魚內臟的鋅濃度很高，同時鯉魚又是魚類裡面長壽的魚種，因此我們開始著手進行一系列研究來進一步了解鋅與鯉魚間的關係。結果顯示，在相同條件下，鯉魚含鋅量遠大於鰱魚，且是經由食物累積在消化道內。在經過一段時間的努力，終於分離出一個與鋅結合的膠原蛋白，這僅出現在鯉魚中，而鰱魚沒有。近年來發現這鋅結合蛋白存在於許多生物之中，因此，目前研究的目標是為了解鋅結合蛋白在生物界之存在與生理功

能。

　　貝類大量死亡事件對台灣海洋環境而言，絕對是一個重大的關鍵議題，藉此了解國內水域環境的情形，同時也激起國內對水污染的重視，教育界也將這個案例納入教材之內。在研究的過程中，藉由基本知識與經驗，配合舊的方法或新的方法找出新的事實，因此能從巨觀的觀察轉入微觀的研究，從環境議題轉入分子生物學的領域。希望能由這新的研究，帶給生物界更大的發展空間。

全球氣候變遷議題

第6章

由全球變遷到永續發展

張時禹

本文首先從全球氣候變遷的觀念、形成因素,再從全球
變遷與永續發展的關係來說明,最後再將觀點拉回到台灣
來,探討一下台灣對於全球變遷的看法。以下本章分成下
列幾個部分來討論:

▶變遷之科學證據:人類活動影響環境之科學證據。

▶全球變遷之主要科學研究結果。

▶永續發展理念之形成。

▶我國有關永續發展之規劃與實踐。

▶結語。

第一節　全球變遷之科學證據

　　隨著人口的增加、城市的發展、交通的便捷及資訊的普及，地球顯得愈來愈小。這種情況下，人類對於地球也無形中形成了一種壓力。第一種壓力是我們對於地球上的水資源需求愈來愈高，乾旱、災害對自然界的影響也愈來愈嚴重；有些人說，最近發生的災害造成更多人員及財物的損失，或許是因為以前人口沒有現在多，也沒有居住在許多危險的地方（如：山坡地等），所以災害發生並不會造成重大的人員及財物損失，因此，人類有些災難反而是人類自己所產生的！另外，科學家羅素有一句話是這麼說的：「人類最大的敵人是大自然，我們必須戰勝敵人！」他把大自然當作是人類全民的公敵，基本上，這就是工業革命的基本精神。倘若人類把地球當作是敵人來看待，那麼對於大自然的照顧與保護當然就會少很多！但現今我們人類或許可以克服某些自然界的障礙，卻發現到大自然強烈的抵制。因此，我們必須尋求一個共同生存的方法，這就是發展永續的精神。

　　由非洲 Mt. Kilimanjaro 山頂上積雪的變化程度，我們可以明顯發現到全球氣候的確是在逐漸變暖中。更有人推測，西元 2020 年時，Mt. Kilimanjaro 山頂上積雪可能只剩下一小塊而已，而積雪也可能都已經融化。

　　我們一開始談論 Global Climate Change 時，最基礎的一個觀念就是「Green House Effect（溫室效應）」—地球的大氣是由氮、氧及一些微量氣體組成。太陽輻射進入地球時，大氣層幾乎可以讓它穿透過去，地球也放出長波輻射，但地球的長波輻射卻會遭到大氣層中某些微量氣體的選擇吸收。這些微量氣體選擇吸收了地球的輻射能後，有部分會再反射回到地球，因而使得大氣保存了部分輻射能，於是造成地球的溫度比其輻射平衡時的溫度高，大氣中因為有這些微量氣體選

擇吸收了地球的長波輻射，並能夠保存部分輻射能，因而可以使地球溫度升高，我們稱這種作用爲大氣的溫室效應（Atmospheric Green House Effect）；而會吸收地球長波輻射的氣體則稱爲溫室效應氣體。

基本上這個觀念很簡單，我們可以把地球視爲一個太空中的球體，太陽光照射地球時，射進地球的能量和地球散射出去的能量相平衡。我們可以發現若太陽提供的能量很多，而地球散射出去的能量很少，那麼地球就會逐漸加溫；反之亦然。若將地球視爲黑體（Black Body）的話，詳細計算地球表面平均溫度應該爲-18℃，但地球目前實際平均溫度爲 15℃，這都是因大氣層吸收 IR 而將能量散出造成溫度上升，這就好像是溫室一樣，我們將玻璃作爲 blanked 包覆溫室的材料，讓能量不溢散出去。而溫室效應的優點，我們則可以由下面一個例子看出來，相對於地球鄰近的兩個星球而言，地球是一個非常恰當的能量平衡狀態。由火星距離太陽的位置及火星接受到的能量來計算，火星地表面的理論溫度應爲-50℃，而實際溫度則爲-40℃；金星地表面的理論溫度應爲 80℃，而實際溫度卻高達 500℃（金星具有很厚的二氧化碳大氣層），這些現象都是溫室效應（Green House Effect）的結果。因此，在工業較不發達的時期，人類還想著人定勝天的觀念，嘗試著要不斷的改變地球；到了工業蓬勃發展後，卻造成了全球氣候過度暖化的結果。

我們藉由樹木年輪的變化、南極圈內 Ice Cores records 及溫度計實際溫度的測量推估，可以發現地球最近 200 年來大氣溫度確實有逐漸升高的現象。尤其是 1980 年以後，大氣平均溫度有急遽上升的趨勢。由於溫室效應的影響因子非常多也相當廣泛，因此，我們只能藉由模擬來探討整個星球的變化，這也更凸顯氣候模擬系統對於全球氣候變遷的重要性。藉由南極圈 CO_2 concentration of Ice Cores records 與全球平均溫度的關係圖中，我們可以發現隨著 CO_2 concentration 的提高，全球平均溫度正逐漸上升中。尤其是最近 20 年來，CO_2 濃度

大量增高，全球平均溫度也大幅攀升。從 CO_2 concentration in Vostok Ice Core 中，我們可以發現 40 萬年以來，地球的溫度正有巨大的變化。而到底是溫度上升造成 CO_2 濃度上升？或是 CO_2 濃度升高造成全球溫度的上升，在過去而言並沒有非常好的結論。但我們現在探討的是—從整體歷史的角度來看，人類的影響只有短暫的時間，而人類大量使用石化燃料造成 CO_2 大量排放，也造成了全球平均溫度的上升。因此，這個現象解釋也最符合目前對於溫室效應的結論。

除了溫室效應之外，另一個重要的全球氣候變遷現象就是臭氧層的破壞，由 1950 年來臭氧層濃度一直降低，這個是因人類大量製造及使用 CFCs 氣體以至於 CFCs 氣體光解之後，釋出氯離子對於臭氧層造成連續性的破壞。同時，自人類工業化之後（最近 200 年以內），大氣中的 Sulfate、Nitrous Oxide、Carbon Dioxide 及 Methane 濃度即明顯增加許多。而藉由目前平均溫度的觀測及歷史數據氣候模式的比較，我們可以發現，目前氣溫上升的速度遠比自然界自然暖化的速度快上許多，這也證明了人類大量使用石化燃料的影響。而將各種人為及自然界的因素加以考量後，經由模式推估發現，未來平均溫度將上升 3-5℃。而由相關的研究也可以發現，Land Cover、Species Extinction、Fossil Fuel and Biotic Emission 對於全球氣候變遷也扮演重要的角色。

台灣地區近年來發展迅速，以汐止地區環境為例，近 11 年來，山坡地開墾為住宅社區之變遷相當明顯，例如：汐止地區龍山琳、水蓮山莊、伯爵山莊、林肯大郡等新社區之闢建。

空氣污染來源包括農業、露天燃燒、工業、交通等，污染物藉由大氣氣流傳輸，有些污染物會產生化學變化，或經光化學反應，生成光化學污染物，期間並藉由乾、濕沈降等方式將污染物去除。其中以 CO_2 為例，CO_2 是大氣中主要之成分，海洋中即有很多 CO_2 存在，污染物影響之範圍包括可見度、飲用水、林木生產等。

　　行政院環境保護署及各縣市環保局對生質能燃燒相當重視，生質能燃燒指的是生物源的燃燒，如：森林火災、草原、植被和農作物燃燒，目的在於取得土地或供人取暖及耕種等微粒和氣體（CO_2、CO、SO_2、CH_4、NOx、NH_3、$VOCs$……），而其中微粒和氣體會產生二次空氣污染物，並造成全球氣候變遷。

　　MODIS 火點偵測可顯示出全球各地區露天燃燒情形及各地區農作物之變化情形，例如：亞洲褐雲、南非地區露天燃燒與污染物（包括氣膠、臭氧等）變化之情形。

　　全球氣候變遷之證據包括：

（一）全球暖日／暖夜增加，全球冷日／冷夜減少。

（二）極端天氣狀況出現之機率增多。

　　1.高山冰川，如：非洲的肯亞、安地斯山等冰川融化之速度加快，大陸西北的冰川 227 條中有 166 條後退明顯，且在 90 年代加速後退。南極冰界在過去 60 年間後退了約 3 緯度。

　　2.過去美國阿拉斯加夏天超過 80°F（26.6℃）時日僅一星期，現已超過三星期。

　　3.全球二氧化碳之含量自工業革命後增加了 30%（達 370 PPM），甲烷之增加為 100%，人類在土地利用方面幾乎影響了半數的陸地。

　　4.全球五分之一的陸生生態主要區域被改變為可耕農地，全球四分之一的森林也被改變為農地。

　　5.超過 50%的可用淡水幾乎都被人類所使用，地下水之使用速率加快。水庫之興建所增加的蓄水量在過去的 50 年間增加了 7 倍。

　　6.全球 50%之紅樹林及濕地已消失。

　　7.由南極冰原資料顯示，地球系統在過去的千萬年來之 CO_2 皆在 180-280 PPM 之範圍中，有週期性的自然變化；但在過去的 100 年，

　　因人類行為的影響，已由 280 PPM 增至目前的 370 PPM，其為自然造成的機率相當小。

第二節 全球變遷之主要研究成果

目前有關全球氣候變遷主要國際科學研究結果包括：

（一）包含有氣圈、水圈、生物圈等在內的地球是一個具有自我調節性的整合性系統，而人類的各種行為確實影響了這個地球系統。

（二）人類的活動驅動了各式的交互作用，這些交互作用對地球環境系統的影響，相當複雜，生物系統所扮演的角色，超乎過去的想像。

（三）地球的動力系統之特質顯示，地球系統的物理特性中確實存在一些特殊的門檻值及具有突變的性質。

（四）人類的各種行為顯然與造成不可逆後果的各種機制有關。

（五）地球系統正在以前所未有之狀況在改變之中，改變的速率，影響之尺度皆是空前的。

（六）地球環境系統的有效管理機制及策略是相當重要的，如何使地球系統可以永續是極其重要的課題，也是永續發展一個重要的觀念。

永續發展的緣起，涵蓋了下列幾個進程：

（一）十八世紀至二十世紀，以「發展」為主軸的思考，主宰著人類的活動，以謀求更好的生存條件。

（二）二十世紀是人類發展史上，生產方法、生活方式及經濟發展等發生最巨大改變的世紀。

（三）人類在產業、工程、科技、醫療、生命科學、交通、通訊等領域，都取得了飛躍的進步。

（四）因經濟發展，人類付出了極大的代價（包括地球資源、能源過度使用、森林過度砍伐、土地超限利用、污染排放）。

（五）地球環境面臨了空前的壓力與衝擊（包括人口增加、能源枯竭、溫室效應、酸雨、污染、環境加速惡化、水資源、土地資源短缺、生物物種滅絕過速）。

（六）地球環境具有自我調節的機制，但人類各種活動，已衝擊此自我調節機制。

（七）因人類活動（包括社會、經濟、工業、……）產生全球變遷（全球變遷現象包括氣候變化、臭氧層破壞、生物多樣性、雨林、資源、人口……；而全球變遷研究包括模擬、預測、資料庫、新科技、……），而全球變遷產生因應之策略（包括政策面、國際公約、法律面、指標、……），而因應之策略同時需考量永續經營。

永續發展主要內涵包括地球環境、社會公平正義及經濟發展三項，而這三項需求取得平衡時，可滿足當代人類之需求（不損及後代子孫滿足其需求之能力）、持續提升人類的生活品質及不超出維生生態系統之承載力。

第三節　永續發展理念之形成

國際永續發展想法之形成歷程，包括：

（一）1972 年於斯德哥爾摩召開聯合國人類環境會議，會中共同發表人類宣言自此全球開始注意環境問題及環境與發展的相互關係。

（二）1980 年國際自然保育聯盟、聯合國規劃署與世界野生動物基金會出版的《世界保育策略》，首先提出永續發展的理念。

（三）1983 年聯合國第 38 屆大會成立環境與發展委員會，應聯合國要求制定 A Global Agenda for Change，對未來提出實現永續發展的長期環境對策。

（四）1992 年環境與發展委員會改為永續發展委員會。

　　（五）1984 年聯合國環境與發展委員會選擇 8 項關鍵問題作為工作重點，包括人口、環境和永續發展的前景；能源：環境與發展；工業：環境與發展；糧食保障、農業、林業環境與發展；人類居住：環境與發展；國際經濟關係：環境與發展；環境管理決策支持系統；國際合作。

　　（六）1987 年 Brundtland 報告，首先詮釋永續發展的概念（代際間正義定義）─「滿足當代的需要，同時不損及後代子孫滿足其本身需要的發展」，並在第 42 屆聯合國大會通過。

　　（七）1991 年國際生態學聯合會把永續發展定義為保護和加強環境系統的生產與更新能力。

　　（八）1992 年關懷地球─一個永續生存策略，認為永續發展定義是：生存於不超越維生系統的負荷力之情況下，改善人類的生活品質。

　　（九）1992 年於巴西里約熱內盧舉辦地球高峰會，通過二十一世紀議程，將永續發展概念規劃成具體的行動方案。

　　（十）1993 年聯合國為加強推動永續發展，成立永續發展委員會。

　　（十一）1995 年企業界成立世界企業永續發展委員會，大力提倡生態效率的概念，促成經濟發展與環境資源保育得以雙贏。

　　國際永續發展推動，則包括下列幾個主要的進程：

　　（一）1992 年地球高峰會（Rio,1992）發表里約環境與發展宣言、簽署氣候變化綱要公約、生物多樣性公約及提出二十一世紀議程、森林管理原則。

　　（二）1999 年歐盟（EU）完成永續發展政策綱領（發展─環境與發展─永續發展）。

　　（三）2002 年世界永續發展高峰會議（WSSD），檢討由 1992 年地球高峰會後國際在執行永續發展各議題上之成效。

　　（四）2002 年世界永續發展高峰會議（WSSD, Rio＋10），5 大優先議題之提出（水資源、能源、人類健康、農業與生物多樣性）。

有關國際公約永續發展理念之實踐，則包括下列幾個主要國際公約：

（一）蒙特婁公約

基於臭氧層破壞情形，規範氟氯碳化物使用。

（二）氣候變化綱要公約

基於全球暖化情形，規範二氧化碳排放。京都議定書（2005 年 2 月 15 日已正式實施）規範 2010 年各國 CO_2 之排放回到 1990 年水平。其中包括 CDM：清潔生產機制，而科學研究則包括 IPCC、IGBP、WCRP、IHDP。溫室氣體減量及其基準（主要行業）、溫室氣體排放權交易制度、新能源及潔淨能源研究開發。

（三）生物多樣性公約

科學研究包括 DIVERISTAS。

（四）其他主題

包括環境保育（例如：棲地、濕地保護、文化及自然遺產保護）、海洋污染（例如：油污事故公約、油污賠償基金設置等）、廢棄物（例如：巴塞爾公約）、酸雨問題（例如：硫化物、跨境污染問題）。

第四節　我國有關永續發展之規劃與實踐

永續發展的願景（Vision）包括永續的環境、永續的社會及永續的經濟三方面，目前我國推動永續發展之相關規劃，包括 1992 年行政院成立全球環境變遷小組、1994 年行政院環境變遷政策指導

小組、1997 年行政院國家永續發展委員會（2002 年重新改組）、2000年正式完成我國二十一世紀議程／中華民國永續發展策略，永續發展之規劃願景包括永續的生態、適意的環境、安全的社會與開放的經濟。台灣屬獨特之海島型生態系統，目前我國面臨的問題包括環境負荷沉重、自然資源有限、天然災害頻繁及全球化之影響。目前台灣永續發展的危機包括環境持續污染、自然資源破壞、經濟、產業與社會壓力上升、經濟發展失衡與瓶頸、制度回應與政策欠積極、國家永續發展整體策略不明確及環境資料庫現況殘缺不全。

　　國內目前由中央大學、交通大學、陽明大學及清華大學聯合成立台灣聯合大學，其下並設置環境與能源中心，其研究架構草案目前包括環境與能源議題，其議題架構包括環境監測、模擬與防災、環境科技、永續發展策略及能源科技，涵蓋之內容包括環境倫理、安全與健康、環境經濟與政策、整合性評估系統之建立、能源經濟及政策。

第五節　結論

　　全球氣候變遷包括氣溫上升、有些地區降雨增加或有些地區降雨減少等情形；台灣處在這種大環境之下應如何因應，對台灣本身環境實應有相當程度之了解。而氣候方面之研究（Climate research），主要是我們目前要知道台灣會受何影響，以中國大陸為例，其對台灣是有很大影響能力的，故台灣應了解如何因應這個問題。另台灣降雨雖豐富，但境內河川短且坡度陡，導致降下之雨水快速流至大海，而不易蓄積，針對這個問題，台灣方面亦需深入探討有何影響及如何採取因應措施。台灣生物源的變化對台灣污染的情形之影響也很重要，以1970 年美國為例，都市大多是污染的，而鄉村大多是乾淨的，而目前美國城市中高達 85%是無法達到國家環境空氣品質標準者，而城市與

城郊是具高度關連性的（Couple），但其關係仍待進一步研究與了解。
另以亞特蘭大爲例，85%的 VOCs 爲自然源，而台灣台北地區受到
VOCs 自然源之影響程度爲何？行政院環保署雖已進行 2 年這方面之
研究，但仍有很多問題未了解，例如：VOCs 自然源與人爲污染源關
連性如何？亦尙待進一步研究與了解。

　　筆者研究專長係發展整體模式系統，透過利用衛星觀測了解環境
的變化、污染的變化，以大氣模式了解空氣品質的變化，並利用觀測
值來驗證模式之適切性。爲探討台灣環境之變化，目前台灣聯合大學
環境與能源中心結合 20 多位教授，規劃爲台灣作一些比較不一樣及
有意義的事情，探討污染物沈降對土壤、水質等之變化及發展整體生
物系統變化之模式。筆者在美國作研究 30 年來只做三個大型計畫，
包括：（一）平流層臭氧模式；（二）酸雨模式；（三）對流層臭氧模
式。前述模式發展及探討計畫皆獲得美國 EPA 支持，包括發展及探討
大氣化學、雲……模式系統等及觀測驗證模式，並自 1989 年開始與
國內鄭福田教授合作及研究，對國內環境亦開始有了初步的了解。

問題與討論

◆**現階段已開發國家所支持之氣候變化綱要公約主要係在規範先進國家的溫室氣體排放，未來則需規範開發中國家，請問屆時已開發國家是否有責任支付環境稅來補貼開發中國家？**

1. 富有的國家捐錢給貧窮的國家，實屬公平正義，但有時富有的國家捐錢時因考量因素較多，有時亦會有不同之意見，例如：美國柯林頓總統接受氣候變化綱要公約，但後續接任者小布希總統則暫緩接受氣候變化綱要公約，且雖公約對各國是有一些約束，但約束程度是有限的，牽涉到跨國之環境問題是很複雜的，故考量之因素亦較多，若僅為國內之環境問題則相對單純，以美國財團法人或一般美國人為例，對其國內大學（尤其是母校）之捐款是相當大方的（以美國遊戲卡發明人為例，其即捐款 6,000 萬美元給學校），只要是政府領導之政策，一般美國民眾都會很支持的，這與台灣現實情形顯然有相當程度之差異。

2. 台灣民眾對學校之捐款仍未蔚為風氣，與美國仍有相當程度之差異，但近年有幾個個案是大筆捐款的，以台灣大學為例，近年即有幾位校友（例如：溫世仁、林百里等）一次捐款數億元給母校，已突破往例。

◆**政府各相關單位皆有與氣候變遷問題相關之議題（包括海水入侵問題、氣候變遷、台灣應否走向國際化問題……等），但政府領導階層昔日所受之教育並未包括此方面環境教育之養成，導致相關問題雖經相關單位研究並做成研究報告，但氣候變遷相關問題仍未進入決策高層，甚至決策高層並不知道其相關之問題，此一現況如何解決？**

政府官員對技術不認識，主要係因其幕僚亦不了解所致，國外政府官員一般會找技術專長人員諮詢，提供前述相關技術資料供上司參考。另從事學術研究者可針對大型研究題目，採更廣面之研究方式，建立公認之研究成果，並以其研究地位影響政府相關單位人員與決策。

◆有關美國拒簽京都議定書問題，歐洲國家（尤其是英國）觀點認為美國基於其本身之利益關係，故可能永遠都不會參與簽署，是否會如此？

英國人喜歡批評美國無文化，由來已久，而英國學術界對美國亦一直存有偏見，但部分歐陸國家（例如：德國）戰後發展受到美國協助很大，對美國之立場可能就會不一樣。美國確實有時是自私的，但有時是很大方的，主要是問題當時考量之因素不同所致，但基本上，其實美國是一個保守的社會，尤其是就基本觀念而言，這可能和一般人對美國的認知有所不同。另美國各州表現情形也可能不一樣，例如：加州，可能為了環境保護，而不計其經濟利益。

◆柳宗明教授等曾發表在全球氣候變遷時，氣溫會上升，而氣溫上升很可能會使淡水、海水層對調，最後反而可能使氣溫下降，不知是否合理？

氣候變遷經過一段時間，很可能該變化會回穩，其間所涉及之變數很多。以原子戰爭為例，落塵覆蓋地球表面，氣膠吸收太陽光，其可能會導致地球冬天化。對於各種研究論述，我們都要給予智慧最高的評估；但也必須以更嚴謹的態度、實證探討其合理與否。

Chapter 7 Chapter 7

第7章

因應氣候公約之初探

黃偉鳴

人類大量使用化石能源所帶來的溫室氣體排放，加劇既有溫室效應，進而衍生氣候變遷現象。氣候變遷的結果已經成為現今及未來刻不容緩的環境議題。這種溫室氣體持續成長的速度，在現今的技術或政策下，是否有改善的空間，尤其隨著經濟成長是否有助於降低溫室氣體成長的速率。

第一節 環境顧志耐曲線

　　人類大量使用化石能源所帶來的溫室氣體排放，加劇既有溫室效應，進而衍生氣候變遷現象。氣候變遷的結果已經成為現今及未來刻不容緩的環境議題。這種溫室氣體持續成長的速度，在現今的技術或政策下，是否有改善的空間，尤其隨著經濟成長是否有助於降低溫室氣體成長的速率。

　　本文將先介紹環境顧志耐曲線（Environmental Kuznets Curve, EKC）與溫室氣體之關連，並分析聯合國氣候變化綱要公約之發展及近況，最後以因素分解方法（index decomposition method）探討我國因應公約之初步立場建議。

一 經濟發展與環境保護

　　經濟發展與環境保護的關係，一直是受到各界關注及研究。究竟經濟成長為環境問題之製造者，或經濟成長是環境品質之改善者，可以藉由計量方法（econometric method）之研究略窺一二。而在過去的研究中，最常被引用的實證案例為環境顧志耐曲線，也就是環境品質與經濟成長呈現一倒 U 型（inverted-U）之曲線關係。

　　顧志耐曲線的觀念最早係 1955 年由 Simon Kuznets（1971 年諾貝爾獎經濟學得主）所提出，他認為經濟發展與所得不均兩者間會呈現一倒 U 型關係，他除提出該理論外，並進行實證探討。隨後 Meadows et al. 1972 年在所提出之成長極限（Limits to Growth）也提出較高的經濟活動，需要更多能源和原料投入，以及產生更多廢棄物之副產品，使得環境惡化。

　　1992 年，世界銀行（World Bank）所發表「World Development

Report」是第一次強調將環境惡化與經濟發展兩者之關連進行探討。該書指出，一些環境惡化指標（如：二氧化碳、都會區廢棄物之產生）會隨著經濟成長而增加，更暗喻此種情況會愈來愈糟；而一些環境指標（如：缺乏安全飲用水、都會區衛生情況）則會隨著經濟成長而逐漸改善，換句話說，經濟成長可改善環境品質。此外，許多指標（如：硫氧化物、氮氧化物）會與經濟收入呈現倒 U 型關係，也就是在經濟成長初期環境品質開始惡化，然後達到一個頂點（peak point 或 turning point）後，開始隨著經濟成長而環境品質開始好轉。實證計量模型一般而言可分為三種，計為：線性對數（log-linear）、二次方（quadratic）及三次方（cubic）三種形式。

在 EKC 的討論中，溫室氣體（二氧化碳）是最受到爭議的，根據以往的研究似乎存在不同的見解，部分研究認為二氧化碳無 EKC 關係，但部分研究則可明確指出轉折點位置（Holtz-Eakin and Selden, 1995; Moomaw and Unruh, 1997; Schmalensee, Stoker and Judson, 1998; Dijkgraaf and Vollebergh, 2001）。

二　二氧化碳之 EKC—跨國資料比較

由於二氧化碳往往被認為是清潔或效率燃燒之無害副產物，並不被特別重視，且無直接的控制技術或設備。自 1997 年京都會議以後，二氧化碳減量議題成為各國關注焦點，理解二氧化碳減量是否會為經濟發展之自然副產品（特別是在能源使用改善方面），將有助於減量策略之研擬。

Holtz-Eakin & Selden（1995）可能是第一個運用計量方法探討二氧化碳之 EKC 關係，其以全世界 13 個國家 1951 年至 1986 年統計資料為來源，在二次方關係中，當每人每年所得達到 35,428 美元時，即會產生轉折；而在對數函數關係中，其雖然也會發生環境顧

志耐曲線之轉折,但要在相當高之轉折點 GDP 在 8 百萬美元時才會發生。其認為二氧化碳排放與人均 GDP 之關係與其他污染物情況相同,但其轉折點是需要較高所得才會發生,甚至超過抽樣範圍(out of sample)。二氧化碳之此種性質代表防制全球暖化工作係屬於各國應共同推動才可能達成。

Moomaw & Unruh(1997)擇定 16 個 OECD 國家(奧地利、比利時、加拿大、丹麥、芬蘭、法國、西德、冰島、義大利、日本、盧森堡、荷蘭、瑞典、英國及美國)為研究對象,並以繪圖方式將二氧化碳密集度與人均 GDP 做一分析。依據圖形分析,作者認為在 1974 至 1975 年代,由於能源危機所造成各國能源結構變化之影響,使得多數國家產生類似倒 U 型之現象,而高峰處(peak)多在 1970 年至 1980 年間。作者運用三次方 EKC 模型進行 16 個國家之推估發現,所有估計值均符合統計學上之顯著,且呈現 N 型線型關係,第一個轉折點為 12,813 美元/人,第二轉折點為 18,333 美元/人,此一結果低於 1995 年 Holtz-Eakin and Selden 所估計之 35,428 美元/人。

Roberts & Grimes(1997),係以二氧化碳密集度探討環境顧志耐曲線,並以 147 個國家之二氧化碳排放資料為探討基礎。作者將二氧化碳密集度與人均 GDP 兩者,分別取對數(Log)後,再分別以這 25 年資料以每隔 5 年做一散布圖檢視(分別是 1965、1970、1975、1980、1985、1990 年),同時以最小平方法檢視線性與曲線關係。作者就國家所得高、中、低三群(依據世界銀行之分類)來看,高所得國家自從 1973 年與 1979 年兩次能源危機以來,在能源使用方面變得更有效率;但在中、低所得國家中,尚未有明顯的改善。其認為在高所得國家之環境顧志耐曲線之關係若存在,代表其效率逐漸改善,但中、低所得國家卻仍屬惡化情況。作者認為,高所得國家將一些污染事業移向第三世界國家,而造成「污染者天堂之假設(pollution-heaven hypothesis）」已被多項實證研究證實。因此，作者認爲一項國際環境標準與推動機制係必要的。

Schmalensee、Stoker & Judson（1998）觀察 141 個國家，並先將對象分爲兩類：

一爲開發中國家，如：南韓與印度。

二爲已開發國家，如：美國及日本。

其指出，隨著每人平均所得之增加，在部分國家（如：美國）其二氧化碳排放量會逐漸下降，呈現倒 U 型結果。

Dijkgraaf & Vollebergh（2001）根據 1998 年 Schmalensee、Stoker & Judson（簡稱 SSJ）之研究結果，重新進行分析。根據其認爲，以往假設跨國資料爲均齊性（Homogeneity）是有問題的，且認爲根本無二氧化碳排放之環境顧志耐曲線存在。

 ## 三　二氧化碳之 EKC—單國資料比較

Sun（1999）提出能源密集度之尖峰理論（peak theory）：長期而言，一個國家的能源密集度呈現某一趨勢，亦即在工業化初期，能源密集度快速上升，達到尖峰後，最後再下降。以英國爲例，其尖峰爲 1880 年、美國與德國爲 1920 年、法國爲 1929 年、日本爲 1970 年。這些轉折及尖峰現象代表著這國家正進行一個產業結構之調整，轉型爲高附加價值之產業。

Roca & Alcantara（2001）探討西班牙單國中能源密集度、二氧化碳排放及環境顧志耐曲線之關連，並將能源密集度、單位能源二氧化碳排放，依時間序列做圖，發現並未產生一致性（不同於 1999 年 Sun 之推論），且西班牙該國之能源密集度在這過去 25 年間並未逐漸遞減。

Friedl & Getzner（2003）認爲線型與二次方模式不適用奧地利情形，因此提出三次方模型較爲適合。在 1960 年至 1999 年間，GDP 與

CO_2 之關係呈現一 N 型（三次方）關係，並在 1970 年代因國際能源危機產生結構中斷（structural break）。根據本研究結果顯示，該國二氧化碳排放將會隨著 GDP 成長而快速成長，對於一些變數似乎不會產生結構性變化；其認為達成二氧化碳減量，應採取利用政策改變能源價格方式，亦即課徵碳稅（生態稅），才是有效。

四 小結

根據前面研究結果，可歸納出二氧化碳與經濟成長之關連性：

（一）就全球資料而言，二氧化碳與經濟成長之環境顧志耐曲線關係是否存在，眾說紛紜；但若存在 EKC 關係，其轉折點均超過各種污染物之轉折金額，顯示以目前之技術或政策，尚不足以明顯減少溫室氣體之排放。

（二）就單國資料而言，不容易發現二氧化碳排放與經濟成長有 EKC 關連。

（三）若不採取明顯有效的策略，二氧化碳排放仍將持續成長。而全球共同的努力是必要的。

第二節 聯合國氣候變化綱要公約

根據前面引用約 10 年來的計量研究之結果，二氧化碳排放仍將持續成長，而在現實面上，全球已經於 1992 年里約地球高峰會議訂定了聯合國氣候變化綱要公約（United Nations Framework Convention on Climate Change, UNFCCC）要求各國減緩溫室氣體排放，正好呼應這項需求。

公約最終目的（Article 2, UNFCCC）爲「將大氣中溫室氣體的濃度穩定在防止氣候系統受到危險的人爲干擾的水平上。這一水平應當在足以使生態系統能夠自然地適應氣候變化、確保糧食生產免受威脅並促進經濟能夠永續發展。」

一 公約／議定書模式

現階段聯合國國際公約大多採取公約議定書模式，在處理一國際議題時大多先採取框架式（framework）的條文，不涉及明確責任方式，在累積至一定成員後，再依成員條件討論決定明確責任或目標，即衍生出具有法律約束力的議定書（protocol），如：保護臭氧層的 1985 年維也納公約，即於 1987 年通過蒙特婁議定書；氣候變化綱要公約也是在 1997 年提出京都議定書（Kyoto Protocol）。若依據這種公約／議定書模式，則每個公約可能衍生出的議定書將不侷限於一個。

二 後京都時期（beyond Kyoto）

根據氣候變化綱要公約秘書處（FCCC/SB/2002/INF.2, 2002）指出，附件一國家在 1990 年至 2000 年間其累計溫室氣體排放量雖然已經較 1990 年排放水準平均降低 5.4%，但附件二國家（多爲 OECD 國家）則平均上升 8.4%，顯示其減量成效是由於附件一國家中東歐經濟轉型國（Economies in Transition）平均大幅下降 37.6% 之緣故。因此，倘若主要工業國家（附件二國家）不積極進行溫室氣體減量，將很難要求開發中國家參加。

雖然京都議定書已於日前（2005 年 2 月 15 日）正式上路，但是由於公約及其議定書屬於自願參與之國際環保協定，各締約國仍然保留可退出之權利，因此如何考量在各國不相等的經濟情況，達成最

廣泛的全球參與，並實質達成減緩氣候變化之環境效益，將是未來研擬長期的減量方案之最大挑戰。

第三節　我國因應氣候公約之初探

根據前面兩項分析，溫室氣體排放在短期內仍將持續成長，而國際間公約之發展亦暫不會針對開發中國家進行減量要求；在身處這個特殊政治環境下，我國究竟是要積極減量？還是置身事外，當一個 free rider？這個看法長久以來一直是國內爭論之焦點。

一　我國二氧化碳排放之成因分析

在探討二氧化碳成因分析時，大多採用 Kaya 恆等式，該式係於 1989 年被提出，並列在氣候變遷政府間專家委員會（IPCC）第一次評估報告（1990），其認為碳排放的因素主要取決於人口、人均 GDP、能源密集度與能源中碳密集度四項關鍵因素，該式如下：

$$C = Pop \times \frac{GDP}{Pop} \times \frac{TPES}{GDP} \times \frac{C}{TPES}$$

$$\Delta C = \Delta Pop \times \Delta \frac{GDP}{Pop} \times \Delta \frac{TPES}{GDP} \times \Delta \frac{C}{TPES}$$

C：碳排放量，Pop：人口數

GDP：國內生產毛額

TPES：總初級能源消費量

Δ：變動量

其因素分解之統計方法為累積各因素之歷史變動量,並將二氧化碳增量依比例分配給這四個因素,而這四個因素之累加即統合為100%。使用這種方法,需注意歷史時間取捨之長短,以避免造成關鍵因素認定之錯誤。統計 1991 年至 2000 年變動量,可得表 7-1。

表 7-1　二氧化碳排放因素分析

	CO₂ 增加	歸因人口增加	歸因於人均 GDP 成長	歸因於能源密集度	歸因於能源中碳密集度
1991-2000 年 (比例)	104,373 千公噸	14,482 千公噸	85,280 千公噸	-10,356 千公噸	14,966 千公噸
	(100%)	(14%)	(82%)	-(10%)	(14%)
	CO_2 及影響因素的年平均成長率				
	CO₂	Pop	GDP/Pop	TPES/GDP	CO₂/TPES
1991-2000 年	6.7%	0.9%	5.5%	-0.6%	0.9%

註:環保署 92 年度「運用能源工程模型評估溫室氣體減量方案」專案報告。

由上面簡單的分析可知,我國人口與經濟成長所造成之能源使用增加,是二氧化碳增加的主因。再者,能源中碳密集度對於二氧化碳排放呈現正向效果,顯示由於我國含碳能源使用量偏高。

而經濟成長所帶動之二氧化碳增加,即已牽涉產業結構調整。根據國際能源總署過去統計資料分析,已開發國家(OECD 國家)於 1970 年代起開始調整產業結構,發展高附加價值、低耗能產業,並使用低碳能源等策略,促使其經濟成長可持續高度成長,而 CO_2 卻逐漸平緩,形成兩者分離的現象(decoupling)。

 我國在公約地位之初探

根據前面分析,我國目前並無出現二氧化碳之環境顧志耐曲線的

現象，而二氧化碳排放持續成長的關鍵因素仍是在產業結構，但這結果也反映出我國係身為開發中國家一員的典型，經濟成長伴隨著高度能源之使用，但是產業結構之調整決非一朝一夕可以竟功。因此，國內若無一長期且穩定的產業結構調整之規劃，勢難有明顯的二氧化碳減量成效。

儘管如此，我國是否該呼應配合京都議定書呢？根據前面分析，國際公約在擬訂過程係會考量各國因應之立場及能力，我國往往主動且片面聲明將遵循各公約之規範，且常超過各國因應的態度，筆者認為或許有檢討之空間。

溫室氣體減量是全球的議題，誠如 Roberts & Grimes（1997）之研究，這是需要全球建立機制共同努力。一個國家過度的承諾，僅會造成不必要的困擾，恐無太大成效。因為溫室氣體的減量技術目前並無商業化產品，均需仰賴能源技術或開發再生能源取代現有傳統能源，在此項前提下，任何不實際的作法，很容易被國際社會質疑，對於國家形象亦有不良影響。

京都議定係規範工業化國家的溫室氣體減量責任，忽略政治因素，依據我國經濟發展情況自然不會對我造成影響，但值得我國注意的是，在京都議定書生效後的現在，公約是否會形成另一項議定書規範開發中國家？

因此，筆者認為現階段我國因應公約之態度可先設定為：

（一）支持聯合國氣候變化綱要公約的減緩溫室氣體排放，防制氣候變遷之目的。

（二）對於京都議定書之任何發展及決定，保持觀察，不要輕易對外表態，以避免對後續新的議定書生成造成影響。

（三）依據聯合國氣候變化綱要公約對於開發中國家之要求項目，如：統計溫室氣體清冊、培養因應氣候變遷的能力、拓展國際合作等，亦即增加本國之能力建構（Capacity Building）。

（四）公約仍持續發展，不確定性仍高，應持續推動符合公約精神之項目，達到邊做邊學的目的（learning by doing）。

溫室氣體減量涉及的範疇相當廣泛，所必須考慮的因素，涵蓋政治、經濟、能源、環境等，影響層面也相當廣泛，謀定而後動或許是我國可以思考的方向。

參考文獻

1. 經濟部，全國能源會議結論具體行動方案，1999。

2. 行政院環境保護署，中華民國聯合國氣候變化綱要公約國家通訊，2002。

3. 行政院環境保護署，評估及推動我國實質參與聯合國氣候變化綱要公約專案計畫（EPA-91-FA11-03-A177），2002。

4. 行政院環境保護署，因應氣候變化綱要公約決策支援專案計畫（EPA-91-FA11-03-A096），2002。

5. 行政院環境保護署，運用能源工程模型評估溫室氣體減量專案計畫（EPA-92-FA11-03-A139），2003。

6. 行政院非核家園推動委員會能源結構調整小組非核家園願景下我國能源及結構與電源配比，2003。

7. 呂鴻光、簡慧貞、黃偉鳴、石信智，我國溫室氣體減量政策及措施，工業污染防治，第 22 卷，第 4 期，93-114，2003。

8. Shafik N., "Economic Development and Environmental Quality: An Econometric Analysis", Oxford Economic Papers, New series, 46, 1994, 757-773.

9. Holtz-Eakin D. & Selden T. M., " Stoking the Fires? CO_2 emissions and economic growth ", Journal of Public Economics, 57, 1995, 85-101.

10. Gene M. Grossman and Alan B. Krueger, " Economic Growth and the Environment ", The Quarterly Journal of Economics, 110(2), 1995, 353-377.

11. Moomaw W. R. & Unruh G. C., "Are environmental Kuznets curves misleading us? The case of CO_2 emissions", Environment and Development Economics, 2, 1997, 451-463.

12. Roberts J. T. & Grimes P. E., "Carbon Intensity and Economic Development 1962-91: A Brief Exploration of the Environmental Kuznets Curve", World Development, 25(2), 1997, 191-198.

13. Schmalensee R., Stoker T. M., and Judson R. A., " World Carbon Dioxide Emission: 1950-2050", The Review of Economics and Statistics, 80(1), 1998.

14. Dijkgraaf E. & Vollebergh H. R. J., "A note on Testing for Environmental Kuznets Curves", Environmental Policy, Economic Reform and Endo- genous Technology, Working Paper Series 7（May 20th 2001）.

15. Sun J. W., " The nature of CO_2 emission Kuznets Curve", Energy Policy, 15, 1999, 691-694.

16. Roca J. & Alcantara V., "Energy intensity, CO_2 emissions and the Environmental Kuznets curve. The Spanish Case.", Energy Policy, 29 , 2001, 553-556.

17. Friedl B. & Getzner M., "Determinants of CO_2 emissions in a small open economy", Ecological Economics 45, 2003, 133-148.

18. Hohne, Niklas, et al, Evolution of Commitments under the UNFCCC: Involving newly industrialized economies and developing countries, Federal Environmental Agency (Umweltbundesamt), Berlin, Germany, 2003.

19. World Resources Institute, What Might a Developing Country Climate Commitment Look Like? May 1999.

20. Pew Center on Global Climate Change, Pew Center Analysis of President Bush's February 14th Climate Change Plan, 2002.

21. Pew Center on Global Climate Change, Beyond Kyoto: Advancing the international effort against climate change (Working Draft), 2003.

22. Meyer, Aubrey, Contraction & Convergence: The Global Solution to Climate Change, 2000.

23. International Energy Agency, Beyond Kyoto: Energy Dynamics and Climate Stabilization, 2002.

24. International Energy Agency (IEA), Dealing with Climate Change Policies and Measures in IEA Member Countries, 2002.

25. Intergovernmental Panel on Climate Change (IPCC), IPCC First Assessment Report, 1990.

26. Intergovernmental Panel on Climate Change (IPCC), Climate Change 2001: The Scientific Basis, 2001.

27. UNFCCC, National communications from Parties included in Annex I to the Convention: Report on national greenhouse gas inventory data from Annex I Parties for 1990 to 2000. (FCCC /SB /2002 /INF.2).

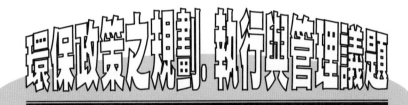

環保政策之規劃、執行與管理議題

第8章
環保施政三年行動計畫

張祖恩

保護環境資源，追求永續發展，是全球趨勢，也是為後代子孫留下淨土的良心工作。三年行動計畫的內涵，是環保署總結歷年施政的成果與未來的發展方向，整體架構的規劃，承續「國家環境保護計畫」及「國家永續發展行動計畫」上位計畫，理念及行動和國際環保的主流接軌，目標和願景符合台灣未來環境發展的需要，計畫明確的標示出我國現階段的環保政策和工作重點。

第一節　三年行動計畫的內涵

　　保護環境資源，追求永續發展，是全球趨勢，也是爲後代子孫留下淨土的良心工作。隨著國民所得的提高，國人對環境品質的要求日益殷切。爲有效提升環境品質，環保署於民國 87 年完成「國家環境保護計畫」之訂定，做爲我國短、中、長程環保施政之依據，並落實憲法增修條文中有關「經濟及科學技術發展，應與環境及生態保護兼籌並顧」之揭示，謀求全體國民之福祉。又爲全面落實環保工作，環保署民國 88 年起，鼓勵及協助地方政府訂定「縣（市）環境保護計畫」，各縣（市）之環境保護計畫於民國 91 年底全部完成制定。此外，由環保署草擬之「環境基本法」於民國 91 年 12 月奉總統頒布實施，我國在環境保護法令及策略建置上，已日趨完整。

　　在國際方面，聯合國於 1992（民國 81）年里約「環境與發展會議（又稱地球高峰會）」上，揭櫫「永續發展」及「全球考量、在地行動」的理念，呼籲全球共同行動保護環境。聯合國更於 2002（民國 91）年 9 月之約翰尼斯堡「永續發展世界高峰會」中，發表「聯合國永續發展行動計畫」及「約翰尼斯堡永續發展宣言」，呼籲「我們應致力於共同行動，以共同的決心，拯救我們的地球，提升人類發展，達到世界繁榮及和平」。以行動保護環境追求永續發展，已成爲全球趨勢。

　　爲順應此強調行動之國際潮流，行政院國家永續發展委員會於民國 91 年 12 月完成「國家永續發展行動計畫」，做爲國家中長程落實永續發展之行動依據，並自 92 年 8 月起，協助地方政府訂定「縣（市）永續發展行動計畫」。環境保護與國人日常生活息息相關，爲以具體行動提升國家環境品質，環保署依據「環境基本法」及「國家環境保護計畫」，參考「國家永續發展行動計畫」，以「防治公害，提升環境

品質，維護國人健康」、「全民參與環保工作，預防環境污染」、「建構資源循環型社會體系，追求永續發展」、「積極參與國際環保事務，善盡地球村成員之責」為理念，以「環境教育」、「環境調和」及「預防性誘因工具」為主軸，並以「具體行動」、「全民參與」、「資源整合」、「創新作為」、「政策延續」、「國際接軌」為思考，擬定「環境保護三年行動計畫」，做為今後環保施政之行動依據。計畫執行期程自 93 年 1 月至 95 年 12 月，計畫內容包括「環保生活新典範」、「資訊公開全民參與」、「環境污染物減量」、「垃圾全分類零廢棄」、「事業廢棄物全方位管理」及「國際參與」等六項群組行動計畫。

　　三年行動計畫的內涵，是環保署總結歷年施政的成果與未來的發展方向，整體架構的規劃，承續「國家環境保護計畫」及「國家永續發展行動計畫」上位計畫，理念及行動和國際環保的主流接軌，目標和願景符合台灣未來環境發展的需要，計畫明確的標示出我國現階段的環保政策和工作重點。這些計畫的落實執行，不但將對台灣環境的發展產生深遠的影響，也是台灣邁入環保先進國家的關鍵。然而，「藍天、綠地、青山、淨水」理想美好願景的實現，尚有賴各級政府通力合作和全民行動的參與。環保署籲請全國同胞以「同體大悲珍惜萬物、循環共生永續家園」相互期許，就從行動開始，力行實踐環境保護，為自己也為後代子孫植福。

第二節　環保生活新典範群組行動計畫

　　環保生活新典範群組行動計畫與民眾之食、衣、住、行、育、樂息息相關，計畫之推動主要係為促進民眾在日常生活養成環保習慣，加強綠色消費、垃圾減量、資源回收、環境整潔，經由家庭、學校、

社區推廣至整個社會，建立民眾參與環保機制，促使社會大眾關懷環境、共同參與，以創造優質生活環境，建構資源循環型社會。

一　子項計畫

（一）環境改造計畫

推動清淨家園關懷環境行動計畫，鼓勵全民一同加入環保行列；執行社區環境改造計畫，由社區擴展至村里、鄉鎮、生活圈及流域等，以建立永續家園；加強心靈環保及環境教育宣導工作，建立正確的環境倫理觀。

（二）綠色消費計畫

加強環境保護產品推廣，增加環境保護產品項目及數量；加強機關綠色採購，以擴大環境保護產品市場；加強綠色產品之銷售通路，便利消費者購買環境保護產品。

（三）清淨家園計畫

全民動員以維護居家環境；消除登革熱病媒蚊孳生源，控制登革熱病媒密度指數；推動海岸地區之清潔維護；完成公共服務擴大就業計畫─環境清潔計畫。

（四）水池、水塔清潔計畫

由社教場所、公私醫院、政府機關、交通場所、百貨公司等逐步實施，擴展至集合住宅及家戶，以預防自來水遭受污染，確保飲用水安全。

二 預期達成目標

（一）透過環保行動卡之發行，鼓勵 100 萬民眾參與環保行動。

（二）完成 140 處社區環境改造，並培訓 3,000 名環保志（義）工參與社區環境改造計畫。

（三）完成環境教育法立法並推動實施；推展心靈環保，落實環境教育宣導工作。

（四）擴大環境保護產品市場，預計每年將有 50 億元以上綠色市場，3 年內環保標章規格標準累計將制定完成達到 100 項，驗證通過之環保標章產品數量累計達 3,000 件以上。

（五）三級以上登革熱病媒蚊密度指數降低至 5%。

（六）自來水經過蓄水池、水塔後，水質合格率達 93%以上。

三 預期效益

（一）建立民眾參與環保機制，透過環境教育宣導及獎勵表揚，鼓勵全民一同投入環保行列。

（二）推動社區環境改造，提升社區居民環保知識、技能及行動，落實日常生活環保工作，改造周遭環境品質，創造社區特色，建立社區永續發展機制。

（三）藉由推動心靈環保，結合社會、宗教力量，淨化心靈，提升環境意識，革除不良陋習（規）。

（四）由政府機關推展至民間，加強綠色採購，建立綠色採購聯盟，結合生產、銷售、消費成為互利循環。

（五）透過全民動員，落實消除髒亂，確保環境整潔，全面提升國民生活環境品質，促進觀光發展。

（六）控制登革熱病媒蚊密度指數及確保飲用水安全，維護國民

身心健康。

第三節　資訊公開全民參與群組行動計畫

　　環境資訊在於提供事前防範、事中降低衝擊及事後補救檢討，做為各項環保工作之需。環保署持續進行環境資料庫之建置，透過網路技術提供各界查詢，使環境資訊能公開共享。此外，全民共同參與環保行動，已是全球趨勢，另現行商業會計制度無法確切衡量並充分顯示企業環境活動之財務資訊。為建立全民參與資訊公開之環境融合社會，規劃「環境資訊公開全民參與行動計畫」。

一　子項計畫

（一）環境品質監測資訊公開計畫

　　更新環境監測儀器，加強污染物特性監測功能，強化環境資訊數位化與網路化，整合地方相關部會之環境資訊，促進環境資訊共享。

（二）產業環境會計制推動計畫

　　依環保署 91 年完成之產業環境會計制度建構，宣導及輔導試行環境會計制度，健全產業環境活動財務資訊。

（三）環保網路論壇共識計畫

　　建置環保共識網路論壇專區及辦理環保共識會議，主動邀請民眾參與環保政策討論。

（四）環保國是論壇計畫

針對重要環保議題，邀請產、官、學、研、專公開研討，尋求共識。

 二 預期達成目標

（一）完成空氣品質監測站 80 站，800 部儀器設備的汰換，強化監測系統與預報技術。

（二）每年監測環境水體水質 6,000 站次及 18 條河川底質監測，定期檢討水質監測作業。

（三）完成整合性環境資料 400 萬筆以上的建置，完成各縣市環境資料蒐集建置，辦理相關部會環境資料整合。

（四）提升企業對環境會計制度的了解與認知，逐步建立產業環境活動財務資訊，健全企業環境財務管理，促進經濟發展與環境保護兼籌並顧。

（五）每年透過網路溝通方式完成四項環保議題共識形成、辦理一次環保共識會議及環保國是論壇研討會，以深化全民參與模式。

 三 預期效益

（一）有效整合全國環境資訊，專業性環境資料加值化，促進環境資訊共享。除有助於民眾更加了解所居住的周遭環境現況，更可提供各界進行環境影響評估、環境教育、污染改善的依據，提升政府決策效率。

（二）經由產業環境會計制度之推動，提升企業了解並認知環境會計制度之內容及益處，促使自發性實施，以呈現完整正確之環境活

動財務資訊，提高企業國際競爭力；本項資料亦可做為編製綠色國民所得帳之參據。

（三）經由環保網路論壇、共識會議及環保國是論壇等機制，可縮小民眾、專家及政府間之認知差距，化解抗爭與歧異，使環保政策取得更多共識，有助於政策之推動與落實。

第四節　環境中污染物減量群組行動計畫

為加強環境中污染減量工作，以有效降低國人暴露於污染物所導致的健康風險及提升環境品質，特推動「三年行動計畫──環境中污染物減量群組行動計畫」，採取「整合式污染管制」理念，從污染預防、源頭減量及管末處理等方面，結合空氣、水、廢棄物、毒性化學物質及土壤之污染防制措施，進行污染物全方位減量行動計畫，期許讓民眾有更美好安全的生活環境。

一　子項計畫

（一）環境中有毒污染物質減量計畫

進行焚化爐戴奧辛排放減量，以減少環境中戴奧辛及重金屬累積量；另針對石化業、電子業、工業區廢水處理廠及加油站，加強揮發性有機物排放管制，以改善臭氧污染情形。

（二）毒性化學物質公告列管與排放減量計畫

配合國際趨勢與國內環境特性，掌握在不同環境媒介之釋放情

形，做為擬訂總量管制與釋放減量之依據。

（三）發展清淨車輛計畫

推動機車全面採用噴射引擎，減少機車排氣污染。

（四）河川流域污染減量計畫

推動生態工法治河，並加強廢（污）水排放稽查，以保護河川流域生態。

（五）土壤污染整治行動計畫

加速推動重金屬污染農地及非法棄置事業廢棄物場址之清理工作，俾使土地永續使用。

（六）環境監測（流布）執行計畫

辦理台南市中石化安順廠污染場址調查、整治與鑑識工作，及鋼鐵冶煉業集塵灰、地下水有機溶劑污染之環境法醫學案例實證計畫，以建立污染案件鑑識能力。

二　預期達成目標

（一）健全焚化爐戴奧辛及重金屬管制策略，減少經空氣排放至環境之累積量，並強化焚化爐進出管理，削減焚化處理產生之有毒污染物，預估每年檢測 60 座焚化爐，以掌握污染排放情形，避免二次污染產生。

（二）健全石化業、電子業及加油站等三行業揮發性有機物管制策略，並全面推動加油站設置油氣回收設備，以減少油氣逸散污染。

（三）公告 2 種禁用或限用化學品，以達成釋放減量目標。

（四）逐年提高低污染噴射引擎機車銷售量至 15%，並研訂第 5 期排放管制標準，以促使機車全面採用噴射引擎，減少機車排氣污染。

（五）於高屏溪、南崁溪、二仁溪、將軍溪、淡水河系、鹽水溪、烏溪、北港溪、澎湖縣湖泊、朴子溪等流域，推廣 19 處水質自然淨化工法，同時進行鳳山溪、烏溪、鹽水溪等三個流域生態調查；另每年稽查製革業 80 家次、養豬業 1,000 家次及查緝 60 處非法廢（污）水排放，以改善河川污染情形。

（六）執行重金屬污染農地整治，計 250 公頃，並完成 5 處甲級污染場址清理工作，俾使土地永續使用。

（七）完成台南市中石化安順廠、鋼鐵冶煉業集塵灰及地下水有機溶劑污染等 3 件環境法醫學案例實證計畫，以建立污染案件鑑識能力。

三 預期效益

（一）累計至 95 年，可減少焚化爐排氣中戴奧辛排放量 132g-TEQ ／年，累計削減率達 44%，使單位面積土地承受戴奧辛排放量由 91 年 1.71mg-TED ／年／km^2，降至 0.33mg-TED ／年／km^2，降低 80.7%。

（二）分別減少石化業 4,070 公噸、電子業 1,520 公噸及加油站 900 公噸揮發性有機物排放量，促使 PSI ＞ 100 發生率降低 0.02%。

（三）公告禁用或嚴格限用 2 種化學品，使四氯化碳釋放量削減 30%。

（四）推廣使用低污染噴射引擎機車，達銷售量 15%，可減少一氧化碳 959.4 公噸及碳氫化合物 474.8 公噸之排放。

（五）透過生態工法，每日截流廢（污）水量 18 萬噸及去除 BOD 3,600-7,200 公斤。

（六）透過重點稽查，促使製革業污染量削減 97.7%，另查緝 180

處非法廢（污）水排放，可使 BOD 削減 1,650 公噸。

（七）針對土壤污染場址之清理工作，預估可清除重金屬廢棄物 12,300 公噸、汞污泥 8,238 公噸、廢溶劑 770 公噸及一般事業廢棄物 106,700 公噸。

第五節 垃圾全分類零廢棄群組行動計畫

行政院於 92 年 12 月核定「垃圾處理方案之檢討與展望」，未來一般廢棄物的清理工作以「零廢棄」及「源頭減量、資源回收」為推動方向，並以民國 90 年垃圾產生量 831 萬公噸為基準，預定民國 96 年、100 年及 109 年之總減量目標分別達 90 年 25%、40%及 75%。

一 子項計畫

（一）垃圾分類回收減量專案計畫

推動「強制垃圾分類」等措施，以提升資源回收量。

（二）廚餘回收再利用計畫

建立廚餘回收及再利用模式及開拓廚餘再利用通路等，以提升廚餘回收量。

（三）台灣地區垃圾處理後續計畫

對封閉掩埋場進行復育再利用，並推動「垃圾清理民營化」等措施，以提升垃圾清運效率。

（四）環保設施新形象—焚化廠三年變身計畫

使與環境調和，成為社區生活必要的環結，同時建立垃圾處理設施興建及跨區域性合作機制，健全廢棄物焚化處理監督及長期追蹤制度等。

（五）環保科技園區推動計畫

以經濟誘因，輔導整合產、官、學、研，建立我國環保靜脈產業。

（六）新增公告回收項目推動計畫

持續評估考量新增公告具有資源回收再利用價值及對環境危害性大之物品項目，研議相關配套措施及推動計畫。

（七）提升已公告項目回收率計畫

調整回收費率及補貼費機制，補助回收機具及場廠、獎勵回收績效等將陸續推動實施。

二 預期達成目標

（一）95 年達成垃圾減量率 20%目標，並為 96 年及後續目標年垃圾減量工作奠定基礎。

（二）95 年廚餘回收每日 1,500 公噸。

（三）95 年完成 34 處垃圾衛生掩埋場，117 處掩埋場復育綠地美化，提升偏遠地區妥善處理率並增加公園綠地及民眾休憩場所。

（四）達成焚化廠營運有效管理及提升灰渣之再利用率，增進民眾對廢棄物焚化之認識。

（五）95 年完成 3 座環保科技園區，引進 40 家以上廠商進駐，

提供綠色產業生產及技術研發與教育訓練。

三　預期效益

（一）95 年前完成垃圾強制分類、資源回收機具設備、設施及貯存場規劃及建制工作。

（二）95 年前達成廚餘每日回收 1,500 公噸廚餘，可避免家戶垃圾腐敗，節省之垃圾處理費用及增加之收益，每年可獲得 15 至 22 億元之利益。

（三）有效因應焚化廠設備停爐，以及天然災害後產生大量之廢棄物處理；改善、封閉及綠美化垃圾掩埋場，增加公園綠地及民眾休憩場所。

（四）達成焚化廠營運有效管理；減輕民眾對廢棄物焚化之污染疑慮。

（五）完成低污染、低（零）排放、產業形成循環連結之環保科技園區，提供「零廢棄」之技術資源。

第六節　加強事業廢棄物管制群組行動計畫

89 年旗山溪棄置廢溶劑事件後，環保署積極推動「全國事業廢棄物管制清理方案」，並已使事業廢棄物清除與處理漸上軌道，除農業及營建廢棄物外，已掌握約 70% 以上之事業廢棄物申報量，並可提供足夠的清理設施容量有效清理各類事業廢棄物（含有害事業廢棄物）。未來事業廢棄物管理應以預防性管理、廢棄物資源化、優先管制有害以及量大事業廢棄物、充分利用資訊技術工具執行全程列管

等方向推動，以促進事業廢棄物妥善清理，提高資源回收再利用率。

一 子項計畫

（一）擬定事業廢棄物零廢棄策略，推動資源回收再利用

研定事業廢棄物零廢棄政策，擬訂未來 20 年策略方向；加強廢棄物清理與資源回收再利用管制作用之連結互補。

（二）通盤檢討事業廢棄物行政管理計畫及管制措施

檢討策進管理體系及各項管制計畫成效，提升管制中心系統功能。

（三）建立全面電子化之事業廢棄物管制系統

建立全電子化系統及完整資訊平台，提升管理效能。

（四）持續執行事業廢棄物源頭管理、流向追蹤及稽查管制

擴大列管對象，執行流向勾稽及查核輔導，加強主要廢棄物別及行業別特性調查及管制規範研訂。

（五）評析營建與農業廢棄物之處理現況，協調目的事業主管機關建立妥善處理體系

確認營建與農業廢棄物質量及清理情形，協調推動妥善處理體系，充實基線資料。

（六）事業廢棄物中間處理成效評估與最佳可行處理技術之建立

評估各類處理機構及再利用機構技術成效，檢討修正相關標準辦法，建立最佳可行處理技術規範標準，啟動處理設施預警應變機制。

（七）加強焚化設施產生之灰渣的處理成效管制與追蹤

整合事業廢棄物焚化處理上、中、下游工作，加強焚化灰渣處理成效與追蹤機制。

（八）降低事業廢棄物輸出入處理所衍生之環境風險

因應巴塞爾公約，加強事業廢棄物輸出入管制，推動提升國內廢料使用技術。

二　預期達成目標

（一）列管事業廢棄物（不含營建及農業廢棄物）達總量 75%以上。

（二）提高事業廢棄物再利用量達總申報量 75%以上。

（三）建置事業廢棄物妥善處理預警應變機制，維持足夠處理設施。

三　預期效益

（一）汲取國內外事業廢棄物管理計畫執行經驗，因應未來事業廢棄物管理課題，有效提高資源回收再利用比率，啟動事業廢棄物「零廢棄」策略措施，追求資源循環永續發展之環境。

（二）建立事業廢棄物全電子化管制系統，提升管制中心效能。

（三）整合事業廢棄物源頭管理、流向追蹤及稽查管制工作，建立事業廢棄物預警資料庫，落實預防性管理。

（四）查核評估各類事業廢棄物處理途徑（如：自行處理、共同處理、公民營處理機構、綜合處理中心、大型焚化廠及再利用等）成效，推動最佳可行處理技術，提升處理設施效能。

（五）強化焚化灰渣清理之管制追蹤，評析營建與農業廢棄物清理情形，協調目的事業主管機關推動妥善處理體系及加強管制措施，促進整體事業廢棄物之妥善清理。

第七節　國際環保群組行動計畫

本群組行動計畫係整合環保署主政之各項國際環保公約因應策略，議題涵蓋大氣層保護（聯合國氣候變化綱要公約及蒙特婁議定書）、廢棄物跨境轉移（巴塞爾公約）、持久性有機污染物（斯德哥爾摩公約）、廢棄物海洋棄置（倫敦海拋公約）等；另為兼顧區域組織合作及貿易／環境議題，亦積極推動環保標章國際合作、亞太經濟合作（APEC）、世界貿易組織（WTO）等行動計畫予以妥適因應，期能有效掌握國際環保思潮及善盡地球村成員責任，進而擴展環保外交，達到爭取國家利益的多贏目標。

一　子項計畫

（一）聯合國氣候變化綱要公約計畫。

（二）蒙特婁議定書計畫。

（三）巴塞爾公約計畫。

（四）斯德哥爾摩公約計畫。

（五）倫敦海拋公約計畫。

（六）加強環保標章國際合作計畫。

（七）亞太經濟合作海洋資源保育計畫。

（八）世界貿易組織計畫。

二 預期達成目標

　　國際環保工作之成功推動，須全方位地考量區域整合、政治外交、產業經濟、科技研發及生態環境等眾多因素，並有賴於掌握國際環保發展趨勢、有效跨部會整合執行與協調機制、完善國內管理機制建構及健全環境資料庫等相互配合。因此本群組行動計畫工作係以達成「增進了解國際環保思潮」、「善盡地球村成員責任」、「爭取國家利益」及「擴展環保外交」四大理念。而在國內層次方面，期能解決國內環境問題及提升國際競爭力；國際層次方面，期能擴展國際參與及建立國際夥伴關係；並以全球分享及追求永續發展為長程目標。

三 預期效益

（一）掌握國際環保思潮，建立預警制度

　　1.建立環境資料庫：含溫室氣體排放清冊、破壞臭氧層物質、持久性有機物環境流布及氣候變遷衝擊評估資料庫。

　　2.建立預警制度：由於我國非聯合國會員，藉由現有國際公約之整合運作，主動掌握國際環保思潮，及早發現問題，並可針對新興環境議題，做全面性思考及預防。

（二）執行國際環境公約，建立本土能力，善盡地球村成員責任

1.研修相關法規：配合國際發展趨勢，逐步檢討我國因應氣候變化綱要公約、蒙特婁議定書、巴塞爾公約及斯德哥爾摩公約等之相關法令。

2.成立整合執行與協調機制：規劃短、中、長程目標與相對之工作項目及資源需求，針對溫室氣體減量、ODS 消費量、事業廢棄物跨境運送及持久性有機物管制等體系最適化。

（三）參與全球及區域組織，擴展環保外交

1.建立良好國際溝通管道：積極參與公約締約國會議及其周邊會議，掌握國際情勢，並建立良好溝通管道。

2.建立國際夥伴關係：結合企業、產業公會及非政府組織之能力及資源，成為公私合作夥伴（public-private partnership），推動參與國際合作，形成國際夥伴的一員，更達到經驗分享（global sharing）及永續發展。

3.提高國際能見度：主動召開國際會議（MARKAL、臭氧層保護及環保標章會議），加強國際友人對我環境保護工作之認同。

（四）建立談判經驗，爭取國家利益

解決環境與貿易問題：提出我國參與國際環境公約經驗及立場，加強與 WTO/CTE 之互動，爭取我國可能利基。

第9章

我國政策環評評估方法學
之深化與改良

劉銘龍

本章針對我國現行政策環評之審議流程與評估方法學深入探討，期透過文獻分析與國際制度比較研究，深化與改良我國政策環評方法學，以利政策環評制度於我國之後續推動與生根。研究結果建議整合新增評估程序於現行審議流程中，並應用評估指標與標的於現行政策環評矩陣評量作業中。

第一節　我國政策環評制度現況與推行困境

　　「政府政策環境影響評估」（Strategic Environmental Assessment, SEA） 即是對於政府政策行為（strategic actions）及其替代方案，進行有系統且全面性的環境影響評估，期望在政策決策過程中，於事前強化環境議題的系統化流程（Sadler and Verheem, 1996; Thérivel and Partidário, 1996）。其在世界各國實施之名稱、形式與評估流程或存有若干差異，但核心目的皆在要求政府決策部門整合環境考量於決策過程中，以促進國家之永續發展（Verheem and Tonk, 2000；於幼華等，2002）。

　　我國政策環評制度雖早於鄰近亞洲國家，在 1994 年底即完成法制化工作（Briffett et al., 2003; Liou and Yu, 2004），但迄 2003 年底，完成政策環評報告書與相關審議作業者，僅有工業區設置（工業政策）、台灣地區水資源開發計畫（水利開發政策）及高爾夫球場設置與自來水水質水量保護區縮編計畫（土地使用政策）等四個政策細項。

　　究其原因，除機關本位主義掣肘、政策時空更迭迅速外，主管機關對於評估流程與評估方法的陌生，也是造成我國政策環評制度推展遲滯不前之主因（行政院環保署，2002；劉銘龍等，2003）。為此，本文擬針對我國現行政策環評之審議流程與評估方法學深入探討，期透過文獻分析與國際制度比較研究，深化與改良我國政策環評方法學，以利政策環評制度於我國之後續推動與生根。

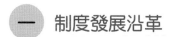

一　制度發展沿革

　　我國政策環評制度源起於 1994 年底「環境影響評估法」之三讀

立法，該法第 26 條明白揭示：「有影響環境之虞之政府政策，其環境影響評估之有關作業，由中央主管機關另定之。」

由於政策環評制度在我國尚屬首創，再加上過去對將環境評估適用於抽象的政府政策鮮有討論，遂使我國在政策環評的議題上跳過可行性辯論的階段，而直接面對制度設計問題（葉俊榮，1997）。因此直至 1997 年 9 月 20 日始公告「政府政策環境影響評估作業要點」，初步界定 9 項有環境影響之虞，應實施環境影響評估之政策項目，以及政策評估書所應載明之章節內容。以下乃分別就審議流程與評估方法等，說明現行制度特點。

（一）政策環評之審議流程

依 2000 年 12 月 20 日重新公告之「政府政策環境影響評估作業辦法」，政策環評之流程如圖 8-1 所示，強調由政策研提機關提出政策環評報告書，並於該政策報請行政院核定時須檢附評估說明書。

（二）應實施政策環評之政策細項

國內目前計有工業政策等 9 類有影響環境之虞之政策，共計 11 個政策細項須執行環境影響評估，詳如表 8-1 內容。

（三）政策環評之評估內容

包括「環境涵容能力」、「自然生態系統」、「國民健康或安全」、「自然資源之利用」、「水資源體系及其用途」、「文化資產、自然景觀之和諧」、「國際環境規範」、「其他」等面向，各自訂出若干評估項目與內容，再依據地域性、全國性、全球性之範圍評定影響等級，並提出因應對策之說明與總評定。

（四）政策環評結果之評定

政策評估應就前述項目、內容加以評定。評定結果之表示方法以「＋＋」、「＋」、「○」、「－」、「－－」五種方式劃分等級。評定結果對環境有負面影響或顯著負面影響者，應訂定因應對策。此外，政策環評政策評估作業，得就其特質，增列民意反應、經濟效益或評定其他環境項目，並評估社會接受度。

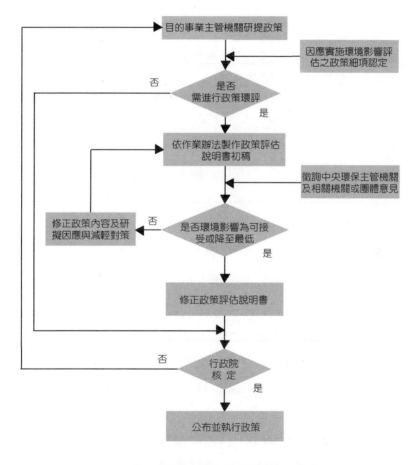

圖9-1　我國現行政策環評審議流程

（資料來源：行政院環保署，2001）

表 9-1　應實施環境影響評估之政策細項

政策別	政策細項
1. 工業政策	工業區設置
2. 礦業開發政策	砂石開發供應
3. 水利開發政策	台灣地區水資源開發計畫
4. 土地使用政策	高爾夫球場設置
	農業生產用地及保育用地大規模變更作非農業使用
	水源水質水量保護區縮編
5. 能源政策	能源配比
6. 畜牧政策	養豬
7. 交通政策	重大鐵公路路線
8. 廢棄物處理政策	垃圾處理
9. 放射性核廢料處理政策	核能電廠用過核燃料再處理

資料來源：行政院環保署，2001。

二　推行困境

我國政策環評制度自創設迄 2003 年底已近 10 年，然而已實施且完成政策環評作業審議作業者，僅有 4 個政策細項：

（一）工業區設置（工業政策）。

（二）台灣地區水資源開發計畫（水利開發政策）。

（三）高爾夫球場設置。

（四）自來水水質水量保護區縮編計畫（土地使用政策）。

亦即依法應實施環境評估之 11 個政策細項，尚有超過一半未能實施政策環評。

為了解與探究其中緣由，行政院環保署曾於 2002 年召開專案會議，廣邀各政策細項主管機關，諮商後續推動事宜。應邀出席之國內目的事業主管機關計有：行政院體委會、環保署廢管處、經濟部礦業司、經濟部工業局、經濟部能委會、經濟部水利署、原子能委員會、

交通部、農委會、國科會、研考會等 11 個單位。探究與會機關代表之發言，可歸納政策研提機關於實際執行過程中，所遭遇之瓶頸與挑戰：

（一）對於現行評估作業內容與流程不甚熟悉。

（二）在範疇界定時遭遇困難。

（三）政策目標及管制總量之訂定或推估，由於國內資訊較不充分，造成評估作業執行困難。

（四）現行政策環評採矩陣表評量，並將評估結果以「＋＋」或「－－」等方式評定，其評定時之依據何在。

（五）政策內容與時空更迭迅速，造成執行困難。（行政院環保署，2002）

上述五點理由除第五點與政治情勢變化更迭相關外，其餘四點仍反映出國內各界對政策環評評估方法學的陌生與扞格。因此，本文嘗試透過國際制度比較研究，釐清國內現行制度盲點，並進一步提出深化與改良我國政策環評評估方法學的具體建議，以利制度之生根發展與後續推動。

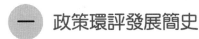

第二節 政策環評評估方法學在國際社會之發展

一 政策環評發展簡史

Strategic Environmental Assessment（SEA）此一名詞術語的首次出現，是在歐盟 CEC 的報告初稿中（Wood and Djeddour, 1992），從 1980 年中期至今，SEA 的發展主要可分為六個時期階段（Fischer and Seaton, 2002），圖 9-2 並進一步以時間橫軸闡釋此一發展歷程：

（一）1985 年以前

尚未使用 SEA 名詞。

（二）1985-1990 年

開始出現 SEA 名詞。

（三）1990 年初期

SEA 被視為協助永續發展決策的工具。

（四）1995 年前後

SEA 蓬勃發展並出現大量的相關專有名詞。

（五）1995-2000 年

SEA 案例整合研究。

（六）2000 年-至今

朝向一較系統化分析方法發展。

雖然 Strategic Environmental Assessment 此一名詞已使用超過 15 年，目前也有包括美國、歐盟、荷蘭、德國、英國、奧地利、加拿大、紐西蘭、澳洲、南非、香港與我國等，超過 60 個國家或地區均已實施政策環評的相關制度，表 8-2 詳列與政策環評發展有關之重要大事紀。不過，不同國家或地區對於政策環評的定義仍缺乏普遍接受之共識（Hens, 1999），評估程序亦因各國政經社文與決策體系結構不同而有極大之差異（Sadler, 1996；呂雅雯，1999）。以下將就各主要國家或體系之評估流程及評估技術與方法等做一回顧。

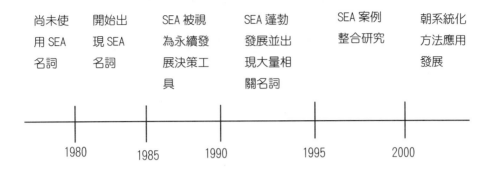

圖 9-2　SEA 發展簡史

（資料來源：重繪自 Fischer and Seaton, 2002）

表 9-2　政策環評國際發展里程碑

年　代	事　項
1970	1. 美國環保署法令（1969）（Sec. 102（2）（c））：有顯著影響環境的政策法令都應包括對環境衝擊的詳細描述。 2. 加州環境品質法令（Guidelines Sec. 15165-15168）。
1970 中期	加拿大重要提案的公眾調查與環境檢視（Mackenzie Valley Pipeline Inquiry, Canada, 1974-1977）：加入民眾意見。
1978	NEPA 委員會對環境品質議題的討論（Sec 1052.4（b））：將具有環境衝擊的計畫以一般性、地理性或技術性整合起來。
1987	荷蘭環境衝擊評估法令（1994 修正）：在一些特定的國家計畫中強制執行 EIA。
1989	1. 澳洲資源評估法：對於資源相關政策成立獨立性的調查團體。 2. 世界銀行執行方針 4.00：執行地方與區域的環境評估。 3.UNECE（ESPOO）跨國境之環境影響評估（Article 2（7））（1991、1999 修正）：會員國應擴大 EIA 原則至政策、計畫與方案中。
1990	加拿大政策、計畫與方案的環境評估程序：應用在所有提交至內閣的法案。

1991	1. 紐西蘭資源管理法：將永續性法令結合至政策、計畫與條例中的各項目。 2. 英國政策提案與環境指導方針（1994、1997 修正）：向中央政府提出相關忠告建議。
1992	1. UNECE 首先進行政策、計畫與方案的 EIA，並建議其會員國同時應用。 2. 香港政策之環境實行：應用於執行委員會的各項提案。
1993	1. 丹麥政府預算與其他提案的環境評估（1995、1998 修正）：議會草案及策略性提案都需作環境評估。 2. 歐盟立法計畫的環境評估：應用在聯盟的各項立法提案與行動。
1994	1. 英國發展計畫的環境評估方針：建議地方政府如何將應負責任置於立法當中。 2. 挪威政府白皮書與計畫的環境評估。 3. 斯洛伐克環境衝擊評估法（Article 35）：對於各政策計畫與立法提案的基本發展都應有環境衝擊的相關評估。
1995	荷蘭內閣法令的環境測試：應用於各草案，檢視其強制性、可行性與對企業的衝擊。
1996	歐盟（COM（96）511、COM（99）73 修正）：對於任一計畫與方案的評估方法。至此以後，SEA 指令開始。
1998	1. 芬蘭立法提案決定原則之環境衝擊評估方針。 2. UNECE 政策決定之資訊、公眾參與環境議題之取得途徑（權利）協定：對於環境相關的計畫、政策或法令規定，都應提供民眾參與途徑。 3. UNECE 之環境大臣對政策性環境評估提出宣言（ECE/CEP/56）：邀請各國與國際性金融機構將 SEA 做為優先實行之一。
1999	1. 澳洲環境保護與生物多樣性保存法令：執行政策、計畫、方案的 SEA。 2. 芬蘭環境衝擊評估程序法。 3. 英國地區性計畫之永續性評價指導方案。
2000	Common Position 同意 SEA 指令（5865/00）。
2001	將 SEA 議定書納入 Espoo 公約，並於 2003 年第五次歐盟環境部長研討會中討論是否通過。

| 2003 | 通過 SEA 議定書。 |

資料來源：Sadler, 2001.

 政策環評評估流程

　　政策環評之評估流程與評估方法，向爲各國政策環評方法學發展之重點，各國評估流程常因國情與決策體系不同而有著相當程度差異，但相對地，這也顯示政策環評之實施，必須「扣緊」該國決策體系與決策時點，才能發揮「評估政策提案對環境所造成之影響，以及確保這些影響將於決策過程中的最早階段，併同與經濟與社會因素充分考量」的制度設計功能（Sadler and Verheem, 1996）。圖 9-3 進一步從政策評估角度，闡明政策環評與政策決策過程之密切關係。

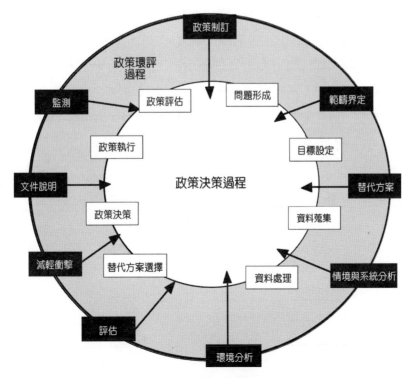

圖 9-3　政策環評與與政策決策過程之關係（資料來源：修改自 SEI, 2001）

　　整體而言，一個完整的政策環評過程，可包括下列步驟（Arce and Gullon, 2000; Sadler, 2001）：

　　（一）篩選：決定需否進行政策環評。

　　（二）設定政策目標與標的。

　　（三）範疇界定：分析環境現況、確認替代方案與應評估之衝擊。

　　（四）建立評估指標。

　　（五）衝擊預測與替代方案評析。

　　（六）尋求外部機構與專家之諮詢與建議。

　　（七）公眾參與：不同部門在不同階段。

　　（八）提出政策環評結論報告。

　　（九）提出衝擊減輕對策。

　　（十）與後續計畫階段環評連結。

　　（十一）監測與提出環境管理計畫。

　　其中之核心步驟可包括篩選、範疇界定、影響評估與結果公告等，而公眾參與與替代方案考量則隱含於不同階段中（圖 9-4）（Wood and Djeddour, 1992；呂雅雯，1999）。此一基本評估程序，可於荷蘭、歐盟、南非、加拿大等國之制度實例中獲得印證（圖 9-5、圖 9-6、圖 9-7），顯示對於政策環評實施之主要步驟，有著若干基本原則共識，但實際實施細節，仍依各國國情設計，此即所謂政策環評制度設計之「彈性原則」（flexibility）。

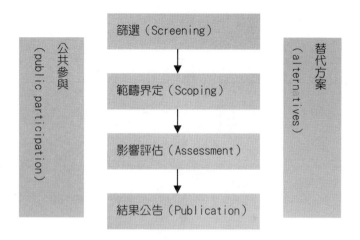

圖9-4 政策環評程序示意圖（Wood and Djeddour, 1992；呂雅雯，1999）

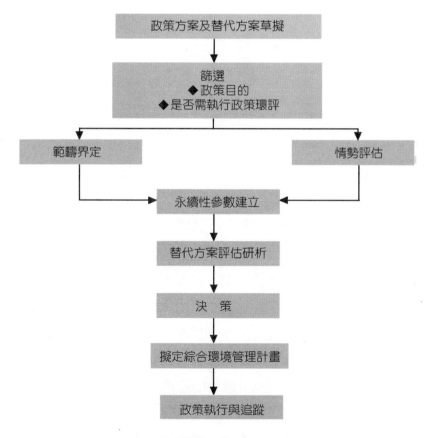

圖9-5 南非政策環評流程（資料來源：DEAT, 2000）

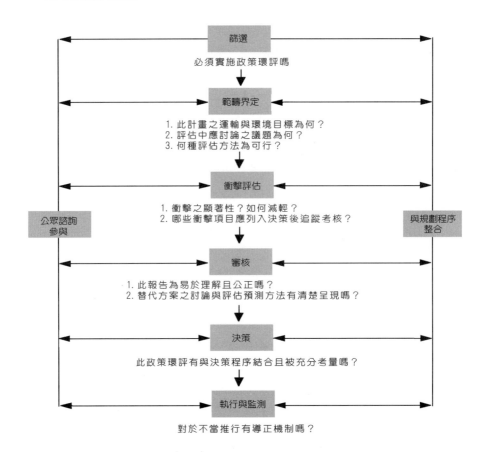

圖 9-6　歐盟交通建設政策環評流程（資料來源：European Commission, 1999）

 政策環評評估技術與方法

　　對於多數政策評估者而言，政策環評之技術與方法，可能是一相對模糊的概念。不似一般環境工程與規劃學門，有著豐富明確、具高度可操作性的工具可資應用，此種困境乃根源於：針對「抽象的」立法草案及機關政策進行環境影響評估，本質上就有一定程度的困難。因此，Thérivel & Partidário（1996）就曾明確指出，沒有任何單一政策環評方法學可以應用在所有的政策類型。也就是說，政策環評沒有「統一」或「特定」的評估技術或方法，應視不同案例，於評估流程

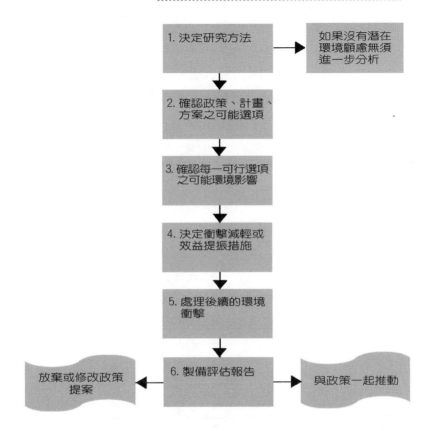

圖 9-7　加拿大六步驟評估過程

（資料來源：Environment Canada, 2000）

中各「步驟」採適當的應用技術方法。

　　或者，再換一種更簡白的說法，政策環評評估之技術或方法，可將之視為一「工具庫」，評估者因個案需求而選用不同工具（Partidário, 2002），也因此政策環評逐漸成為一跨領域與跨部門的新興學科，強調整合與團隊工作。

　　政策環評評估之技術或方法，通常是從傳統的環境影響評估及政策評價／計畫評估（policy appraisal/plan evaluation）的技術方法沿用或衍生而來。一般的看法是，其所應用之技術與方法，傾向於愈簡便好用愈好，例如：檢查表（checklist）與矩陣表（matrix）法，如此，

才可避免方法學成為制度推廣的障礙（UNEP, 2002）。但也有應用較複雜分析方法的實例，例如：成本效益分析（CBA）與多準則分析（MCA）方法等（Sadler, 1996）。進一步歸納 DHV（1994）、Sadler（1996）、UNEP（2002）、Partidario（2002）適用於政策環評流程中各「步驟」的可供參採應用之評估技術與方法，可以表 9-3 之整理為代表。

表 9-3　應用於政策環評不同作業步驟之技術方法

步　驟	方　法　範　例
環境基線調查	● 環境報告書與類似文件 ● 環境資源與配置清單 ● 其他案例之可參照標準
篩選／範疇界定	● 正式／非正式明細表 ● 調查與個案比較 ● 受影響網路分析 ● 公眾或專家諮詢
替代方案規劃	● 環境政策、標準、策略 ● 優先承諾／慣例 ● 區域／地方計畫 ● 公眾價值與偏好
衝擊分析	● 情境發展 ● 風險評估 ● 環境指標與標準 ● 政策影響矩陣 ● 預測與模擬模式 ● 地理資訊系統 ● 成本效益分析與其他經濟分析技術 ● 多準則分析

決策支援文件	● 交互影響矩陣 ● 一致性分析 ● 敏感度分析 ● 決策樹

資料來源：UNEP, 2002。

此外，Marsden & Dovers（2002）另指出，政策環評在方法學上較傳統的環境影響評估，更倚賴定性的方法與考量，因此，專家判斷法（expert judgment）在其中就扮演了十分重要的角色。至於何種政策類型政策環評案應採何種評估技術，則有必要透過制度與案例比較研究，以累積足夠之參考經驗。

表 9-4 則進一步彙整我國已進行政策環評案例應用之評估方法，可以發現，由於我國制度在設計之初，就已考量到評估方法不宜成為制度障礙，因此規範以評估作業矩陣作為一核心工具。期望能邊做邊學，累積適當經驗，以利制度生根。但現行評估作業矩陣方式，仍有相當程度之功能障礙，此點留待下節繼續討論。

表 9-4　國內案例應用之評估方法

政策環評案例	工業區設置方針	高爾夫球場設置方案	台灣地區水資源開發綱領計畫	自來水水質水量保護區縮編政策
環評技術方法	評估矩陣表分析法	疊圖法（GIS）、專家委員法、德爾裴技法、層次分析統計方法	評估矩陣表分析法	評估矩陣表分析法

資料來源：本研究整理。

第三節 現行政策環評方法學 深化與改良

一 整合評估程序於現行審議流程

綜合前述國際經驗，與劉銘龍等（2003）對我國現行制度的檢視，可以發現，除仍有應實施政策環評之政策細項涵蓋面不足、缺乏範疇界定正式要求，及未實施政策監測與稽核工作等尚待改進之處，我國制度早已規模粗具。亦即在政策環評的介入時點與審議流程已能順暢操作，與國際政策環評審議軌跡亦相符。

但美中不足之處，即在於我國現行的政策環評制度設計，只片面清楚描繪審議流程（請見圖 9-1），相關政策環評作業辦法與規範，亦只針對評定方式與評估書內容等，做出原則性規範。對於如何實際進行衝擊鑑別與評估（impact identification and assessment），以及整體政策評估報告書製備程序的導引，則幾乎付之闕如，而成為我國制度推展之功能性障礙。

為解決此一問題，本文透過文獻分析與國際制度比較研究，嘗試將國內現行政策環評過程，劃分為兩類程序，一是「審議流程」，另一則是「評估程序」，並在幾乎不變更現行審議程序的前提下，進一步將評估程序整合於現行審議流程中，如圖 9-8 所示。

其中「審議流程」部分與現行方法並無二致，然為了讓「評估程序」中的科學精神能與「審議流程」中的行政管理原理相結合，在「依作業辦法製作政策評估說明書初稿」步驟，即進入建議新增之「評估程序」中，遵循「組成評估執行團隊」、「範疇界定」、「對提案與替代方案進行分析、比較與評定」、「提出環境衝擊因應對策」、「撰寫政策評估報告」等步驟依序進行，每一步驟下方並有較詳盡之工作說明。

其中在「範疇界定」與「撰寫政策評估報告」兩步驟，皆與「徵詢中央環保主管機關及相關機關或團體意見」的程序連結，以凸顯公眾參與之重要性；此外，在「公布並執行政策」步驟後，新增連結至「追蹤考核」，以符合持續改善之永續發展策略操作程序之精神。

圖 9-8 所提出之「整合式審議與評估程序」，若以前文（Arce and Gullon, 2000; Sadler, 2001）中所提之政策環評應包括之單元為準繩檢驗之，已較我國現行環評審議程序為完整。表 9-3 記載的 UNEP 所提出的政策環評各作業步驟的基本評估技術與方法，則可作為整合式審議與評估程序中，實際評估時的評估應用工具。

 ## 評估作業矩陣之應用深化

我國目前政策環評所採用的矩陣法，乃以「行動或活動引起之環境影響」vs.「環境因子項目」的方式，以了解某一行動或活動可能造成的對於環境因子的個別衝擊。現行之政策環評矩陣表雖具有一般矩陣表容易使用、一目瞭然、能納入公眾意見與感受的衝擊等優點。然而，各主管機關與相關單位，對於如何進行評定，並無明確或較為客觀的依據可資參考，故歸納我國目前的政策環評操作實務，簡而言之，概以「學者專家法」行之，雖然有時仍有科學模型運算之結果以為佐證或參考，但距離標準作業程序（SOP）或至少有標準作業架構，仍有一段不小的距離。

現行之政策環評矩陣表之設計，並未訂有明確可量化指標與用以評量的基本準則，因此在使用時，事實上，需要進一步內隱地（implicitly）或外顯地（explicitly）納入配合每一評定項目的自訂指標，並自行認定其影響等級，使得該矩陣表的使用方式不明確，並容易流於主觀。也就是說，政策環評的執行單位不同或環評委員組成不同，即相當可能產生不同的評定影響等級與環評結果。這也是困擾執

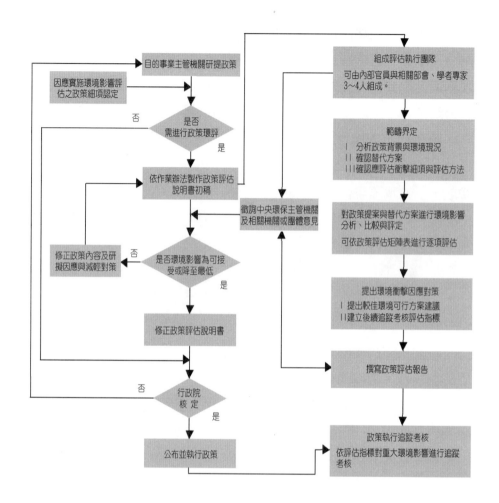

圖 9-8 整合新增建議評估程序指引於我國現行政策環評審議流程

（資料來源：本研究整理）

行機關的問題所在（行政院環保署，2002）。

　　進一步觀察，在現行政策環評矩陣表中，目前實際列出者為「政策評估項目與內容」，以「環境之涵容能力」主題中之空氣項目為例，其相應之內容與矩陣如表 9-5 所示。在矩陣表中，僅將與空氣相關之「項目」與「內容」列出，事實上尚未落實至「指標」的層次，亦缺乏以永續性角度進行評量的標的與說明。

表 9-5　我國現行政策評估矩陣表中關於空氣之項目與內容

政策評估項目、內容	地域性	全國性	全球性	因應對策說明	評定	備註
	評　　　定					
（一）空氣 　　懸浮微粒（TSP, PM_{10}） 　　二氧化硫（SO_2） 　　二氧化氮（NO_2） 　　臭氧（O_3） 　　鉛（Pb）						

　　表 9-6 列出在政策環評中所使用的指標系統之說明。其中政策環評之主題（topic）為一般的廣泛性議題，譬如：「空氣污染」；政策環評所採用的指標為可監測標的達成度的度量（measure），譬如：某區域中的 5 個空氣污染監測站測得之環境 NO_x 濃度平均值；政策環評的標的則可以導向型（directional）或量化型（quantitative）的方式表示：導向型表示方式譬如：「降低某區域中之 NO_x 濃度」，而量化型則例如：「在 2007 年前將某區域中之環境 NO_x 濃度降低為 1997 年時之10%」，包括了明確的時間、指標項目與標的值。

　　表 9-7 則以主題（theme）、指標（indicator）、標的（target）的層次，列出若干範例。該表僅列出部分，作為示範之用。事實上，各主題之下，皆可具有若干指標，而各指標則有其相應的標的，可以考慮

表 9-6　政策環評使用之主題、標的與指標定義與示例

政策環評 主題 （SEA topic）	政策環評標的（SEA target）		政策環評指標 （SEA indicator）
	導向型 （directional）	量化型 （quantitative）	
定義　廣泛性議題	一般的，與主題相關	詳盡的，與主題相關	可監測標的達成度的度量
範例 一　空氣污染	降低某區域中之 NO_X 濃度	在 2007 年前將某區域中之環境 NO_X 濃度降低為 1997 年時之 10%	該區域中的 5 個空氣污染監測站測得之環境 NO_X 濃度之平均值
範例 二　公平性	降低某村莊的貧窮程度	在 2005 年前將 10% 收入與最低 10% 收入之比例自 1998 年時之 10:1 降至 7:1	不同收入水準人口之每 10% 平均值

資料來源：Partidário, 2002.

列出。

　　因此，為了讓現行政策環評矩陣表，更具可操作性與納入永續性考量，必須進一步深化現行矩陣表的內涵。表 9-7 為依據前述之原理原則，將「永續性評量」（SA）之精神與架構融入矩陣表的範例。由於指標必須搭配標的，才具有永續性評量的可操作性。因此，我們必須納入目前我國較具公信力或已廣為使用的指標系統與相應之標的。在此依然保留原矩陣表之分類方式，在指標方面，以經建會公布之「台灣永續發展指標」與 Liou et al.（2003）建構之指標系統，為參考指標之主要項目；在評量標的方面，則以「國家環境保護計畫」（簡稱 NEPP）與我國二十一世紀議程（Agenda 21）中所規範之民國 95年度目標值與民國 100 年目標值為基準，若有較複雜之規範條件，則以文字說明附帶在旁。該表僅列出「環境涵容能力」的「空氣」中之相關者。

表 9-7　在政策環評中應用永續發展指標之範例

主　題	指　標	標　的
氣候變遷	CO_2 的排放量	將 2000 年的 CO_2 排放量穩定在 1990 年的水準，即一年 3,300 百萬噸
酸化	SO_2 的排放量	到 1994 年，將 SO_2 排放量穩定在 1990 年的水準，而至 2000 年時，更降至 1990 年時之 70%。
空氣品質	都市環境中的環境空氣污染物濃度	世界衛生組織（WHO）的標準
土壤品質	沙漠化影響的土地	降低沙漠化或被沙漠化影響的土地面積，或至少降低沙漠化的嚴重程度
自然與生物多樣性	在所有原生物種中受到威脅的比例	在任何層級，原生物種受到威脅的比例均小於 1%
水質	平均每人每日民生用水量	在 2000 年前達到都市地區至少每人每日 40 公升，以維護用水安全性
廢棄物管理	有害廢棄物的進口與出口	完全禁止有害廢棄物的越域運輸

資料來源：Partidário, 2000.

若要考慮現行矩陣表中的所有要項，並製作出完整的對照表，將是個龐大的工程。而這樣的對照表，由於必須考量諸多缺項與各標的間之差異，亦需要以專家法（ad-hoc approach）達到共識，才具有基本的代表性。

至於上述評估的機制與準則，可以下列的簡易大小關係描述之（Partidário and Moura, 2000）：對於某指標而言，假設其恕限值（標的值）為 Y，而其所得之實際值為 X，則可應用下列條件：

（一）若 X＜Y，則狀態為指標值尚低於恕限值，因此可接受，並代表符合永續性。

（二）若 X＝Y，則代表處於一臨界狀態，應有所作為，使永續性得以確保。

（三）若 X＞Y，則代表狀態爲指標值已超過恕限值，因此不可接受，並代表不符合永續性。

若爲（三）之情形，則需提出可接受的因應對策，以導正或改善不永續之趨勢。而在表 9-8 中，意即逾越台灣永續發展指標之趨勢或逾越 NEPP 與 Agenda 21 的永續性標的，必須進一步提出改善方案或放棄該規劃。此外，由於現行矩陣表並未涵蓋所有台灣永續指標之領域（範疇），故只引用部分，但其他部分可考慮引用部分指標。

第四節 結論與建議

與國際發展趨勢比較，我國政策環評制度發展時程與內涵，可謂毫不遜色。但受限於相關政社文化背景，因之制度萌發遲緩，仍須假以時日，以及投入更多研究量能。本文嘗試先從改良現有政策環評工具的方向著手，乃因認爲制度成長是一穩健社會演進過程，當現行制度仍未被充分檢視與實踐前，不太可能跳躍式轉換。

本文所提出的「整合式審議與評估程序」，搭配各作業步驟的評估技術與方法，以及深化內涵的評估矩陣表，皆可作爲未來各主管機關進行政策環評時的評估應用工具。

此外，目前國際上政策環評之基本精神而言，其目的即爲考量政府政策在「政策、計畫、方案」（PPP）層次上之整合永續性（sustainability），作爲上位之政策基本指導原則。以目前包括的「環境涵容能力」、「自然生態系統」、「國民健康或安全」、「自然資源之利用」、「水資源體系及其用途」、「文化資產、自然景觀之和諧」、「國際環境規範」、「其他」等面向而言，雖然基本上涵括了環境影響評估中大致上需要的面向，但若依據聯合國 PSR 或 DSR 指標系統架構的社會、經濟、環境、制度面向劃分與「主題、次主題、核心指標」之層

表 9-8　政策環評矩陣表、評估指標與評量標的

政策評估項目、內容	評估指標改為台灣永續發展指標	評量標的				評定
		NEPP		Agenda 21		
		95 年目標	100 年目標	95 年目標	100 年目標	
一、環境之涵容能力	（一）空氣懸浮微粒（TSP，PM_{10}）二氧化硫（SO_2）二氧化氮（NO_2）臭氧（O_3）鉛（Pb）	■懸浮微粒（PM_{10}）年平均值（$\mu g/m^3$）■一年中空氣品質指數（PSI）>100 日數百分比*■二氧化碳排放量*	■PSI>100 之日數累積百分比 <2 ■CO（ppm）<0.689 ■O_3（ppm）<0.047 ■NO_2（ppm）<0.020 ■SO_2（ppm）<0.006 ■PM_{10}（$\mu g/m^3$）<55.15 ■Pb（$\mu g/m^3$）0.06 ■TSP 削減 56 萬公噸，削減率 40%	■PSI>100 之日數累積百分比 <1.5 ■CO（ppm）<0.689 ■O_3（ppm）<0.047 ■NO_2（ppm）<0.020 ■SO_2（ppm）<0.006 ■PM_{10}（$\mu g/m^3$）<55.15 ■Pb（$\mu g/m^3$）0.05 ■TSP 削減 71 萬公噸，削減率 50%	■PSI>100 之日數累積百分比<2	■PSI>100 之日數累積百分比 <1.5 ■SO_X 削減 470 千公噸 ■NO_X 削減 725 千公噸 ■SO_X、NO_X 累積削減率達 60% ■臭氧層保護方面：119 年氫氟氯碳化物之削減量削減至零	

資料來源：整理自行政院環保署，2002；Liou et al., 2003。

次而論，若希望我國政策環評矩陣表能夠反映永續發展之內涵與完整考量，其整體架構缺乏組織，內容項目亦嫌紛亂，下屬之「項目」與聯合國 PSR 或 DSR 永續發展指標系統中之核心指標相符程度亦有限。

因此，若希望真正能將我國的政策環評矩陣表賦予永續發展的意

義與內涵,應至少以「環境」、「社會」、「經濟」等面向,配合聯合國建議之核心指標項目,依照操作規範重新設計矩陣表,使其整體結構與內容更能夠符合永續發展指標的精神與要旨;而以此矩陣表為核心工具進行之政策環評,將更能貼近國家永續發展的目標。將永續性評估融入於未來政策評量的過程與結果的詮釋與討論之中,發展本土第二代政策環評系統,將是下一項艱鉅的任務挑戰。

參考文獻

1. 行政院環境保護署全球資訊網,「環保法規」。http:\\www.epa.gov.tw,2001。

2. 行政院環保署,政府政策環境影響評估技術之建立。行政院環保署91年度專案工作計畫,2002。

3. 呂雅雯,政府政策環境影響評估制度之研究——兼論台灣政府政策環境影響評估之實踐。國立台灣大學三民主義研究所碩士論文,1999。

4. 葉俊榮,政府政策進行環境影響評估的制度設計。台灣經濟預測與政策,第28:1期,1997。

5. 劉銘龍、葉欣誠、郭乃文、於幼華,我國政府政策環境影響評估之回顧與展望。中國工程師學會會刊,76:3,2003。

6. 於幼華、黃錦堂、劉銘龍、呂雅雯,國際環境影響評估發展趨勢——以政策環評制度為例。環境影響評估研討會,行政院環境保護署,台北,2002。

7. Arce R. and Gullon N., The application of Strategic Environmental Assessment to sustainability assessment of infrastructure development". Environmental Impact Assessment Review, 20(2000)pp. 393-402, 2000.

8. Briffett C., Obbard J. P., Mackee J. Towards SEA for the developing nations of Asia. Environmental Impact Assessment Review 2003; 23:171-196.

9. Department of Environmental Affairs and Tourism (DEAT), "State of the Environment Reporting", South Africa, 2002.

10. DHV Environment and Infrastructure BV. Existing Strategic Environmental Assessment Methodology. Compiled for the European Commi-ssion DGXI,Brussels, 1994.

11. Environment Canada, Strategic environmental assessment at Environment Canada: How to Conduct Environmental Assessments of Policy, Plan and Program Proposals, Gatineau, Quebec, 2000.

12. European Commission, Manual on SEA in the Framework of the Trans-European Transport Network, Commission of the European Communities. Office for Official Publications of the European Communities, Luxembourg, 1999.

13. Fischer B and Seaton K., Strategic Environmental Assessment :Effective Planning Instrument or Lost Concept? Planning Practice & Research, Vol. 17, No. 1, pp. 31-44, 2002.

14. Hens, L., Strategic Environmental Assessment: An Overview, http:\\ meko.vub.ac.be, Brussels, Belgium, 1999.

15. Liou, M. L., Yu, Y.H., The Development and Implementation of Strategic Environmental Assessment in Taiwan, Environ. Impact Assessment Review, Vol 24 / 3, pp. 337-350, 2004.

16. Liou, M. L., Kuo, N.W., Yu, Y. H., Sustainable indicators for Strategic Environmental Assessment in Taiwan. Paper presented at the Fourth International Conference on Ecosystems and Sustainable Development, Siena, Italy, 4-6 June 2003.

17. Marsden S. and Dovers S., Strategic Environmental Assessment in Australasia, The Federation Press, 2002.

18. Partidário MR and Moura F. Strategic Sustainability Appraisal-One Way of Using SEA in the Move Toward Sustainability. In: Partidário M. and Clark R. (Editors), Perspectives on Strategic Environmental Assessment. USA: CRC Press LLC, 2000.

19. Partidário MR., Course Manual of Strategic Environmental Assessment (SEA). IAIA, Netherlands; 15-16 June 2002.

20. Sadler B. Environmental Assessment in a Changing World: Evaluating Practice to Improve Performance (Chapter 6 Final Report). In: International Study of the Effectiveness of Environmental Assessment. Australian EIA Network, 1996.

21. Sadler B and Verheem R. Strategic Environmental Assessment: Status, Challenges and Future Directions. Ministry of Housing, Spatial Planning and the Environment. EIA Commission of the Netherlands; 1996.

22. Sadler B., A Framework Approach to Strategic Environmental Assessment: Aims, Principles and Elements of Good Practice. In: Proceedings of International Workshop on Public Participation and Health Aspects in Strategic Environmental Assessment, Szentendre, Hungary, 2001.

23. Stockholm Environment Institute, "Sustainable Development Studies Programme", Stockholm, http://www.sei.se, 2000.

24. Thérivel R and Partidário MR. Introduction. In: Thérivel R and Partidário MR (Editors), The Practice of Strategic Environmental Assessment. London: Earthscan Publications; 1996.

25. UNEP, UNEP'S Environmental Impact Assessment Training Resource Manual – Second Edition, UNEP Briefs on Economics, Trade and Sustainable Development, 2002.

26. Verheem R and Tonk J. Enhancing Effectiveness: Strategic Environmental Assessment: One Concept, Multiple Forms. Impact Assessment and Project Appraisal 2000; 18(3): 177-182.

27. Wood, C. and M. Djeddour ., Strategic Environmental Assessment: EA of policies, plans and programmes, Impact Assessment Bulletin 10(1), pp.3-22, 1992.

第10章

台灣環境保護基金之檢討與展望

廖卿惠

環境基金（Conservation Funds or Environmental Funds）
在現今各國的環境政策中，以環境政策之輔助工具的地位
被普遍地利用著，屬於一公基金制度，有其特定的法源依
據，原則上其預算亦必須接受立法機關之監督。而環境基
金的最大目的通常在於管理環境相關各項稅賦用以支付
特定之環境費用，賦予其財源供給上之正當性。

第一節　環境保護基金在政府基金中之定位

環境基金（Conservation Funds or Environmental Funds）在現今各國的環境政策中，以環境政策之輔助工具的地位被普遍地利用著，屬於一公基金制度，有其特定的法源依據，原則上其預算亦必須接受立法機關之監督。而環境基金的最大目的通常在於管理環境相關各項稅賦用以支付特定之環境費用，賦予其財源供給上之正當性。以環境基金為環境各項費用支出財源之代表性制度設計有：跨國性基金之臭氧保護多國基金、聯合國全球氣候變遷基金、國際原油污染補償基金 IOPC 及各國內區域性基金，如：美國之超級基金 CERLA、長期休耕計畫基金，日本之事業廢棄物處理基金與台灣國內之土壤與地下水污染整治基金、空氣污染防制基金、資源回收基金等。

我國政府為維護生態環境、提升環境品質、增進國民福祉，特於 92 年度依預算法規定設置環境保護基金，並編製附屬單位預算。並將依空氣污染防制法、廢棄物清理法、土壤及地下水污染整治法等規定設置之空氣污染防制基金（民國 85 年）、資源回收管理基金（民國 88 年）、土壤及地下水污染整治基金（民國 90 年）納入此基金項下，編製附屬單位預算之分預算。

依照預算法之規定，環境保護基金的財源，主要是為向污染源或業者徵收之空氣污染防制費、廢棄物回收清除費以及土壤及地下水整治費等收入，基金的主要用途是運用於防制空氣污染，減少垃圾中不易清除處理、含長期不易腐化、有害物質以及具回收在利用價值等成分與整治土壤及地下水等用途，目的在於達到資源永續利用，進而改善生活環境，並能增進國民健康。

環境保護基金之構成體系如下（圖 10-1）：

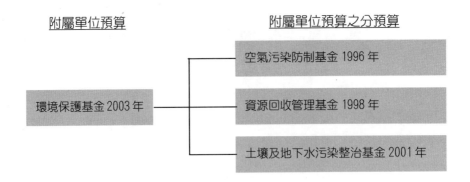

附屬單位預算　　　　　　　　　　　　附屬單位預算之分預算

空氣污染防制基金 1996 年

環境保護基金 2003 年

資源回收管理基金 1998 年

土壤及地下水污染整治基金 2001 年

圖 10-1　環境保護基金之構成體系

 **一　非營業基金之設置**

　　環境保護基金在政府基金中之定位乃屬於非營業基金。所謂非營業基金，依預算法第 4 條第 1 項第 2 款可分成四大類，分別定義如下：

（一）作業基金

凡經付出仍可收回，而非用於營業者。

（二）特別收入基金

有特定收入來源而供特殊用途者。

（三）資本計畫基金

處理政府機關重大公共工程建設計畫者。

（四）債務基金

依法定或約定條件，籌措財源供償還債本之用者。

　　而台灣環境保護基金為專款專用，為非營業基金分類中之「特別收入基金」。

又政府設置非營業基金,大體上有兩種途徑:

(一)有法律明文規定之設置法源。

(二)依「中央政府特種基金管理準則」第 5 條及第 6 條規定,各機關申請設置之特種基金,應報經行政院核准,並編列預算完成法定程序後,始得設置之。

台灣環境基金底下之三大基金即為依法律明定設置之條款而設置者。

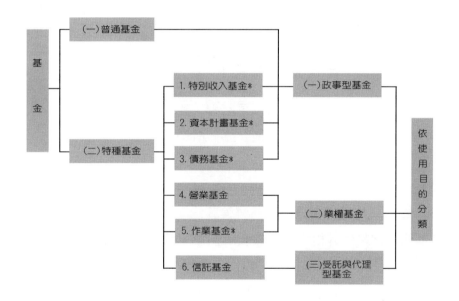

圖 10-2 非營業基金之屬性

設置非營業基金之目的

政府為保障人民生命財產,增進人民福利,維持社會經濟均衡發展,以及推行一般政務,得以依法向人民徵稅收取規費。為便於財務管理,並可以達到其他財政上的目的,所徵得的稅賦原則上採統收統支制;若為供某些特殊用途之需者,由特定收入支應之,並兼採專款

專用。非營業基金的財源有二：一為由一般歲入撥入，運用撥入資金孳息或經營事業；再者為指定之特定收入，供其財源支出。一般而言，設置非營業基金之原則如下：

（一）視其服務特性以籌集財源

由國民負擔公平；若為政府一般性之政務支出，可由國民普及負擔。但如提供特定服務，僅惠及部分人民，其支出仍由國民共同分擔，則殊欠公允。因此，採行基金制度則可視其服務特性而定出合理之方法以籌集財源，專供支應特定服務之所需，達到公平合理的目的。

（二）俾使其業務進行不輟

基金一經設置，必有其特定財源。其支出應先編製預算，完成立法程序，按既定目的支用，嚴禁挪移借墊，以達成預期之目的。

（三）需便於財務監督管理

每一基金各為獨立的財務與會計個體，所有財源之籌集與支用，應依循適當之會計程序，單獨設置帳簿，而為完備之紀錄。此外，定期公開各種報表，以便於財務上之監督與管理。

理論上，政府應本著上述原則審慎設置基金，隨時檢討得失，決定存廢。否則若流於過濫，易將導致流弊。

第二節 台灣環境保護基金之內容

一 三大環境基金的設置

（一）空氣污染防制基金

台灣在空氣污染源的管制上，自 1995 年起 7 月開徵空氣污染防制費，並依據空氣污染防制法第 16 條於 1996 年成立基金，專款專用於空氣污染防制工作。依空氣污染防制法第 10 條規定，應依污染源排放空氣污染物之種類及排放量，徵收空氣污染防制費用；依據上項法令規定立法院經進一步訂定「空氣污染防制法施行細則」，其中第 14 條規定，徵收之空氣污染防制費用，專供空氣污染防制之用，並得成立基金管理運用，成立「空氣污染防制基金」，屬單位預算特種基金性質；其歲入、歲出依預算法第 16 條之規定全部列入中央政府總預算內辦理。

（二）資源回收基金

台灣早期的資源回收工作係由民間業者所組成的財團法人或相關公會等自行組成共同組織，以分別執行廢保特瓶、廢輪胎等的回收工作，例如：一清基金會、惜福基金會、廢輪胎基金會等。1997 年廢棄物清理法修正公布後，改由公告指定業者需按當期營業量或進口量依中央主管機關核定的費率，繳交回收清除處理費用作為資源回收管理基金，並委由環保署成立的廢一般物品及容器、廢機動車輛、廢輪胎、廢鉛蓄電池、廢電子電器物品、廢資訊物品、廢潤滑油、農藥廢容器等 8 個基金管理委員會，辦理各單項物品基金的收支保管業務。至 1998 年，立法院決議要求環保署對於依法公課的回收清除處理費，

必須納入預算接受立法院監督，因此同年 7 月起，環保署成立資源回收管理基金管理委員會，以接管前述 8 個基金管理委員會業務，統籌負責執行所有公告物品及容器的回收作業。

（三）土壤與地下水污染整治基金

在土壤及地下水污染整治上，國內仿效美國超級基金成立土壤及地下水污染整治基金，參考美國經驗與歐洲先進國家所實施之環境相關制度，擴大經濟誘因。此外，基金來源亦增加以下部分：

土地開發行為人依母法第 46 條第 3 項規定：「土地開發行為人於土壤及地下水整治場址公告列管且土地開發計畫實施前，應按該土地變更之當年公告現值加四成為基準，核算原整治場址土壤面積之現值，依其 30%之比率，繳入土壤及地下水整治基金。」

土壤及地下水整治基金擴大稅基財源，期待有以下之優點：

1.擴大了整治基金規模，增加基金來源公平性。

2.鼓勵整治場址進行開發，減少因列入整治場址土地棄置與荒廢。

3.對於整治場址可避免與美國超級基金（Super fund）方式由政府補助土地開發。

 二　環境保護基金中三大基金之比較

對台灣環境基金之檢討，大致依據環境基金之流程可以分為四大部分，對台灣環境保護基金中的三大基金加以討論：

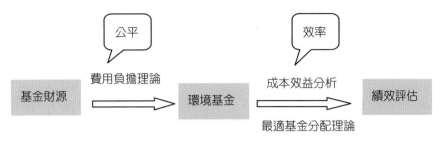

圖 10-3

（一）環境保護基金為籌措財源之費用負擔理論：以應因、應益、應能、應責原則等四大環境費用負擔原則，探討空氣污染防制費徵收之公平性與重複課稅問題。

（二）基金執行與否之分析評估方法：以成本效益評估法評估社會效益最大下之基金執行決策分析。

（三）基金執行分配上之最適資金分配理論，探討費率基礎與污染責任間之因果關係外，基金執行在經濟效率上的分析。

（四）評估基金對環境經濟上之衝擊與對環境改善之誘因機制之提供與績效評估。

其比較結果如下（表 10-1）所示：

表 10-1

環境介質	空　氣	土壤及地下水	廢棄物
基金名稱	空氣污染防制基金	土壤及地下水污染整治基金	資源回收基金
法源依據	空氣污染防制法第16條	土壤及地下水污染整治法第22條	廢棄物清理法第16條
繳費原則	原因者付費	原因者付費（嚴格之無過失責任）	原因者付費
繳費方法	污染排放量為主，就源課徵為輔	就源課徵	就源課徵

繳費主體	固定污染源： 1.所有人、實際使用人、管理人與營建業為主。 2.指定公告物質之銷售者與進口者。 移動污染源： 1.排放器具設備之銷售者與進口者。 2.油燃料之銷售者與進口者。	1.指定公告化學物質之製造者及輸入者。 2.污染行為人或污染土地關係人。 3.土地開發行為人。	1.物品生產、其包裝與容器製造之生產者與輸入者。 2.原料之製造與輸入者。
繳費客體	固定污染源： 1.空氣污染物（SO_X、NO_X）之排放量。 2.公告物質之銷售量。 移動污染源： 1.空氣污染物之排放量。 2.油燃料之種類、成本與數量。	1.指定公告化學物質之產生量與輸入量。 2.污染行為人或污染土地關係人依法應支付之整治場址之調查、評估、審查、應變必要措施及相關整治計畫支出。 3.土地開發行為人依整治場址土地變更後當年度公告現值加四成為基準，依其30%之比率繳交基金。	1.公告應回收物品及容器：製造業者之當期營業量、輸入業者之海關申報進口量。 2.依材質、容積、重量、對環境之影響、再利用價值、回收清除處理成本、回收清除處理率、稽徵成本、基金財務狀況、回收獎勵金數額等。
用途	專款專用	專款專用	專款專用
費基與污染排放因果關係之強弱	強	弱	強
環境保護誘因	強	弱	弱
費基轉嫁之可能性	弱	強	強

重複課稅項目	土壤及地下水污染整治費（移動污染源之油燃料部分）	水污染防治費（公告化學物質之產生量及輸入量）	水污染防治費、土壤及地下水污染整治費（如潤滑油）

資料來源：張四立，2004，「土污基金與其他環境基金收支運用方式之比較與政府規範方式之建議」，土壤及地下水污染整治法回顧與展望研討會，本研究整理。

第三節　環境保護基金之績效評估分析

一般而言，環境保護基金的成立是為了所徵得管理環境相關稅賦並加以利用，使得其環境稅賦的徵收可以達到其最大的效用。

表 10-2　三大基金最近五年主要營業項目（單位：千元）

項目	88 年下半年及 89 年度決算數	90 年度決算數	91 年度決算數	92 年度預算數	93 年度預算數	備註
空氣污染防制	4,919,164	3,250,662	2,312,010	2,379,935	2,258,252	固定及移動污染源管制
資源回收管理	1,785,240	1,046,173	696,393	563,209	1,071,388	稽核認證業務、責任業者之繳費稽查業務、補助及獎勵回收清除處理暨再生利用等

土壤及地下水污染整治		2,587	180,264	493,375	707,770	土壤及地下水污染整治策略推動、污染場址之防治、調查評估、管制及整治措施之推動

資料來源：行政院主計處網站統計資料，本研究整理。

　　對於環境基金的績效評估上，至今尚未有一共通的評價標準。因此，筆者試著就一般的效益評估方法──環境品質的改善、再生資源的使用增加而自然資源的使用減少等方向，對環境三大基金的績效加以評估。

一　空氣污染防制基金

　　空氣污染基金於 1997 年成立，對於污染源管制上投注許多心力，其結果在 PSI 的變遷圖中並未有明顯的趨勢。PSI 低，反而在 1991 年後顯示空氣品質有明顯的改善，此應該與空氣污染管制法的修訂與同年增加許多污染監測站而產生之稀釋效果有一定程度的相關。

二　資源回收管理基金

　　在資源回收管理基金之績效評估上，以資源回收率為其評估標準。事實上，因為資源回收率的內部含有各式的分類與複雜的因果關係，僅以此作為其績效評估在方法上有其限制。但是，在尚未有一更加優異之評估標準之前，資源回收率也不失為一評估此基金之客觀方法。如前文所述，資源回收管理基金為之前各民間基金會的整合，在

1998 年的整合由下圖（圖 10-4）中看來，對回收率的提升上有明顯的
正相關。

資源回收統計成果

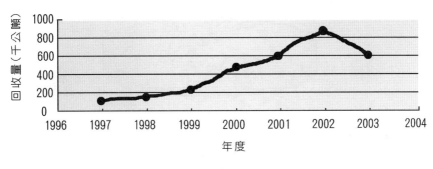

圖 10-4

資料說明：回收量為廢紙類、廢鐵罐、廢鋁罐、其他金屬製品、廢保特瓶、廢塑膠製品、
　　　　　廢玻璃容器、舊衣類、廢家電、廢電腦、廢輪胎、費鋁箔包、廢電池與其他
　　　　　之各項回收資源之回收量總計。

（資料來源：依 2003 年度「環境保護統計年報」資料彙整而成。）

三　土壤及地下水污染整治基金

　　土壤及地下水污染整治基金因為成立時間尚短，由圖 10-5 所示，
至今基金的大部分費用支出都仍停留在污染調查與評估污染廠址
上，對於此基金的實質績效尚未能有一客觀的評估標的。

第四節　課題與展望

　　環境保護基金的最終目的在於促進環境的改善。

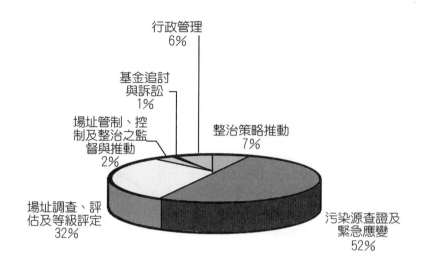

行政管理
6%

基金追討
與訴訟
1%

場址管制、控
制及整治之監
督與推動
2%

整治策略推動
7%

場址調查、評
估及等級評定
32%

污染源查證及
緊急應變
52%

圖 10-5　2003 年土基會整治費應用

資料說明：土基會至 2003 年底共支出 2.97 億元，結餘為 13.9 億元。

（資料來源：土壤與地下水污染整治基金會網站資料彙整而成）

一　重複課稅

　　如圖 10-6 所示，台灣與環境相關的稅費甚為繁雜。其中，在相同的稅基中課以不同的稅目的重複課稅情況也存在著。如：空氣污染防制費與土壤及地下水污染整治費同時對移動污染源之油燃料部分課徵、研議中的水污染整治費與土壤及地下水污染整治費同時以公告化學物質之產生量及輸入量為稅基，即是明顯例證。

　　重複課稅最大的問題在於損及費用負擔的公平性，會導致經濟誘因的降低；此外，重複課稅會使企業成本提高，即有可能因此降低其市場競爭力。

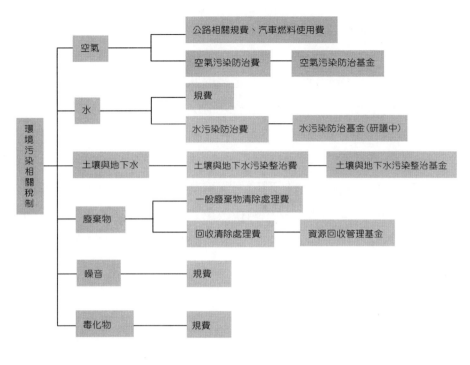

圖 10-6

二　就源課徵、費率轉嫁、費率歸宿

　　以就源課徵的型態而言，對位居生產及消費上游的繳費者而言，因為具有轉嫁的可能性，將衍生租稅歸宿不明，其實質繳費義務人與污染責任者未必相符的狀況。若能將就源課稅所隱含之「生產者責任制」轉換為「延伸責任制」（Extended Responsibility），使實際付費者之負擔得以透明化，一方面可以創造經濟誘因，誘使生產與消費行為之改變；同時在污染防制與保育資源事務上，亦得以建構政府（管制者）、生產者、消費者之夥伴關係。

三 費率基礎與污染責任間之因果關係

依現行環境相關稅費體系之發展狀況與趨勢，在稽徵主管機關與政策目的多元，但稅基相對單一之情況下，各自分立之稅費名目不僅使繳費義務人之負擔程度不明，制度執行之效率公平意義不清，亦增加行政作業成本。因此實務上，以構成稅費體系進行整體檢討與調整之條件。建議行政院居於環境相關稅費徵收單位之上級機關層級，著手協調與研究國內實施綠色租稅改革之可能性，俾為現行體系創造多重紅利效果（Dividend Effect），進而提升經濟發展與自然資源配置利用的效率與公平。

四 環境改善之誘因機制之提供及績效評估制度

台灣之環境保護基金為專款專用之特別收入基金，因此喪失了環境稅中透過環境稅（間接稅）的課徵，進而減少所得稅（直接稅）課徵的重要經濟誘因效果。此外，現行制度下環境基金的經濟誘因效果並不甚明顯。

另外，由於基金的績效評估制度的建立，亦為基金管理上很重要之一環。

五 建立公開透明之評估與監督制度

目前環境基金的執行與預算因為受到預算法的限制在立法機關的監督之下。然而，建立一可以讓全民參與監督的公開透明監督制度是時勢所趨，也是促進基金績效最直接有效的方式。

參考文獻

1. 趙揚清，非營業基金之設置及相關問題之探討。國家政策論壇，2004。

2. 張四立，土污基金與其他環境基金收支運用方式之比較與政府規範方式之建議。土壤及地下水污染整治法回顧與展望研討會，2004。

3. 環保署，2003 年度「環境保護統計年報」。

4. 行政院主計處網站。

5. 土壤與地下水污染整治基金會網站。

6. William G. Boggess, 1999, "The Optimal Allocation of Conservation Funds", Journal of Environmental Economics and Management(38).

7. Mark J. Kaiser, Allan G. Pulsipher ＆ Robert H. Baumann, 2004, "The potential economic and environmental impact of a Public Benefit Fund in Louisiana", Energy Policy (32).

8. Daigee Shaw and Ming-Feng Hung, 2001, "Evolution and Evaluation of Air Pollution Control Policy in Taiwan," Environmental Economics and Policy Studies 4(3).

第11章

台灣資源回收制度探討

沈志修

台灣地區垃圾中可以回收再利用部分,約占其總量40%,包括紙類、塑膠類、金屬類、玻璃類等,這些資源物質如加以妥善分類回收,不但可以降低環境負荷,而且可以減少清理費用之支出與對資源之倚賴,更可創造就業機會,增進國民所得。

第一節　現況分析

　　依據行政院環境保護署統計資料顯示，台灣地區垃圾中可以回收再利用部分，約占其總量40%，包括紙類、塑膠類、金屬類、玻璃類等，這些資源物質如加以妥善分類回收，不但可以降低環境負荷，而且可以減少清理費用之支出與對資源之倚賴，更可創造就業機會，增進國民所得。

　　資源回收再利用工作是實現廢棄物減量進而減輕環境負荷的重要手段，也是創造再生資源市場價值活絡經濟的有效工具，更是觀察一個國家能否躋身已開發國家之林的重要指標。參考先進國家成功經驗，即在於掌握產品之生命週期並實施源頭管理，自產品之設計、製造、銷售乃至使用、棄置各階段均考慮回收再生之可行性，而非僅從末端回收而已。

　　先進國家之廢棄物清理政策，自 1990 年代起已紛紛調整擴大管理領域，由單純之廢棄物清理走向兼顧分類回收、減量及資源再利用之綜合性廢棄物管理。美國為此制定「資源保育與回收法」（Resource Conservation & Recovery Act），建立所謂「4R」（Reduction, Reuse, Recycle, Recovery）法制，堪稱著例。日本也在 1991 年 4 月制定「再生資源利用促進法」，擴大參與層面與整合執行機關，以有效促進資源再利用；2000 年則通過「促進循環性社會基本法」，宣示改變拋棄型社會（Throw-Away Society）為循環型社會（Recycling-Based Society），鼓勵積極主動性，掌握永續發展之精神，並根據技術及經濟可行性，建立堅強之資源回收再利用體系。韓國在 1992 年公布「資源節約及再生使用促進法」，從廢棄物減量及開發回收再生料市場等方向規範。德國於 1994 年 9 月公布「循環經濟與廢棄物管理法」，該法亦宣稱廢棄物之減量、再利用及處置等原則，詳細規範政府、業者

及國民之權責與義務，將廢棄物管理模式區分為「清除處理」與「再生利用」，並規定無法有效供經濟利用者才進入廢棄物清除處理之體系。

我國現行資源回收工作雖已推動多年，但因制度本身存有若干瓶頸亟待突破，時值資源回收再利用法於 92 年 7 月 3 日起施行，政府如何加速引導業者在源頭即設計、生產易於回收再利用之產品及使用再生資源作為原料，並採行有效鼓勵再生資源市場之具體措施，作為推動資源回收再利用工作之有利工具等，均是未來資源回收再利用管理體系之重要研究課題。

環保署目前已公告回收項目共 15 類 31 項，包含廢鐵容器、廢鋁容器、廢玻璃容器、廢紙容器、廢塑膠容器、農藥廢容器、廢乾電池、廢汽機車、廢輪胎、廢鉛蓄電池、廢潤滑油、廢家電、廢電腦、廢包裝用發泡塑膠及廢日光燈等。各項應回收物皆已建立回收管道，包含清潔隊之資源回收車、販賣業者設置逆向回收點、民間回收業等管道。除公告應回收廢棄物外，廢紙、舊衣、其他金屬等，因具再利用價值且市場健全，仍可藉清潔隊或民間回收業之管道進行回收。

台灣地區之垃圾產生量自 76 年至 85 年間平均成長率為 6%，但自 86 年起，政府推動「全民參與回饋式資源回收四合一計畫」，即結合社區民眾、地方政府清潔隊、回收商及回收基金四者，共同進行資源回收工作，自 87 年起，垃圾產生量即出現負成長，資源回收量則逐年增加，自 86 年之 42.7 萬噸提升至 92 年之 137.9 萬噸，回收率亦由 5.78%提升至 18.3%，其中執行機關所回收之回收量自 87 年之 12.9 萬噸提升至 92 年之 104.9 萬噸，占總回收量之比例大幅提升至七成六左右，顯示執行機關扮演著重要角色。87 年至 92 年垃圾減量及資源回收成效詳見表 11-1，成長趨勢圖詳見圖 11-1。

表 11-1 87 年至 92 年之資源回收成效

年	垃圾清運量 （萬噸）	每人每日 垃圾量 （公斤）	台灣地區資源回收量 （含拾荒者、回收商等）		執行機關回收量	
			回收量 （噸）	回收率	回收量 （噸）	回收率
87	888.05	1.135	426,793	5.78%	129,115	1.25%
88	845.73	1.082	637,351	7.00%	215,864	1.94%
89	788.06	0.976	855,675	9.79%	477,856	5.75%
90	725.48	0.895	1,059,019	12.72%	586,030	7.47%
91	676.50	0.806	1,241,154	15.50%	880,690	12.83%
92	613.91	0.752	1,379,158	18.34%	1048,981	14.60%

註：台灣地區資源回收量：以公告應回收廢棄物之稽核認證量及未公告項目（如：廢紙及舊衣等）二部分計算，惟未公告項目僅統計執行機關回收部分。

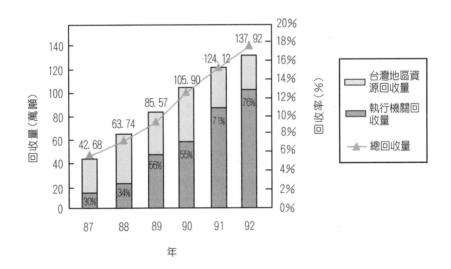

圖 11-1 資源回收歷年成長趨勢圖

第二節 各國資源回收制度回收

近年來各國陸續修訂其關於包裝材料及再生品的立法，茲摘述如下：

一 德國

德國是歐洲各國中，首開立法強制管理包裝材料與包裝廢棄物之風者。90 年代兩德統一後，德國便面臨了掩埋空間不足的迫切問題，同時還接收了過去西德自 70 年代起送到東德的數百萬噸的廢棄物。新法規強制要求德國的工業必須回收及再利用之比例逐漸提高，要求的重點在於經由澈底的回收及再利用體系將廢棄物轉變為二次原料，以大量減少都市廢棄物的數量。這項法規對於製造業施加極大壓力，迫使他們必須改變他們的製程，並減少產品的包裝。

德國這項立法促使所有生產者負起回收、再生並處理其產品包裝的責任。該法規採取三個嚴密的漸進步驟以達其目標：

（一）1991 年 12 月 1 日起，製造業者必須回收第二層包裝材料。包括墊料或其他用於運轉車輛上的材料。製造業及運輸業有責任回收並處理所有用於運輸貨物的包裝材料。

（二）1992 年 3 月 1 日起，製造業者必須回收第二層包裝材料。包括紙板、紙盒及用於宣傳的紙類（例如：貼在飲料容器外的紙張）。而零售業者必須接受消費者所退回的上述包裝材料。

（三）1993 年 1 月 1 日起，零售業必須將外包裝材料退回給製造業，同時零售業者有義務保持該外包裝材料仍然可用（例如：可盛同種飲料）。

二 法國

　　法國政府自 1993 年 1 月 1 日起實施一項管制家庭包裝垃圾的政策，這項法令類似德國，係採取「污染者付費」原則，包裝物品的生產者必須回收或委託經認可之機構負責。這個負責機構即 Sa Eco Emballage（SAEE），其成員繳付費用，即可在包裝上使用 SAEE 特定之 logo，由 SAEE 擔保其回收、再生及再利用，但不像德國系統採用焚化方式回收能源。回收目標：1997 年為 50%、2002 年為 75%。外國供應商及進口商也必須加入該系統，付費以獲得該系統之 logo。SAEE 系統有許多理念類似德國系統，但在再生方面的要求沒那麼嚴苛，以及零售業不須接受退回包裝材料。

三 日本

　　日本方面透過再生資源促進利用法之公布，表明了其政府對資源回收工作推動的立場，並於 1995 年 6 月公布了包裝容器分類回收及促進再商品化的法令，規範事業單位、消費者、公共團體及政府單位在回收作業上之各項權責，另由通產省訂定「汽車回收再利用法」及「廢家電回收法」，前者要求汽車製造與零件商回收所有可回收的汽車零件，經再製後於舊貨市場銷售；後者則要求家電的製造及銷售商須負擔回收處理廢家電的成本。

第三節 我國資源回收制度與措施

一 資源物質回收系統

資源物質回收系統包括社區、民間團體、學校、販賣場所、地方清潔隊等，回收物品或容器由回收者自行或由現有回收處理體系，流向資源回收工廠或資源回收代處理業，以下分述之：

（一）地方清潔隊實施資源回收工作

除公告應回收廢棄物外，廢紙、舊衣、廢鐵鋁製品及其他金屬（如：銅、錫）、其他塑膠類非容器製品、舊彈簧床等，雖未公告為應回收廢棄物，因具回收再利用價值，且市場健全，故仍可藉由地方清潔隊之管道進行回收。

截至 92 年底，環保署已由資源回收管理基金補助執行機關購 1,269 輛資源回收車，資源回收車總數達 1,962 輛（含原有車輛數），台灣地區各執行機關資源回收車數量，已足以實施每週回收資源物質二次；至於資源回收貯存場，全國 326 個執行機關，已設置資源回收分類貯存場 265 座。

（二）機關、學校、民間機構、團體、社區推動辦理資源回收工作

「資源回收四合一計畫」的實施方式，是透過社區民眾自發性成立回收組織，推廣家戶垃圾分類回收，將瓶、罐、容器、紙類及含水銀廢電池等資源物質，與其他家戶產生垃圾妥善分類，再經由退瓶點、回收隊或民間回收商，將資源物質與垃圾分開蒐集，並將資源物

質加以有效回收再利用。

透過補助獎勵的方式，或藉由如：慈濟、主婦聯盟、環保媽媽基金會等民間團體力量，拓展社區、學校之資源回收管道，至89年底，已有3,200個社區及3,500個學校辦理資源回收工作，另並推動設置國家公園、風景區、交通要站等公共場所設置資源回收設施。

88年10月至89年12月間並結合國防部辦理「軍事機關執行資源回收專案計畫」，挑選26個示範營區，藉成立之輔導、評鑑團隊，全力輔導建立回收模式及執行回收業務。

（三）建立販賣場所回收點

環保署公告各大型或連鎖超商、超市、量販店應自87年3月6日起，於其販賣點設置回收設施，作為鐵、鋁罐、鋁箔包、紙容器等之回收點，凡標示回收標誌的廢一般物品及容器，均不得拒收。民眾可將標有回收標誌應回收物品及容器，攜至投入其所設回收筒，為便民措施之一。另原有之廢保特瓶回收點（原汽水公會之回收點，約一萬多點）繼續維持運作，以回收標示有回收獎勵金廢一般容器（如：PET、PVC礦泉水瓶），建立有償回收點約有1萬9,000點，無償回收點約有7,000點。

於90年公告應設置資源回收設施之販賣業者，擴及量販店業、超級市場業、連鎖便利商店業、連鎖清潔及化妝品零售業、交通場站便利商店業、汽機車加油站、汽機車加油站包裝飲料販賣業、無線通信器材零售業、攝影器材零售業等九大行業。

（四）建立回收標誌

為方便民眾區分可回收物質及垃圾，於廢棄物清理法中要求製造及輸入業者，於其生產或輸入應回收商品或容器上，都必須標示回收標誌，民眾只要看到標示回收標誌之資源物質，即可藉由前述管道回

收。

（五）輔導資源回收業及處理業

86年廢棄物清理法修正後，凡符合「廢物品及容器回收清除處理辦法」及「公民營廢棄物清除處理機構管理輔導辦法」規定之機構均可從事回收或處理，接受基金補貼，打破過去只有特約商方可補貼限制。

91年7月31日發布「應回收廢棄物回收處理業管理辦法」，規定經中央主管機關指定公告一定規模以上應回收廢棄物之回收業、處理業，應向主管機關辦理登記，並申報回收、處理量及相關作業情形。建立回收處理業登記備查制度，落實一定規模以上回收處理業用地之合法化，同時在回收清除處理過程之污染防治，也授權訂定相關規範，管理應回收廢棄物回收清除處理之方法及應備設施。

截至92年底，各類公告回收項目領取補貼之回收商總和共450家，處理廠總共82家。

（六）在廢機動車輛回收部分

加強推動各縣市環警單位執行廢機動車輛48小時查報張貼移置作業，以落實路邊無廢車、路霸及污染等狀況。

（七）加強離島偏遠地區之回收清除處理工作

提供運費補貼及其他所需資源，暢通回收管道。並將相關經費直接補助地方之執行計畫，達成因地制宜之回收成效。

參與民眾及工作人員，鼓勵基層，提升服務品質。另一方面，亦以回饋獎勵制度鼓勵民眾、社區參與回收，結合資源回收工作與社區整體發展。初期由環保署擬訂「廢棄物清理執行機關實施資源回收變賣所得款項運用原則」，規定變賣所得至少30%應回饋給參與回收的

社區團體。後於 88 年 1 月 6 日發布「獎勵實施資源回收及變賣所得款項運用辦法」，俾讓回收變賣所得之運用更具法源依據。

 ## 稽核認證及補貼工作

86 年廢棄物清理法修正後，環保署為改善過去回收率查核不易及申報不實之情形，故建立稽核認證制度。每年依回收項目評選各類稽核認證公正團體，以每案必查原則，依稽核認證手冊辦理稽核認證作業。

另為建立稽核認證作業監督系統，建置「稽核行程即時申報查詢」網路查詢系統（網址：www.epa.gov.tw/recycle/html2/index.html），並要求公正團體於回收清除處理認證作業執行前一天將稽核認證之時間及地點登錄於該系統中，各地方環保單位不定期派員進行會驗及抽查，以監督各公正團體是否確實依稽核認證作業手冊執行。

 ## 建立公平合理之繳費制度

自 86 年 3 月 28 日廢棄物清理法修正後，即規定公告指定業者除應向主管機關登記外，製造業者應按當期營業量、輸入業者應按向關稅總局申報進口量、容器材質等資料，於每期營業稅申報繳納前，依中央主管機關核定之費率，繳交回收清除處理費用，作為資源回收管理基金。公告指定業者申報之營業量、回收量及處理量，主管機關得派員前往查核，並索取相關資料，或委託適任人員為之；必要時得請當地稅捐主管機關協助查核。

四 資源回收之宣導及教育

為加強回收宣導及教育工作，於環保署成立基管會後，相關成果包括：建立資源回收專線（電話號碼：0800-085717【諧音：您幫我，清一清】）；製作資源回收專屬網頁（http://recycle.epa.gov.tw/）；辦理回收宣導業務，製作文宣品，邀請知名藝人拍攝宣導短片及海報，並主動發布訊息，規劃各式媒體安排專訪；製作各種宣導短片，廣送各學校、社區及地方環保局、清潔隊參考廣為教育宣導；辦理清潔隊員、社區、學校教師、回收商等各項講習活動；辦理民眾對一般廢棄物回收制度滿意度調查計畫等。

五 資源回收之研究發展

環保署為加速提升回收清除處理、資源再利用之技術，歷年來委託辦理各材質資源化應用之研究計畫，諸如：廢胎橡膠粉資源化技術及衍生產品應用計畫、廢玻璃資源化應用及再利用技術探討及推廣計畫、廢資訊國內處理廠普遍化處理技術及處理後衍生料市場之分析計畫等。

另為分析各項回收成本與費率，以及回收處理體系之研究、處理機構運作成效評鑑等，各材質皆有委託相關經濟及環工專家學者辦理回收清除處理費率及補貼費相關公式之檢討與建議專案計畫。

第四節　未來展望

一　製造、輸入業者回收清除處理責任的界定

　　目前的資源回收再利用之執行方式，主要由環保署依廢棄物清理法公告應回收一般廢棄物之種類及業者範圍，被指定之業者必須繳交回收清除處理費，並以此成立資源回收管理基金，用以支付執行回收再利用之各種用途。政府扮演執行者之角色，因此並未公告各類再生資源的回收率或再利用率。此外，回收費率的調整也是另一個重要的工具，若能妥善運用此項經濟誘因，可以促使業者提高回收再利用率。

　　目前由環保署基管會向業者收取回收清除處理費後，自己主導回收再利用工作之進行的制度，使原本扮演監督角色的國家，同時負擔執行之責任，監督與執行者合而為一。

　　在目前的制度下，由於業者的主要義務在於繳交回收清除處理費，因此行政機關的監督重點在於查核業者是否登記、申報及申報之營業量、進口量是否正確。對於未確實繳費之業者除移送法院強制執行外，並處以罰鍰；對於申報不實之業者，除追繳費用、強制執行及處罰鍰外，對於涉及刑責者，並即刻移送偵查。總體而言，對於業者確實繳交回收清除處理費的監督機制甚為嚴屬。然而，對於其回收再利用工作成效的監督規定卻付之闕如。

　　永續發展所延伸之一個重要思考，即是源頭減量與綠色設計，此乃根據「預防原則」所採取上游污染控制之作為，亦是先進國家發展廢棄物管理觀念與法制之起點，相較於回收再利用及最終處置，源頭減量與綠色設計更顯得其相對重要性。製造者責任即是納入此源頭減量與綠色設計觀念所衍生發展之制度，歐洲先進國家將此觀念落實於法制面及生活面之速度最快且範圍最廣，要求製造者實際負責產品

使用後之回收清除處理工作，進而刺激思考產品製造與其使用後之處理（中間處理、再利用及最終處理）關係，促使減量與使用循環性材質成為設計產品之主要考量，如此要求之目的，乃欲從源頭控制以有效避免末端廢棄物處理之困難。因此，如何增加製造、輸入業者責任，主動參與資源回收，簡化政府行政管理，將是未來的重要課題。

 ## 二　建立再生市場

目前的資源回收工作主要以經濟補貼回收商及處理商之方式進行，鼓勵民間投入資源回收再利用之工業。在目前體制下，環保署向製造及輸入業者收取回收清除處理費用，以此來補貼回收處理業者，希望以此方式鼓勵民間業者投入資源回收再利用工作。然而，補貼政策若運用不當，容易造成業者形成依賴心理，間接鼓勵不符合經濟效益的回收再利用。如對處理商而言，縱使再生產品不具市場競爭力，仍可依賴政府的補貼維持生存，因此業者不會積極開發再生產品的市場及提高再生產品的品質，易導致再生產品因市場不流通，最後可能又再成為廢棄物。

目前資源再生業者在市場競爭中所面臨之經濟問題主要為生產成本太高、廢料貨源供應不穩定、再生原料缺乏市場及新料之價格競爭等。因此，在鼓勵資源再利用之政策上，應改善目前資源回收業者普遍規模較小、技術層次不足、生產成本偏高之現象。因此，在資源回收再利用法公布實施後，未來輔導獎勵的重點應該是協助業者拓展再生產品的市場、提供減稅優惠、鼓勵研發再生資源技術、採購再生產品等方式，鼓勵業者合併，以提高再生物品及再生原料之競爭能力。

推動都會區及人口密集地強制垃圾不落地暨分類政策

以往台灣地區垃圾清運策略均採定點清運方式辦理，惟各地方政府所放置之垃圾子車均為民眾棄置垃圾之地區，且民眾若不依規定方式及時間丟棄垃圾，將造成環境髒亂，及執行機關之人力負擔（每輛車至少 3 人），因此，大部分執行機關均採垃圾不落地方式清運一般廢棄物，環境髒亂問題始得以獲得解決，此做法亦普遍獲得民眾認同，且能有效減少人力負擔（每輛車僅需 2 人）。因此，推行垃圾不落地工作為推動垃圾強制分類之基礎，否則民眾不配合分類回收工作，執行機關無法稽查，強制回收亦成空談，即使清潔隊花費再多時間，亦無法達成舉手之勞做環保及垃圾減量之目標，故未來應推動都會區及人口密集地區執行強制垃圾不落地暨分類政策。

四 檢討新增公告應回收廢棄物之項目

環保署多年來推行資源回收工作，於家戶或公司機構中仍有若干家電、資訊物品、照明光源等係具有再利用價值，因此為提升一般廢棄物回收資源化再利用，降低垃圾產生量，對於尚未納入公告回收範圍之物品，應逐步檢討是否依廢棄物清理法第 15 條第 2 項公告為應回收廢棄物，惟短期內，應以目前處理業得以處理者、廢棄後對環境有重大影響者、具資源再利用價值者、使用及汰換機率較高者等為優先考量，作為新增公告項目之訂定目標。

五 建立三率控管機制

建立回收基金費率、補貼費、回收率等三率控管機制，對資源回

收基金能及時反映費率及補貼費，以有效運用基金。

第五節　結語

　　迎向綠色新世紀，「資源回收」扮演功不可沒的角色，解決垃圾的危機，除要改變生產及消費的方法減少垃圾的產生外，在政策面則是資源回收體制的建立。資源回收四合一制度實施後，不但可以創造出政府、產業界、回收商及社區垃圾減量之成效，在環境上更能舒緩掩埋場及焚化爐之興建壓力，並可減少政府人力及財政支出。此外，資源回收四合一更整合回收系統，促進資源回收業現代化，開創環保產業契機；投身於環保，加強資源回收及再生，提升台灣的競爭力，就是為未來創造生機。

　　為解決日益困難之廢棄物處理問題，促進資源回收工作為一重要的手段，政府應將其列為重要施政之一，並由企業與全民共同努力推動。推動資源回收產業發展，藉由資源永續循環的理念，並落實以新世紀的知識開創此一新興產業，建立知識型回收新社會，積極培養國人新世紀回收資源永續循環的目標。

參考文獻

1. 沈志修，廢棄物資源再生管制制度與措施，2003.6。
2. 環保署環境保護人員訓練所，廢棄物回收概論教材，2003.4。
3. 葉俊宏、賴瑩瑩，廢棄物資源回收概論，2003.1。
4. 陳永仁，我國資源回收策略與執行現況講義，2002.12。
5. 沈志修，資源回收制度與執行現況。綠色企業論壇教材，2001.4。
6. 沈志修，廢棄物資源回收概論。環保署，環保替代役教材，2001。
7. 沈志修，台灣地區一般廢棄物資源回收管理措施。第 6 屆海峽兩岸環境保護研討會，高雄中山大學，1999.12。
8. 沈志修，我國一般廢棄物資源回收管理現況。中日一般廢棄物與事業廢棄物處理研討會，台北劍潭，1999.3。

第12章

台灣廢棄物政策趨勢
檢討與建議

蘇俊賓

一般民間與官方之爭議，在於官方訴求若停建焚化爐，則政府將損失慘重！根據環保署提供之資料顯示，停建7座焚化爐所須負擔之賠償金額高達122.7億。然而此一數據由業者提供，計算方式與民間團體委託之律師估算，存在相當爭議，根據民間環保團體邀請律師參考一般訴訟判例實際估算結果，實際政府所需負擔之金額僅約 37.8億，因此，這些爭議有待解決。

第一節　台灣廢棄物問題彙整

國內廢棄物管理之現況

　　依據環保署 89 年、90 年統計的統計資料顯示，台灣地區每年清運 788 萬公噸、725 萬公噸之廢棄物，妥善處理率從 89 年度開始達 90%以上。

　　有關垃圾處理方式，主要為焚化、掩埋、堆置，以及資源回收和廚餘回收等，由下表（表 12-1）可知，焚化及掩埋為主要處理方式，兩者比例之和約在 90%左右，可知有相當多的資源在未回收的狀況下，即以廢棄物處理處置，不僅浪費可用資源，又需興建多的焚化廠因應垃圾量，處理後的廢棄物也有妥善處置與否的問題。雖於 91 年度起，資源回收比例已增加到 11%，但在垃圾組成中有一半以上的可用資源尚可回收利用。以此數據顯示，國內的資源回收工作還有很大的努力空間。

表 12-1　主要垃圾處理方式及其比例（單位：公噸／年）

年度別	產生量	焚化處理	掩埋	堆置	廚餘回收	資源回收
89 年	8,353,367	3,229,750	4,519,174	119,116	2,782	477,856
比例（%）		38.66	54.10	1.43	0.03	5.72
90 年	7,839,174	3,736,891	3,430,135	73,040	216	584,333
比例（%）		47.67	43.76	0.93	0.00	7.45
91 年	7,601,958	4,316,049	2,340,852	55,076	3,706	878,319
比例（%）		56.78	30.79	0.72	0.05	11.55

資料來源：行政院環保署網站及本研究整理。

焚化爐數量與廢棄物處理負荷

依據環保署統計，90 年垃圾清運量約為 725 萬公噸，其中 3,736,891 噸進焚化廠處理，平均每日焚化廠處理 10,238 噸垃圾。

因此，環保署在規劃興建焚化廠時，是以跨鄉鎮市之服務區域為主，部分焚化廠係於 90 年中陸續完工加入營運，故其垃圾處理期程尚不足一年。但自 91 年度開始，環保署鼓勵縣市規劃垃圾轉運車輛開始轉運，並積極協調整合各焚化廠服務區域採取停爐歲修期間相互支援焚化垃圾，避免將垃圾直接送掩埋場，以期可整體提升垃圾焚化率，至今有不錯的成果。

在行政院核定之「台灣地區垃圾資源回收（焚化）廠興建工程計畫」（公有公營／公有民營）及「鼓勵公、民營機構興建營運垃圾焚化廠推動方案（BOO/BOT）」中，原預計興建 36 座大型垃圾焚化廠，預估每日可焚化處理約 30,400 公噸家戶垃圾。

截至目前的調查，「台灣地區垃圾資源回收（焚化）廠興建工程計畫」（21 廠，日處理量 21,900 公噸）已完工運轉 18 座，餘 3 座持續施工辦理中。「鼓勵公、民營機構（BOO/BOT）興建營運垃圾焚化廠推動方案」係 85 年奉行政院核定，原預定興建 15 座垃圾焚化廠，惟考量各縣市政府近年來推行垃圾減量、資源回收具體成效及垃圾實際產生量，已檢討取消台南縣七股、台中縣大安、桃園縣北區及彰化縣北區等 6 廠興建計畫；並調整台北縣、花蓮縣、澎湖縣及南投縣等 4 廠建廠規模。

經檢討後合計擬興建共 30 座大型垃圾焚化廠，俟全數完工後，每日設計焚化處理量為 27,150 公噸，惟每年因應焚化爐停爐歲修、檢修保養需要，依目前國際通用開機運轉率 85% 標準估計，每日實際焚化處理量約達 23,000 公噸，目前台灣地區每日一般廢棄物產生量約 20,000 公噸，故可有效處理家戶垃圾外，並有餘裕的垃圾焚化處理空

間，在適當的技術支援和管理制度下，可支援處理部分適燃的一般事業廢棄物，一方面也能解決焚化廠「實際垃圾量不足供應興建處理量」的情形。

　　以未來 20 年需求，評估焚化爐數量與垃圾處理負荷，結果為何？依據經建會人口推估、環保署每人每日垃圾量及未來資源回收率、廚餘回收率等等目標進行推估：民國 100 年時，台灣需處理之垃圾已降為 13,252 公噸，餘裕量達 6,892 公噸。民國 110 年時，實際需處理垃圾量將更可能降至 9,123 公噸，此時，餘裕量將達 11,022 公噸，屆時，台灣不但不會發生「垃圾大戰」，更有可能發生「搶垃圾大戰」！詳如表 12-2。

表 12-2　未來 20 年垃圾量、處理法、處理量

年度	人口總數（千人）	資源回收率（%）	每人每日資源回收後仍需處理垃圾（公斤）	實際需處理垃圾量（噸／日）	23 座焚化爐實際操作容量（噸／日）	23 座餘裕量焚化爐（噸／日）	19 座焚化爐實際操作容量（噸／日）	19 座焚化爐餘裕量（噸／日）
91	22,486	11.62	0.829	18,640.89	20,145	1,504.1	17,850	-790.894
92	22,618	15	0.7973	18,033.33	20,145	2,111.7	17,850	-183.331
93	22,746	18	0.76916	17,495.31	20,145	2,649.7	17,850	354.6866
94	22,873	22	0.73164	16,734.80	20,145	3,410.2	17,850	1,115.198
95	22,996	25	0.7035	16,177.69	20,145	3,967.3	17,850	1,672.314
100	23,547	40	0.5628	13,252.25	20,145	6,892.7	17,850	4,597.748
105	23,931	50	0.469	11,223.64	20,145	8,921.4	17,850	6,626.361
110	24,314	60	0.3752	9,122.61	20,145	11,022.4	17,850	8,727.387

　　此部分問題主要來自焚化興建計畫，在焚化爐興建高峰的近兩年中，地方反對的聲浪相當高，91年幾乎平均每五天一則反焚化爐的新聞。環保署在當初規劃興建焚化廠時，以當時垃圾推估量作出此計畫，但當時空背景轉換之下，近來環保署推行的其他垃圾管理替代方案，包括源頭減量、資源回收、有機堆肥化等，都有很不錯的成效，在這部分的垃圾焚化減少量應一併納入考量，才不會有錯估的狀況，也使焚化爐興建計畫在日後有修正的依據。

　　但是，垃圾量估計的準確性是很重要的，會成為未來在做廢棄物的相關規劃時，最根本的基礎資訊。所以，在環保署的統計中，以90年度的全國垃圾量為每日19,000噸所得的推估值如下表12-3。

表 12-3　推估台灣未來垃圾產生

年度	人口數（萬人）	一般廢棄物產生，含資源回收（公噸／日）	資源回收率(%)	回收後之量(%)	其他處理比率(%)	一般廢棄物需焚化（公噸／日）	焚化爐容量*0.85（公噸／日）	焚化爐閒置量（公噸／日）	焚化爐閒置比率(%)
91	2,233.9	22,847	14.5	19,536	38.2	12,070	17,850	5,780	32.4
92	2,261.8	23,132	15	19,662	36	12,584	17,850	5,266	29.5
93	2,274.6	23,263	15	19,773	33	13,248	23,300	10,052	43.14
94	2,287.3	23,393	16	19,650	31	13,559	23,300	9,742	41.8
95	2,299.6	23,519	17	19,521	30	13,665	23,300	9,635	41.4
100	2,354.7	24,082	20	19,266	25	14,450	23,300	8,851	38

說明：「人口數」：內政部。

　　　　「資源回收率」：環保署中程施政計畫，民國90年政策：「源頭減量、資源回收為優先，焚化、熔融等熱處理為原則」量化目標。

　　　　「其他處理比率」：民國90年政策：「源頭減量、資源回收為優先，焚化、熔融等熱處理為原則」。

　　　　「焚化爐容量」：環保署。

掩埋灰渣掩埋問題

　　台灣 91 年焚燒一般、事業廢棄物所產生的焚化灰渣達 215.7 萬公噸，其中，有約 43 萬公噸爲飛灰（法令規範爲有害事業廢棄物），而剩餘之 173 萬公噸爲底灰，法令規範底灰通過毒性溶出試驗，方能比照一般廢棄物進焚化廠掩埋。

　　台灣 91 年度產生廢棄物飛灰、底灰統計如表 12-4、表 12-5。

表 12-4　台灣地區 91 年度廢棄物飛灰、底灰產生量

	事業廢棄物	一般廢棄物	合　計
飛灰	248,288	183,106.4	431,394.3
底灰	9931,51.9	732,425.4	1725,577
總計	1241,440	915,531.8	2156,972

表 12-5　台灣地區各年度灰渣產生統計

年　度	各焚化廠灰渣產生量	直接掩埋量
86	312,833.2	
87	292,619.2	
88	373,769	
89	550,958	
90	805,551.4	
91	1113,604	
92 上半年	723,842.6	
合計	4173,177	3449,334.8

　　龐大之灰渣如何處置？台灣地區絕大多數之灰渣皆以「直接掩埋」爲主。然而，焚化灰渣並不適合直接掩埋。焚化灰渣中之飛灰含高量之重金屬（鉛、鋅、銅、鎘、鉻……）以及高比例之戴奧辛（1-20 ng-TEQ/g），部分底灰亦含有高比例之重金屬，不宜直接進入掩埋場

掩埋,因此,環保署訂有相關規範,規範飛灰、底灰之儲存方式。然而,台灣目前各焚化廠處理焚化飛灰、底灰之方式各異,顯然,大部分的焚化廠尚未設置飛灰固化設施,許多焚化廠所產生之底灰與飛灰甚至混合進掩埋場掩埋,詳細分類如表 12-6。

表 12-6　台灣主要焚化廠飛灰處理情形一覽表(截至 92 年底)

廠　名	飛灰處理情形
台南市、台南縣永康、嘉義縣鹿草、嘉義市、台中市	飛灰與底灰送至掩埋場混合掩埋
高雄市中區、高雄市南區、高雄縣仁武、台中縣后里、屏東縣崁頂、彰化縣溪洲、高雄縣岡山、台北市內湖、台北市木柵	部分進行飛灰固化,其餘掩埋
台北縣八里、台北縣新店、台北縣樹林	納入樹林飛灰固化廠,惟樹林廠每日實際處理量為 40 公噸,此三場每日產生約 134 公噸飛灰,其餘仍需送至掩埋場掩埋
新竹市	飛灰擱置廠內
台北市北投	飛灰與底灰調濕混合送至山豬窟衛生掩埋場當覆土

四　資源回收、廚餘回收策略

(一) 資源回收率

　　根據環保署民國 92 年 1 月 28 日所公告的 91 年應回收廢棄物回收量分析,台灣地區 91 年資源回收量約 127 萬公噸,其中公告應回收廢棄物認證處理量為 716,000 公噸及未公告資源回收物(如:廢紙、舊衣等)為 55 萬 5,000 公噸,較 90 年分別成長 1.3 % 及 59 %,由於

回收處理量逐年增加，使台灣地區平均每人每日垃圾產生量自 86 年起由 1.143 公斤遞減至 90 年之 0.895 公斤，垃圾清運量亦由 86 年每年 888 萬公噸遞減至 90 年之 725 萬公噸。

目前 91 年度的回收率為 11.55 %，環保署預計民國 93 年可以提升至 13.86 %，95 年提升至 16 %，96 年提升至 18.5 %，100 年提升至 28 %。但此部分比例可加快提升速度，政府應以全面措施加強資源回收觀念並澈底實行。資源回收成果如以民國 91 年為例，主要以廢紙及廢金屬為回收大宗，廢紙類占約 50 %的比例、廢金屬類則約 20 %。

（二）廚餘處理

依據「廢棄物清理法」之內容，家戶廚餘屬一般廢棄物，其處理方法應依「一般廢棄物貯存清除處理方法及設施標準」，其中家戶廚餘可以採堆肥處理方式，施用於農地之堆肥成品，但必須符合肥料管理規則所定肥料規格之規定。

廚餘的回收再利用方法包括有：養豬、自然分解法、生物法、堆肥桶、堆肥箱法、堆肥桶與自然分解合併法、廚餘處理機、再生飼料或有機資材法、機械好氧堆肥法、再生燃料或發電法、液肥化法、生物肥料法等。台灣地區地狹人稠又屬海島型氣候，本身氣候潮濕，而廚餘含有油與鹽之成分高，易於腐敗發臭，加上料源不穩定可能夾雜不是堆肥之物質，因此環保署改採以因地制宜方式，推動廚餘回收工作。90 年度都市及農村地區之廚餘回收再利用量約每日 80 公噸，執行較佳、具示範與觀摩之計畫中採以好氧堆肥者有：台北縣汐止市、台中縣石岡鄉；高溫蒸煮再利用養豬者有：台中市、彰化縣芳苑鄉、雲林縣虎尾鎮；好氧堆肥與小型堆肥桶製作堆肥者有：台南市。91 年度預計廚餘回收再利用量約每日 300 公噸，國內主要朝向高溫蒸煮送養豬場及作為禽畜糞堆肥場堆肥時之副資材方式再利用。

至 91 年 12 月底，統計全國廚餘每天回收 300 公噸，約為 5 %回

收率，環保署預計 93 年底可回收 15％，民國 100 年則回收 30％。目前廚餘回收的處理方式，有 68％用於養豬事業，32％則送入堆肥處置。

綜觀資源回收與廚餘回收政策，台灣目前資源回收的回收比例都太低，政府的廢棄物政策預算支出明顯偏重焚化，有關永續之資源回收政策、廚餘回收政策，則明顯居相對弱勢。

第二節 主要廢棄物政策形成之背景說明

一 概要說明

我國於民國 63 年完成「廢棄物清理法」以來，已有效執行廢棄物之貯存、清運、處理與處置等工作，使廢棄物管理品質大幅提升，其中「廢棄物清理法」將台灣廢棄物管理分為一般廢棄物與事業廢棄物。

在一般廢棄物方面，我國在民國 73 年以前，大多為任意棄置，即便設置垃圾處理設施亦甚為簡陋，不符合衛生條件，為有效處理垃圾，中央政府遂於民國 73 年訂定以掩埋為主的「都市垃圾處理方案」，協助地方政府興設符合衛生條件之垃圾掩埋場，以妥善處理垃圾。嗣後因民眾對環境品質要求日益提升，致垃圾掩埋場用地取得日趨困難，再加上焚化技術愈見成熟，中央政府於民國 80 年訂定「垃圾處理方案」。

經前述方案推動後，垃圾妥善處理率由民國 73 年 2.4%，提升至民國 91 年的 96%，垃圾處理並已由掩埋方式逐漸為以焚化為主之中長期垃圾處理方向，民國 91 年垃圾焚化處理率已達 64%以上，此外，

於民國 87 年推動資源回收以後，目前垃圾總資源回收率已達 11.55%。

 **二　主要計畫說明**

（一）民國 73 年，「都市垃圾處理方案」

當初是爲了有效解決都市廢棄物所造成的公害問題，行政院會通過經建會所提以掩埋爲主的「都市垃圾處理方案」，以協助地方政府興設符合衛生條件之垃圾掩埋場，妥善處理垃圾。嗣後因民眾對環境品質要求日益提升，致垃圾掩埋場用地取得日趨困難，再加上焚化技術愈見成熟，中央政府於民國 80 年再修訂「垃圾處理方案」。

（二）民國 80 年，「垃圾處理方案」

延續之前的行政院核定之「都市垃圾處理方案」，持續辦理當時的廢棄物問題，由行政院核定成爲「垃圾處理方案」，交由行政院環保署持續辦理三期六年的垃圾處理計畫，第三期的六年計畫於民國 91 年底結束。本時期的垃圾處理的主要基本政策是「垃圾處理應以焚化爲主，並以設置中、大型焚化廠爲原則」。換言之，就是以「焚化爲主，掩埋爲輔」的基本政策，在此基本政策之下，訂定「台灣地區垃圾資源回收（焚化）廠興建計畫」，由政府興建 21 座焚化廠。後因焚化廠興建經費龐大，爲避免影響政府財政調度，遂於 85 年再訂定「鼓勵公、民營機構興建營運垃圾焚化廠推動方案」，其結合民間力量，預計再興建 15 座垃圾焚化廠，以達成垃圾焚化處理目標。

第三節 焚化爐停建、興建有待解決之問題

一 停建焚化爐，政府損失慘重？

　　一般民間與官方之爭議，在於官方訴求若停建焚化爐，則政府將損失慘重！根據環保署提供之資料顯示，停建 7 座焚化爐所須負擔之賠償金額高達 122.7 億。然而此一數據由業者提供，計算方式與民間團體委託之律師估算，存在相當爭議，根據民間環保團體邀請律師參考一般訴訟判例實際估算結果，實際政府所需負擔之金額僅約 37.8 億，因此，這些爭議有待解決。

二 停建焚化爐，將再引爆垃圾大戰？

　　台灣焚化爐還有多少餘裕量？根據統計，目前營運之 19 座焚化爐，再加上即將營運之 4 座，每日可處理之廢棄物總量為 20,145 公噸（考慮歲修停爐等因素，以設計容量 85%計算）。

　　目前包含一般事業廢棄物，每日總進場量為 15,803 噸，因此，每日之餘裕量為 4,839 公噸。相關垃圾量不足之爭議，有待進一步釐清。

三 停建焚化爐，事業廢棄物無法處理？

　　一般廢棄物焚化爐是為了解決龐大一般事業廢棄物問題？依據 91 年統計資料，一般事業廢棄物推估 1,262 萬公噸，實際產出（申報）一般事業廢棄物為 1,122 萬公噸，換言之，有 140 萬公噸無法掌握（需

表 12-7　扣除興建中焚化爐之焚化爐之餘裕量

焚化爐	設計容量	平均每日可處理量*	目前實際每日進場量**	餘裕量
合計	23,700	20,145	15,803	***4,839
台北市內湖	900	765	483	282
台北市木柵	1,500	1,275	711	564
台北市北投	1,800	1,530	1,268	262
台北縣新店	900	765	626	139
台北縣樹林	1,350	1,147.5	1,004	143.5
台北縣八里	1,350	1,147.5	1,416	-
桃園南區	1,200	1020	1181	-
新竹市	900	765	660	105
台中市	900	765	672	93
台中縣后里	900	765	749	16
彰化縣溪州	900	765	785	-
嘉義縣鹿草	900	765	780	-
嘉義市	300	255	236	19
台南市	900	765	636	129
高雄市中區	900	765	681	84
高雄市南區	1,800	1530	1,203	327
高雄縣仁武	1,350	1,147.5	1,180	-
高雄縣岡山	1,350	1,147.5	886	261.5
屏東縣崁頂	900	765	646	119
基隆市****	600	510	0	510
宜蘭縣利澤	600	510	0	510
台南縣永康	900	765	0	765
台中縣烏日	600	510	0	510

處理），依據 91 年各事業申報之一般事業廢棄物，計有 11.7%之一般事業廢棄物需委託處理機構或共同處理機構處理。

　　假定為全部需焚化處理，目前所需處理之無法掌握一般事業廢棄

物約爲一年 16 萬 3,800 公噸（換算爲每日約爲 546 公噸），在目前一噸最低只要 850 元情形下仍未進入焚化爐，即便繼續興建，仍缺乏誘因使這些「消失之垃圾」進廠處理，上述估算仍爲「高估值」。

因此，即便未來非法之事業廢棄物不復存在，經實際推估，符合標準可進垃圾焚化爐處理之事業廢棄物亦相當有限。

第四節 廢棄物政策之新思維 與積極的建議

一 停建部分焚化爐並開始規劃焚化爐停役計畫

依據經建會人口推估、環保署每人每日垃圾量及未來資源回收率、廚餘回收率等等目標進行推估：

（一）民國 100 年時，台灣需處理之垃圾已降爲 13,252 公噸，餘裕量達 6,892 公噸。

（二）民國 110 年時，實際需處理垃圾量將更爲降至 9,123 公噸，此時，餘裕量將達 11,022 公噸。因此，部分焚化爐實有停建之必要。

二 飛灰、底灰之再利用

針對每年產生近 200 萬噸之灰渣，如果一味採取掩埋，對於掩埋場附近之地下水，將產生相當程度之危機與影響；如果一再以「固化」方式，只是暫時將灰渣之毒性延緩溶出，同時更增加了相當比例之廢棄量。因此，積極研發飛灰、底灰之再利用方式，將顯得相當重要。不論是電漿熔融、熱烈解、微波消化、超音波震盪或是前處理篩分（依毒性溶出與粒徑大小分離灰渣）等等技術，都亟需鼓勵發展。

三　區域合作之獎勵與轉運站設置並行

依據目前已設置焚化爐之區位，恰可規劃 6 個自給自足之區域，依據規劃，只需環保署訂定合理之獎勵跨區處理計畫與補助機制，即可讓台灣之焚化爐達到最佳利用，同時避免焚化政策變成排擠縣市進行資源回收意願之原兇。

根據詳細估算，除第 4 區（彰、雲、嘉）排擠些許事業廢棄物外，其餘區域不但自給自足，更有著相當可觀之餘裕量。

表 12-8　跨區處理問題

區　域	包含縣市
一	台北市、台北縣、基隆市、宜蘭縣、桃園縣、花蓮縣
二	新竹市、新竹縣
三	台中市、台中縣、南投縣、苗栗縣
四	彰化縣、雲林縣、嘉義縣 、嘉義市
五	台南市、台南縣
六	高雄市、高雄縣、屏東縣、台東縣、澎湖縣

表 12-9　各區域廢棄物進場量與餘裕量（單位：噸/日）

分　區	設計處理量	處理容量	垃圾進廠量			餘裕量	
			一般廢棄物	事業廢棄物	合計	含事業廢棄物	不含事業廢棄物
第一區	10,200	8,670	5,838	851	6,689	1,981	2,292
第二區	900	765	429	231	660	105	336
第三區	2,400	2,040	1,192	229	1,421	619	848
第四區	2,100	1,785	1,438	364	1,801	-16	347
第五區	1,800	1,530	556	80	636	894	974
第六區	6,300	5,355	3,097	1,499	4,596	759	2,258
總　計	23,700	20,235	12,550	3,254	15,803	4,342	7,685

第五節 結論

目前台灣廢棄物處理之其他政策規劃，包含澎湖垃圾衍生燃料場（RDF）、垃圾轉運站、灰渣篩分廠相繼推出，以因應區域規劃之廢棄物政策需求，如果相繼規劃都能完備，再加上考量現有焚化爐之餘裕量，將台灣分為規劃中之 6 區，如圖 12-1，將目前興建中之雲林縣、台東縣焚化爐，開始整地的新竹縣（竹北）、苗栗縣（竹南）焚化爐，計畫中尚未動工的花蓮縣、南投縣、澎湖縣焚化爐考慮停建，將可以兼顧各區之需求以及區域品質。

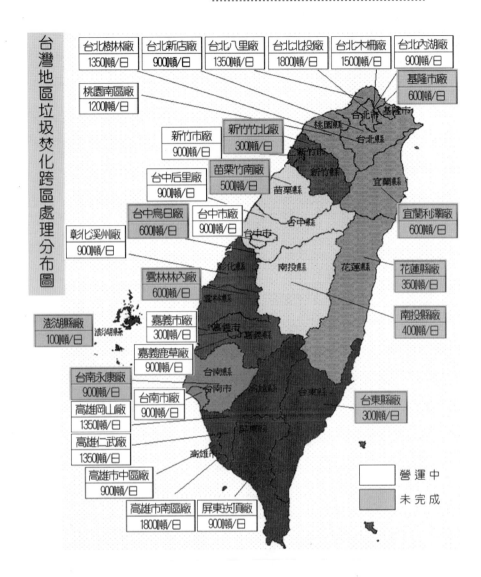

圖 12-1　考量餘裕量與各區域規模後之焚化爐興建分區

台灣焚化灰渣處理策略

劉暐廷

隨著垃圾焚化處理率之提高，廢棄物焚化灰渣產生數量龐大，而傳統焚化灰渣處置方法為陸地掩埋。在既有掩埋場不足及理想新掩埋場址不易闢建之影響下，廢棄物焚化灰渣處理去向逐漸成為必要解決之問題。由於焚化灰渣具資源化再利用之價值，為推動焚化灰渣材料化提供一個良好的解決途徑。

第一節　國內外灰渣處理現況分析

　　隨著台灣地區經濟發展與生活水準之提升，國內廢棄物產生數量龐大，為解決垃圾問題，在焚化為主、掩埋為輔之處理政策上，行政院於民國 80 年 9 月核定之「台灣地區垃圾資源回收（焚化）廠興建工程計畫」中，全國共規劃興建 21 座垃圾焚化廠，屆時每日將產生逾 5,000 公噸之焚化飛灰與反應灰。依據行政院 80 年 9 月 2 日台（80）環 28787 號函核定，台灣地區興建焚化廠之設計日處理量為 21,900 公噸。

　　由營運現況所示，89 年 12 座垃圾焚化爐實際運轉所產生之灰渣約為每日 1,751.93 公噸，92 年垃圾焚化爐運轉所產生之灰渣則約為每日 4,830 公噸。未來台灣地區之垃圾焚化處理率若達 90%以上，則每日處理垃圾量可達 30,400 公噸，將可有效達到廢棄物減容、減量與資源（廢熱、廢金屬）回收之目的；而屆時每日將產生約 6,000 噸的底灰與約 1,500 噸的飛灰（核研所，2000），即每日產生約 7,500 噸之灰渣。因此，隨著垃圾焚化處理率之提高，廢棄物焚化灰渣產生數量龐大，而傳統焚化灰渣處置方法為陸地掩埋，在既有掩埋場不足及理想新掩埋場址不易闢建之影響下，廢棄物焚化灰渣處理去向逐漸成為必要解決之問題。由於焚化灰渣具資源化再利用之價值，為推動焚化灰渣材料化提供一個良好的解決途徑。

一　國內灰渣處理現況

　　國內早期（83 年 11 月 24 日以前完工）規劃、設計之焚化廠均採底渣及飛灰集中蒐集並混合貯存於灰燼貯坑，由運灰卡車載運至掩埋

場進行掩埋處置。由於飛灰中含有重金屬，其 TCLP 之重金屬溶出測定經常超出法規管制限值，因此，環保署以行政命令規定新設置（83年11月24日以後完工）大型焚化爐（300公噸／日以上）焚化處理一般廢棄物，其飛灰與底渣應分開貯存蒐集，並應以固化或其他有效中間處理方法，以符合「有害事業廢棄物認定之標準」溶出試驗標準之相關規定。因此，新設之焚化爐大都追加增設焚化飛灰固化處理設施，而且於移轉民營代操作時，將焚化爐運轉代操作及焚化飛灰固化代操作分別招標執行，焚化飛灰固化體於廠內經檢驗測試合格後，運送至獨立分區之掩埋場掩埋處置。

民國88年7月14日版之廢棄物清理法第18條，依據該條所定之「有害事業廢棄物再利用許可辦法」及公告「未經公告再利用類別及管理方式之一般事業廢棄物再利用計畫申請程序」，為當時之廢棄物再利用管理法令。現行廢棄物清理法（民國90年10月24日公布）第39條規定，事業廢棄物之再利用，應依中央目的事業主管機關規定辦理，依此規定，經濟部於民國91年1月9日發布「經濟部事業廢棄物再利用管理辦法」，依該辦法第2條第2項定義再利用係指「事業將其事業廢棄物自行或送往再利用機構做為原料、材料、燃料、工程填料、土地改良、新生地、填土（地）或經本部認定之用途行為」。

依經濟部事業廢棄物再利用管理辦法第3條第2項規定，經濟部已將事業廢棄物之性質安定或再利用技術成熟者，截至91年1月25日，計公告43項再利用廢棄物種類及方式，否則應以個案或通案申請再利用許可，始得送往再利用機構再利用，91年10月11日環保署公告垃圾焚化爐焚化底渣再利用規定，此為目前底渣再利用之法源依據。

國外灰渣處理現況

（一）美國

由於美國聯邦政府對於灰燼之認定並無公告之法令規定，因此乃由各州依據該地區之相異特性，自行訂定相關之法規標準，以致出現對於灰渣之處理處置要求寬嚴不一之情形。飛灰因歸屬於有害廢棄物，管制較為嚴格，必須送往專用之有害廢棄物處置場，或是經合適處理後才可運置一般掩埋場。各種飛灰安全處置方式以及飛灰固化方法正評估中，但尚欠缺適當的法規來確定是否有效可行。

相關的灰渣再利用基本應用研究陸續被提出，並在加州、紐約、佛羅里達等州均有應用實例，包括利用底渣或混合灰於建築用混凝土磚、路基材、掩埋場覆土、停車場底層材料、人工漁礁、海岸侵蝕防護應用等，以及作為瀝青混凝土及卜特蘭水泥的骨材取代物等（Kosson, 1996; Wiles, 1996）。

（二）日本

日本對於廢棄物之處理現況以焚化為主，而對於焚化灰渣的處理方面，日本地區因受限土地資源不足之特性，且掩埋場早已不敷使用，故近年來全力著重於熱分解汽化熔融處理技術之研究發展及熔融再利用方式之評估，並積極推動熔渣應用於建築材料，以期有效減少待掩埋灰渣體積，延長掩埋場壽命；目前灰渣熔融處理後生成之熔渣，於日本地區之應用似亦尚未普遍，至於再生利用方式則仍以做道路骨材、混凝土製品（如：下水道側溝蓋、路側緣石等）較為常見。

（三）丹麥

在丹麥，對於無法再循環使用之廢棄物均予以焚化處理；丹麥對

於焚化灰渣之管理政策爲在對環境無不可接受之影響的前提下，焚化廢棄產物（灰渣）皆進行再利用。

在 1993-1994 年間，丹麥之底渣再利用量達到 40-45 萬噸，再利用率爲 90%。除篩分及磁選後金屬可回收使用外（約爲 10%）。底渣通常應用於相關土木工程，如：一般道路、停車場路基、腳踏車道、覆土材料等，作爲混凝土骨材取代物，降低天然石材使用量。估計底渣掩埋每噸費用約爲 150 美元，大量的資源回收再利用率，亦爲丹麥節省龐大的處置費用。

（四）德國

德國對於焚化灰渣之管理策略乃在經濟條件可行之下，必須對灰渣進行分類，並予以回收其中某些成分。德國在 1993 年間計有 53 座焚化爐運轉，總共產生約 300 萬噸底渣，及 30 萬噸飛灰，其中約有 60%底渣被回收再利用；底渣再利用需先經篩分及磁選分開含鐵金屬渣，主要用途爲當作道路工程路基、隔音牆，及堤防建築之骨材取代物；在使用前，至少須儲存熟化 3 個月以上。

（五）荷蘭

荷蘭國際推動計畫乃由環境部部長授權提供二次物質再利用之策略，包括有都市廢棄物焚化殘渣之處置、處理及再利用之各方考量，並提供處理新方案：底渣再利用於建築之管理系統、尋找最適飛灰處置方式以及排放廢氣處理等之研究。

荷蘭由於天然骨材較爲不足，且欠缺灰渣陸埋場所，因此政府大力推動灰渣再利用。在 1993 年，荷蘭 11 座焚化爐總共產生約 9 萬噸飛灰，以及約 65 萬噸底渣；其中，回收之鐵渣年產量約 7 萬噸，經磁選後回收使用於鋼鐵工業。於 1994 年，將近 95%的底渣被回收再利用，爲灰渣利用率最高的國家。底渣一般應用在工廠地基、道路路

基、堤防、隔音牆、防風牆材料，或是當為混凝土及瀝青混凝土骨材，底渣再利用已超過 200 萬噸。

（六）法國

　　法國並提出三種評估熟化之技術，使底渣得到最適之處理及再利用途徑，且發展數種底渣再利用於道路之環境衝擊評估方法，提供有效益的底渣再利用之熟化程序及處置方式。熟化之底渣必須符合 V 類之最低限度，且接收底渣時，必須提供熟化底渣之物理環境特性之資訊，包含編號、運送、體積、可供追蹤之量與質之資料及滲出液之濃度等。

（七）瑞典

　　瑞典法令規定飛灰及底渣必須分開蒐集，飛灰棄置前必須作處理，或是棄置至特別之單體後再行掩埋，而底渣再利用必須先進行篩分及磁選等前處理工作，經前處理後之底渣可用來作為填料，特別是次級道路中的基層或輕質建築材料。基於環境保護法，灰渣之再利用規範由當地政府決定，因此對於灰渣進行棄置或再利用之判斷依據及需求差異極大。瑞典的灰渣再利用規定將材料分為安定類、限定使用類、無法使用（必須處置）類等三大類（Hartlen, 1991）。

第二節　灰渣處理及追蹤管制策略

　　有關建立灰渣處理及再利用追蹤查核機制如圖 13-1 所示，主要重點即由中央環保署依照行政院環境保護署組織章程之行政職權，函知各縣市所屬之焚化廠，包括公、民營焚化廠，按月定期向廢棄物管

制中心申報灰渣產生量及清理情形，而各級環保機關可即時透過此申報系統，進一步了解所在地的各焚化廠之運轉及灰渣之產生及後續清理途徑，以確實掌握灰渣之流向。

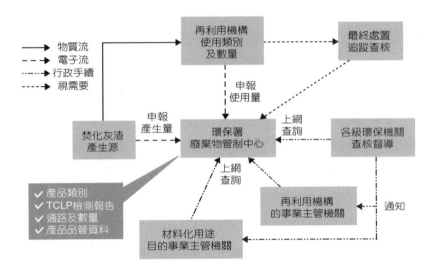

圖 13-1　焚化灰渣處理及再利用之追蹤查核機制

　　底渣採再利用途徑者也涵蓋在此申報範圍中，除供環保機關查核追蹤外，亦可在部分權限下開放給相關產品或營建施工之主管機關進行查核追蹤，或由環保單位提供書面供進一步查核追蹤，以確實掌握產品出路及後續使用情形，作為後續改進管理方式參考。對於焚化廠及再利用機構之廠內管理作業提出下列建議供環保署參考，並考量納入查核追蹤管理規定中：

 灰渣出場管制

　　經由焚化處理後所產生之飛灰及底渣，於每車次進出廠區時，應

以計量設備（地磅）加以過磅，以統計確實出廠之飛灰及底渣數量，並須填註處理場所及方式，並將每日產生總量於當日向環保署廢棄物管制中心申報，以即時呈現灰渣產生及清理之情況，建立運輸量能之基本資料，完整記錄文件需妥善保存 3 年，以備各級主管機關查閱之用。

再利用管理計畫

經由再利用機構處理後所生產之再生產品可能為各級配料（粗、細骨材）、鐵金屬、非鐵金屬及剩餘廢棄物，對於各項產品在每車次進出廠區時，以計量設備（地磅）加以過磅，以統計確實出場之產品數量，並定期將產生總量向環保署廢棄物管制中心申報，以即時呈現再生產品產生及處理之情況，建立再生產品運輸量之基本資料，完整記錄文件應妥善保存 3 年，以備各級主管機關查閱之用。

如有剩餘廢棄物（即未燃分）將由粗篩分離以及風選機底灰回收過程中加以蒐集，集中運送至生產廠房外之剩餘廢棄物存放區中暫存，防止剩餘廢棄物溢出及外物之滲入，並定期送回焚化廠再予焚化。

三 檢測分析資料之建立

焚化廠定期實施之檢測分析資料建議納入申報範圍，除供中央環保署在管理制度上了解各焚化廠之運作狀況外，亦可提供其與垃圾性質隨著季節或經濟景氣等條件之變化的變動關係，進一步檢討垃圾處理政策之方向。而再利用機構於營運期間所產生之再生產品，依規定應於再利用前，每 500 公噸再生產品採取 1 個樣本，進行毒性特性溶出程序（TCLP）檢測一次，檢驗其 TCLP 是否符合認定標準，其溶出值應低於有害事業廢棄物認定標準附表三之溶出標準；若溶出值超

過溶出標準時，應依一般廢棄物回收清除處理辦法第 27 條規定辦理。

對於再生產品之檢測分析資料也建議納入申報範圍，以掌握再利用機構之處理過程及其產品之安全性。

第三節　結語

對於焚化灰渣處理與資材化，建議以下列觀點進行策略之評析：

一、「廢棄物減量」應該列為最優先的原則，以取代「人類社會將不斷增加廢棄物的產量」的假設。

二、「拋棄物應該要先分類處理」，使每個類別都能適當地堆肥或回收，以取代現行的「廢棄物混合處理系統」。

三、「產業界應該要重新設計其產品」，以便於簡化產品生命末期的回收工作。

第14章
廚餘有機廢棄物再利用之趨勢

吳幸娟

廚餘內含極高之有機成分、油脂及各種固體顆粒等，往往是髒亂之源，近年來殘餘食物之體積及濃度皆遠超過往昔，廚餘所滋生之困擾亦愈來愈嚴重。尤其是都會區人口密集，廚餘所引發之惡臭及蚊蠅滋生，不僅有礙觀瞻且可能傳播病媒，影響國民健康，因此，廚餘之妥善處理極為重要。

第一節　緣起

　　我國有機廢棄物堆肥處理具有相當久遠之歷史,從民國 45 年台灣省環境衛生實驗所在屏東市設置第一座都市垃圾堆肥實驗廠後,至民國 66 年間全國各地陸續興建了 22 處堆肥廠,惟以不分類的垃圾所製成的堆肥成品品質不佳、農民改依賴化學肥料、價格不具競爭性與銷售通路等原因,無法與化學肥料競爭,造成有機廢棄物製成堆肥滯銷之情形,致無法回收操作維護費而陸續關廠。

　　台灣地狹人稠,70 年初經濟蓬勃發展,都市急速發展形成人口集中、垃圾量大幅成長,政府為因應垃圾處理危機,遂於 73 年推動「都市垃圾處理方案」,選擇以「焚化為主、掩埋為輔」的垃圾處理政策。隨著焚化廠及衛生掩埋場相繼完工,垃圾處理危機逐漸解除,同時為符合世界永續經營之環保潮流,垃圾處理政策必須修正以「加強資源回收再利用」為優先推動之策略。國人生活垃圾廚餘所占比例甚高,依據行政院環保署「中華民國台灣地區環境保護年報」垃圾性質採樣分析結果,廚餘占家戶垃圾的比例約為 18%-39%。由其所占之比例可知,廚餘回收利用居垃圾減量極重要的地位,即垃圾分類、廚餘分離回收再利用的工作勢在必行。

　　根據農業專家表示,台灣地區長期使用化學肥料,土壤中之有機質已降至 2%以下,以土壤有機質含量至少 4%為良好情況,每公頃農地約需 200 公噸堆肥物,補充其有機質。再以有機肥施用量計算:短期作物每公頃 4 公噸,長期作物每公頃 8 公噸,全國 100 萬公頃農地,其需要總量為 520 萬公噸,其需求量由此可知;而廚餘約占一般家庭垃圾量的二至三成,此部分垃圾若能以堆肥處理,不但減輕垃圾處理壓力,同時用之於台灣亟需有機肥之農地,也改善了肥力不足與土壤酸化現象,確屬未來可行之推廣執行方式。

　　廚餘內含極高之有機成分、油脂及各種固體顆粒等，往往是髒亂之源，近年來殘餘食物之體積及濃度皆遠超過往昔，廚餘所滋生之困擾亦愈來愈嚴重。尤其是都會區人口密集，廚餘所引發之惡臭及蚊蠅滋生，不僅有礙觀瞻且可能傳播病媒，影響國民健康，因此廚餘之妥善處理極為重要。

■■■ 第二節　相關法令計畫及管制措施 ■■■

　行政院環保署

　　環保署自 90 年度起陸續補助各縣市政府執行廚餘清運與回收再利用計畫，91 年度更擴大推動各項廚餘回收與資源化工作。與環保署及廚餘回收等相關法規如下：

　　（一）「資源回收再利用法」（中華民國 91 年 7 月 3 日華總一義字第 09100133700 號令公布）。

　　（二）「一般事業廢棄物再利用類別及管理方式」（中華民國 90 年 8 月 22 日（90）環署廢字第 0053207 號公告修正）。

　　（三）「一般廢棄物回收清除處理辦法」（中華民國 91 年 11 月 27 日環署廢字第 0910081628 號令修正發布全文 38 條）。

　　（四）「一般廢棄物──廚餘再利用管理方式」（中華民國 92 年 4 月 24（92）環署廢字第 0920029765 號公告）。

二　經濟部工業局

（一）「經濟部事業廢棄物再利用管理辦法」（中華民國 91 年 1 月 9 日經工字第 09004628550 公布）。

（二）「經濟部事業廢棄物再利用種類及管理方式」（中華民國 91 年 1 月 25 日經濟部經（91）工字第 09104602060 號）。

（三）公告修正「經濟部事業廢棄物再利用種類及管理方式」編號 28 項「廚餘」之再利用管理方式（中華民國 91 年 7 月 24 日經濟部經工字第 09104618750 號）。

三　行政院衛生署

（一）「醫療事業廢棄物再利用管理辦法」（中華民國 91 年 5 月 3 日（91）衛署醫字第 0910023105 號令訂定發布全文 19 條）。

（二）「行政院衛生署醫療事業廢棄物（一般事業廢棄物）再利用之種類及其管理方式」（中華民國 91 年 9 月 10 日經濟部衛署醫字第 0910054621 號）。

四　廚餘再利用管理方式

彙整各單位公告之廚餘再利用管理方式如下表：

表 14-1　廚餘再利用管理方式

公告單位	再利用管理方式
經濟部	1.事業廢棄物來源：事業產生之廚餘廢棄物（俗稱廚餘）。 2.再利用用途：有機質肥料原料、培養土原料。 3.再利用機構應具備下列資格： 　（1）再利用機構之主要產品為有機質肥料、培養土或其他相關產品。但再利用於動物飼料者，不受上列之限制。 　（2）再利用於肥料原料者，再利用機構應為肥料製造業者，且必須依據肥料管理法及相關法規取得農業主管機關核發之肥料登記證。 4.再利用用途之產品應符合國家標準、國際標準或該產品之相關使用規定。
行政院衛生署	1.事業廢棄物來源：事業產生之廚餘廢棄物（俗稱餿水）。 2.再利用用途：有機質肥料原料、培養土原料、動物飼料。 3.再利用機構應具備下列資格： 　（1）再利用機構之主要產品為有機質肥料、培養土或其他相關產品。但再利用於動物飼料者，不受上列之限制。 　（2）再利用於肥料原料者，再利用機構應為肥料製造業者，且必須依據肥料管理法及相關法規取得農業主管機關核發之肥料登記證。 4.再利用於動物飼料者，再利用機構應具有蒸煮設備或措施。 5.再利用用途之產品應符合國家標準、國際標準或該產品之相關使用規定。
行政院環保署	1.來源：餐飲業、事業機構、公眾食堂、機關團體等所產生之廚餘廢棄物（俗稱餿水）及超商或大型賣場拆掉外包裝之過期食品。 2.用途：動物飼料、土壤改良、有機質肥料、植栽培養土之原料等。 3.再利用機構資格： 　（1）作為動物飼料用途者：養豬場（未取得畜牧場登記證書者，應經當地農業主管機關同意）。 　（2）作為土壤改良，有機質肥料、植栽培養土之原料用途者：由農民、農民團體、農業產銷班或農業企業機構所附設之堆肥場，

	或其工廠登記證登記主要產品為土壤改良、有機質肥料、植栽培養土之製造、加工及買賣。 4. 再利用用途與土地利用有關者,應符合土壤及地下水污染整治法之相關法規。 5. 再利用事業機構須具有污染防治之相關設備或措施:做為養豬場飼料者,應有蒸煮設備或措施;作為有機質肥料者,需具有醱酵相關設備或措施。 6. 再利用應符合事業廢棄物貯存清除處理方法及設施標準之規定:採堆肥處理法者,應符合一般廢棄物貯存清除處理方法及設施標準第18條之規定;另作為有機肥料者,應符合肥料管理法之規定。 7. 再利用之種類、名稱、數量、地點應作成紀錄,妥善保存3年。 8. 再利用用途之產品應符合國家標準或國際標準或該產品之相關使用規定;其作為土壤改良、植栽培養土用途者,應經當地農業主管機關同意。
行政院 環保署	1. 一般廢棄物來源:家戶及非事業所產生廚餘。 2. 再利用用途:有機質肥料、培養土、土壤改良之原料及動物飼料。 3. 再利用機構: 　(1) 政府機關或合法登記有案之農工商廠(場),其取得公民營廢棄物清理、處理許可證者,執行機關得依廢棄物清理法第14條第2項前段規定報經上級主管機關核准後據以辦理;未取得公民營廢棄物清理、處理許可證者,執行機關應依同法第2項後段規定依報經中央主管機關核准之方式據以辦理。 　(2) 再利用之主要產品為有機肥料、培養土、土壤改良或其他相關產品。但再利用於動物飼料者,不在此限。 　(3) 再利用作為有機質肥料原料者,再利用機構必須依據肥料管理法及相關法規取得農業主管機關核發之肥料登記證。 　(4) 再利用於培養土原料及土壤改良者,應依一般廢棄物回收清除處理辦法第26條之規定辦理。政府機關依前述用途進行再利用,以自行使用為原則。 　(5) 再利用於動物飼料者,再利用機構應具有高溫蒸煮設備、動物防疫措施及相關設施。高溫蒸煮時應持續攪拌,並維持中心溫

度 90℃ 以上，蒸煮至少 1 小時以上。

4. 再利用前貯存清除應符合一般廢棄物回收清除處理辦法之規定。

5. 再利用後之剩餘廢棄物應依廢棄物清理法相關法規規定辦理。

6. 再利用機構應按季將再利用廚餘之來源、數量、再利用用途等紀錄及剩餘廢棄物處置證明文件，報廚餘產生及再利用所在地之地方主管機關備查，並自行妥善保存該等紀錄文件 3 年供查核。

7. 再利用用途之產品應符合國家標準或該產品之相關使用規定。

第三節　廚餘回收統計

廚餘內含極高之有機成分、油脂及各種固體顆粒等，往往是都市中髒亂之源，近年由於國民生活水準提高，飲食習慣有愈來愈精緻化趨勢，相對地，殘餘食物之體積及濃度皆遠超過往昔，廚餘所滋生之困擾亦愈來愈嚴重。

依據行政院環保署統計資料，92 年廚餘各縣市回收數量高達 167,304 公噸（詳如圖 14-1），其中以桃園縣最高，有 37,573 公噸，台中市次之，有 29,677 公噸，兩者合計占全年回收量之 40%。若以 92 年各月份回收數量來看，則呈現逐步攀升趨勢（詳如圖 14-2）。

至於回收後之再利用方式主要為養豬（黑毛豬）及堆肥，其中養豬占了 84%，有 139,614 公噸，堆肥僅占 13%，有 22,290 公噸（詳如圖 14-3 及圖 14-4）。

此外，台北市經過多年之試辦後，亦自 92 年 12 月 26 日起全面回收家戶廚餘，並依後續再利用方式要求民眾將廚餘分為「養豬類」及「堆肥類」排出，短短數月之間回收數量已達 12,565 公噸，相當可觀（詳如圖 14-5）。

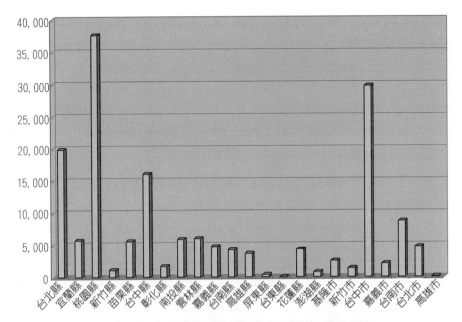

圖 14-1　92 年廚餘各縣市回收數量統計圖

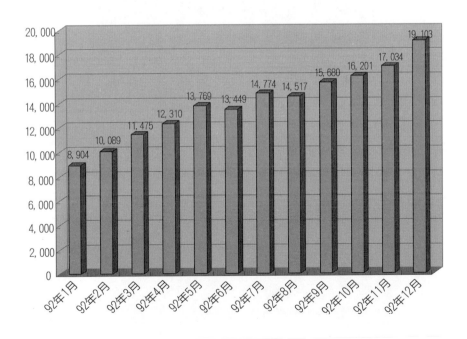

圖 14-2　92 年各月份廚餘回收數量統計圖

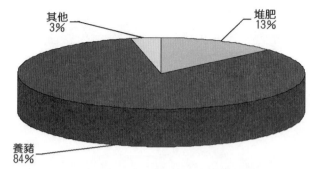

圖 14-3　92 年廚餘回收再利用方式百分比

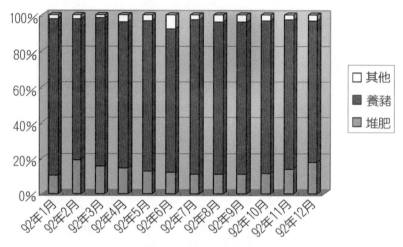

圖 14-4　92 年各月份廚餘回收再利用方式統計圖

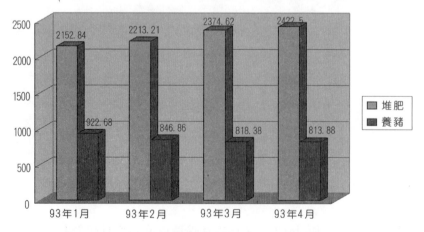

圖 14-5　台北市廚餘回收數量及再利用方式統計圖

第四節 結語

　　廚餘再利用政策之不確定性方面，影響最大的不外乎農政單位對於廚餘堆肥與養豬方面的質疑：前者問題在於廚餘堆肥所含之鹽分與油脂成分偏高，對土壤將有不利之影響；後者主要問題乃在豬隻之感染問題。

　　但以國內再利用現況而言，養豬與堆肥仍是廚餘最主要的再利用方式，而前者之需求量大，水分容忍範圍高，仍為較大宗之再利用途徑，所應注意的是廚餘應保持適當之新鮮度，並注意防疫之問題。相對地，堆肥利用在對象之量與性質上將受到較大之限制，且產品出路更有絕對之影響。

　　整體而言，回收廚餘類有機廢棄物進行再利用，有利資源永續利用，而廚餘回收後不進入焚化廠，可減少焚化操作成本及減少垃圾焚化量，降低焚化廠處理負擔，同時減少焚化底渣與飛灰量，亦可減少掩埋場負荷，基於永續發展之角度，仍是值得推廣之環保政策。

參考文獻

1. 楊萬發，台北市環保局「廚餘及堆肥成品中有害成分調查、肥力及土壤列管評估計畫」暨「廚餘資源化設施、產品品質標準建制及市場開發近、中程策略規劃計畫」報告，2002。

2. 台北市政府環境保護局，有機資源報，2002.8.25。

3. 工業污染防治團，有機事業廢棄物堆肥處理技術，1997。

4. 行政院環境保護署，工業技術研究院，91年度廚餘清運與回收再利用計畫評鑑及技術輔導」專案工作計畫。

5. 李春進，餿水養豬與環境保護。養豬業與環保研討會論文集，pp.84-90，台灣省畜產試驗所編印（台南），1993。

6. 行政院環境保護署，固體廢棄物堆肥處理技術研討會論文集，BEP-74-04-012，1985.6.29。

第15章

台灣家戶垃圾收運政策探討
－以台北市為例

陳沼舟

社會的發展是一個整體性的活動與現象，環境品質的提升亦為不可輕忽的重要面向。而廢棄物的規劃管理，更是改善環境品質具體而微的重要工作，其與社會各層面及全體民眾日常生活息息相關，民眾經由切身感受所傳達的回饋訊息，更使得政府不論以何種環保政策工具執行固體廢棄物之管理；其管理績效之高度曝光特性，在在考驗政府能否妥適扮演主導永續發展公共服務之角色，更攸關國家現代化形象之樹立。

第一節 台北市家戶垃圾管理

環境保護和資源再生利用的重視是國家既定的重要政策，我國在進入已開發現代化國家後，隨著社會、經濟變遷，國民所得的提高，自由時間增加，相應之國民生活型態亦大幅改變，在擁有富足之物質生活下，促成消費活動的多樣化，直接與間接造成廢棄物量與質的增加與多樣性。然社會的發展是一個整體性的活動與現象，環境品質的提升亦為不可輕忽的重要面向。而廢棄物的規劃管理，更是改善環境品質具體而微的重要工作，其與社會各層面及全體民眾日常生活息息相關，民眾經由切身感受所傳達的回饋訊息，更使得政府不論以何種環保政策工具執行固體廢棄物之管理，其管理績效之高度曝光特性，在在考驗政府能否妥適扮演主導永續發展公共服務之角色，更攸關國家現代化形象之樹立（詹中原等，1993）。

聯合國於 1992 年在巴西里約召開「聯合國環境及發展會議」（The United Nations Conference on Environment and Development），與會代表在推動永續發展為目標所簽署的二十一世紀議程（Agenda 21）中，對於廢棄物的減量與合理的再使用及回收明列於第 21 章，且強調此即為廢棄物管理的首要工作。而廢棄物之管理所包含的範圍極廣，依聯合國環境規劃署在都會區固體廢棄物管理（Municipal Solid Waste Management）資料書中指出其範疇，可以概分為：減廢（waste reduction）、收運（collection and transfer）、堆肥（composting）、焚化（incineration）、掩埋（landfills）以及特殊廢棄物（special wastes）等六大項（UNEP,1996）。而在各個管理環節與項目中所須處理的問題亦極為複雜，且更因環境事務具有多樣性的特質，加上台灣各縣市政府本質狀況的差異，對於廢棄物的管理自應也須建立整合性的管理系統，才有可能掌握與解決廢棄物的管理問題，並與其他國家或都市比

較，讓人民參與及了解政府在廢棄物管理上的策略。然而在整合性都會區廢棄物管理系統中，攸關人民日常生活作息及影響源頭減廢與末端處理、處置措施的收運階段，就顯得格外的重要。因此，了解家戶垃圾的收運規劃及策略實施上對於社會、經濟及環境的影響，確實有其必要性。筆者曾擔任台北市中山區清潔隊區隊長 5 年，經歷了台北市家戶垃圾收運方式從垃圾落地夜間蒐集至垃圾費從量徵收試辦等重大變革，頗了解台北市家戶垃圾收運之實務作業。所以本文僅就擇取台北市家戶垃圾收運的演進與發展，以規劃管理的角度作一探討，以期能提供未來台灣各縣市政府在家戶垃圾的收運規劃及策略實際操作上之參考。

一　行政組織

　　台北市截至 2004 年 1 月設籍戶數約有 91 萬 4 千餘戶；有 265 萬人居住，加上流動人口共約 350 萬人，其家戶垃圾行政管理係由台北市政府環境保護局爲主管機關，在有關家戶垃圾收運部分之組織依業務執掌分爲：第三科、第五科及區清潔隊，其主要執掌概述如下：

（一）第三科

　　家戶垃圾清運策略規劃、區清潔隊清運機具裝備及人事費預算之編列。

（二）第五科

　　家戶回收物分類蒐集策略規劃、資源回收清運機具裝備及人事費預算之編列。

（三）區清潔隊

行政轄區內家戶垃圾及回收物清運蒐集路線規劃及執行。

 ## 二 家戶垃圾清運變革及發展

　　垃圾可以分成許多類，而民眾在處理家中垃圾的態度與做法，也可以分成很多類，其影響分類因素中以受政府垃圾收運的措施為最主要影響因素之一。此可由以下針對台北市家戶垃圾清運方式的演進與變革的概述中得以一窺端倪外，並藉此作一分類整理以供規劃管理檢討使用，其分類及期程略述如下：

（一）沿街打鈴垃圾收運（1985年12月前）

　　沿街打鈴垃圾收運係為白天蒐集，收運路線一定，惟收運時間無嚴格訂定，家戶丟棄垃圾需採聽取鈴聲及累積經驗時間方式丟棄於垃圾車中。此種方式隨著社會變遷造成日間影響交通及不便利市民家戶垃圾丟棄，也因未做分類收運，一般清潔隊員會從垃圾中自行分類可回收物後變賣，此種撿拾行為間接對於隊員衛生及健康具有潛在性的危害風險，且也降低蒐集服務品質。

（二）夜間垃圾集中收運（1985年12月至1997年4月）

　　家戶在晚間9時至11時將垃圾包紮後，放置於垃圾蒐集點代運，垃圾車於夜間11時開始蒐集，至翌晨6時蒐集完畢。由於未做分類，一般拾荒者會從垃圾中破袋撿拾可回收物變賣；且因垃圾中內含廚餘遭野犬（貓）咬食等因素，致使殘污及穢水污染地面，且此種撿拾行為除間接對環境造成污染外，對拾荒者衛生及健康皆具有潛在性的危害風險，亦造成蒐集點附近商家及住戶產生鄰避效應而迭有反對蒐集

點的設置，因此清潔隊需增加人力及機具，對垃圾蒐集點經常清洗消毒。

（三）定時、定點、定線即時夜間垃圾收運（1997 年 4 月至 2000 年 7 月）

自 1996 年 3 月 9 日起，環保局擇一區隊由 6 個里開始實施每日定時、定點、定線即時夜間垃圾清運，並每週至少擇定一日為「加強資源回收日」，資源回收車沿線跟隨垃圾車，市民可同時將已分類的資源垃圾送交回收處理。環保局將此清運蒐集方式定為「三合一資源回收」，係結合了垃圾分類、資源回收及垃圾清運一次完成的家戶垃圾蒐集，其目的在於以即時垃圾收運來消除環境髒亂；同時實施垃圾清運及資源回收，由每週一天逐步達成每週三天的回收頻率，提供便利的回收管道，以提高市民垃圾分類及參與資源回收意願。此種垃圾不落地之即時垃圾收運的變革，在考量降低對市民丟棄垃圾習慣衝擊最少下，係由各區清潔隊因地制宜逐步規劃改變，歷時 1 年餘，終在 1997 年 4 月 30 日完成全市 435 里全面實施。

（四）垃圾費從量（隨袋）徵收（2000 年 7 月起迄今）

在「三合一資源回收」為基礎的垃圾收運機制下，環保局為了促進「垃圾減量」與「資源回收」，對自 1991 年 7 月 1 日起至 2000 年 6 月 30 日止，隨自來水水費附徵的「一般廢棄物清除處理費」又稱「垃圾費」，改採以污染者付費原則，用以價制量機制之從量徵收的策略收取垃圾費。該費用係以垃圾隨袋徵收，採行「袋證合一制」，以「專用垃圾袋」作為收費工具，市民丟棄一般垃圾，必須購買環保局製作，在指定地點販售的「專用垃圾袋」來盛裝垃圾。以經濟誘因的方式引導民眾少丟垃圾、少付費，而且對於自家戶垃圾中分類出來的資源回收物可以免付費送交清潔隊收運。垃圾費隨袋徵收實施初期，以專用

垃圾袋收垃圾費之費率採每公升新台幣 0.5 元，2001 年 7 月 1 日起降價爲每公升新台幣 0.45 元。

垃圾費隨袋徵收及資源回收改爲週收 3 日後，環保局即礙於人力、機具之不足，工作負荷極重，亦無法提升工作效率，自 2000 年 10 月 1 日起實施垃圾週收六日，星期天不收垃圾，但由於家戶垃圾量大幅降低，垃圾車每天載運的一般垃圾量平均僅七成，效率偏低。在考量資源回收量相對增加，但一般垃圾中仍有不少可以回收的回收物，爲澈底做好回收，減少家戶垃圾量及垃圾費支出，自 2003 年 3 月 15 日開始，資源回收由週收 3 日增爲週收 5 日並作分天分類回收，宣導市民配合於週一、五排出舊衣類、紙類、乾淨塑膠袋類（平面類），週二、四、六排出保麗龍及一般類（瓶罐、容器、廢鐵鋁、小家電⋯⋯等 10 項）（立體類）。而家戶一般垃圾則改爲週收 5 日，週三、週日停收，並自 2003 年 5 月 7 日起實施。

爲邁向 2010 年北市家戶垃圾能達到「資源全回收」及「垃圾零掩埋」的願景，環保局於 2003 年 12 月 26 日起全面推動廚餘分離清運與回收再利用工作，於原夜間家戶垃圾收運時間、地點將家戶廚餘分爲「養豬廚餘」及「堆肥廚餘」免費回收。

第二節 垃圾收運政策對環境及社會層面之探討

 ### 一 垃圾收運方式對環境及社會層面之影響

垃圾收運方式爲垃圾排出與集運系統中影響清運效率主要之因素，尤其它更是主導了清運機具的選擇以及人力的編組，同時也是影

響民眾處理家戶垃圾行為的重要因子，對於環境、民眾日常生活作
息、源頭減廢及末端處理、處置設施的影響更鉅，經彙整相關的資訊
依上述收運方式的分類可歸納如表 15-1 所示，對環境及社會等層面衝
擊之相關影響。

表 15-1　垃圾收運方式對環境社會及經濟層面之影響

年　代	垃圾分類	蒐集類別	蒐集方式	對環境及社會等層面之影響
1985年12月前	未分類	混合蒐集	定線沿街打鈴蒐集	1. 日間影響交通造成壅塞 2. 丟棄時間無法配合民眾生活作息 3. 撿拾回收物影響健康
1985年12月至1997年4月	宣導分類	混合蒐集	定點夜間清運	1. 環境污染及影響市容景觀 2. 事業廢棄物丟棄 3. 蒐集點造成民怨 4. 違規丟棄，耗費大量人力稽查及收運 5. 增加清運人力成本 6. 撿拾回收物影響健康
		專車蒐集資源回收物（1992.4）	每週擇一日定線沿街定點播放音樂蒐集	1. 回收點不普及，民眾配合意願低 2. 一週一次，回收管道不暢通 3. 專責回收之人力及機具經濟效益低

1997 年 4 月至 2000 年 7 月	垃圾分類	同時地分離蒐集	定時、定點、定線收運（三合一資源回收）	1. 垃圾不落地，消除環境髒亂 2. 提供便捷回收管道 3. 增加回收頻率（由每週 1 天漸進增加為每週 3 天），提升回收量 4. 拾荒業者搶收高價回收物 5. 增加資源回收人力及機具
2000 年 7 月起迄今	垃圾分類	垃圾費隨袋徵收，採同時地分離蒐集	定時、定點、定線收運（三合一資源回收）	1. 違規垃圾包丟棄，污染環境 2. 專用垃圾袋偽造 3. 拾荒業者搶收高價回收物 4. 回收種類多，民眾不易分類 5. 集運後回收物需再分類，增加後端分類處理負荷 6. 民眾丟棄垃圾攜帶多包，造成民怨 7. 回收物去化問題（如：塑膠袋、保麗龍等）
			分天分類回收及廚餘分離清運	1. 廚餘清運機具增加清運成本 2. 塑膠袋去化問題更加嚴重 3. 蒐集點廚餘、污水滴落，污染環境 4. 廚餘去化管道之收運及處理場的不確定性 5. 垃圾車附掛廚餘蒐集設施造成垃圾丟棄不便及影響行車安全之虞

垃圾費隨袋徵收對垃圾減量及資源回收的影響

　　依環保局（民 91）隨袋徵收成果報告中指出，至 2002 年 6 月底實施垃圾費隨袋徵收 2 年以來，平均每日總垃圾量（包括家戶垃圾量、代處理事業廢棄物量，但不包含污水廠污泥、營建廢棄物）為 2,940公噸（平均每人每日 1.12 公斤），如扣除納莉颱風影響（土石及災害垃圾 190,645 公噸，平均每人每日為 1.02 公斤），較 88 年平均每日總垃圾量 3,695 公噸（平均每人每日 1.4 公斤），減少 755 公噸，垃圾減量比率為 20.4%（如扣除風災垃圾影響則為 27.3%），如以環保局清運之家戶垃圾量統計，平均每日區隊垃圾量為 2,106 公噸（平均每人每日 0.79 公斤，如扣除颱風影響，平均每人每日為 0.69 公斤），較 1999年平均每日家戶垃圾量 2,970 公噸（平均每人每日 1.13 公斤），減少864 公噸，垃圾減量比率達 29.1%（扣除風災垃圾影響則為 38%），詳如圖 15-1；在資源回收量方面，2 年來平均每日資源回收量為 162 公噸，資源回收率達 8.1%，較 1999 年平均值成長為 3.4 倍，詳如圖 15-2；顯示垃圾費隨袋徵收之垃圾減量也有促進資源回收的效果。

　　綜上所述可以了解一個垃圾收運政策的決定，不僅可影響垃圾減量及資源回收的成效外，更是影響了環境品質及民眾對垃圾處理分類的態度與方法，在此垃圾收運過程中，由於管理所可能衍生新型態的污染及公部門成本的增加，如：回收物（保麗龍、塑膠袋及廚餘）的去化問題、清運機具增加對環境的衝擊、垃圾成分的改變對末端處理技術的影響以及忽略對弱勢族群的關懷，如：拾荒者、中古商等非正規回收業的衝擊等，對於政府在規劃垃圾收運的過程中均需加以納入考量，以符合永續發展公共服務之角色。

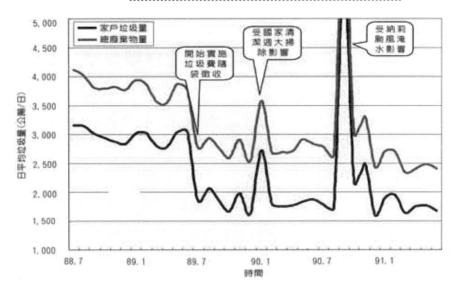

圖 15-1　台北市實施垃圾費隨袋徵收後垃圾減量情形

（台北市環保局，民 91）

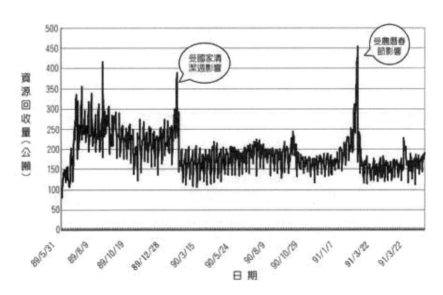

圖 15-2　台北市環保局垃圾費隨袋徵收後資源回收日變化圖

（89.5.31-91.6.30）（台北市環保局，民 91）

第三節　垃圾收運管理要素

在經由對台北市家戶垃圾收運的變革與發展過程探討中，可以歸納出家戶垃圾收運的管理要素如下：

 一　政策制定

政策的制定對所有垃圾收運的過程應有優先順序的考量，其順序依序如下：預防垃圾的產生或減量、從垃圾中的回收物應以原型態再使用、回收物（含廚餘）應使用在直接或間接於新產品的輸入、垃圾的減量優於對它的處理以及處理垃圾須符合環境的妥適方法。然而所有廢棄物管理措施均有其成本與效益的考量，惟在既定的政策下，考量環境、社會及財政時，有時會有不符成本效益現象，因此，上列的優先順序並非一成不變的。

 二　規劃收運系統

依垃圾特質規劃收運系統以符合垃圾產出類型。由於區域垃圾的產生量和種類依人口和工商型態而異，因此對於產源垃圾的特性應做分析，以利規劃清運機具使用類別及收運系統的確定。

 三　回收市場的建立

回收類別與項目的確立前，應考量回收物去化管道的建立，以及分類回收相關人力設備及機具的完備，以免因管理疏漏而發生新型態的污染。

四　收運人員的教育訓練

收運人員在垃圾收運過程中，除應了解收運機具的操作與維護外，對於垃圾蒐集過程中，與民眾接觸的態度與行為皆為影響整體收運目標達成與否的重要關鍵，尤其作業中對於個人安全及衛生的維護更是需要接受完善與定期的教育訓練。

五　提供大眾資訊及教育宣導

垃圾收運措施的實施，攸關民眾生活作息及垃圾處理的方法，因此，對於新措施的實施需作深度及廣度兼具的宣導工作，以讓所有市民都能了解垃圾收運措施的目標、效益及應該配合的事項，其宣導對象依區域特質而定，一般而言應涵括一般民眾、特定對象（如：公寓大廈負責人、清潔工、民間環保團體及宗教團體等）以及外籍人士。

六　誘因的創造

垃圾費的收取是垃圾減量的經濟誘因，同時也是一種「好行為」的鼓勵誘因，相同地，採用取締與處罰也是一種用來降低（不鼓勵）非法丟棄垃圾的誘因。而對於建立一個良好功能、透明清楚易懂的成本會計系統，也是建構垃圾收費經濟誘因最優先應做的事項。

第四節 垃圾收運規劃應考量事項

一　人口密度及垃圾量

　　垃圾收運效率是以最少成本（含人力、車輛及油料等）而達垃圾及資源回收物的最大蒐集清運量，此即意味著以既有人力、資金及時間上能達到最大垃圾收運量時，就得對於區域蒐集範圍中的人口密度、街道寬窄以及產出垃圾的質與量做充分了解，以避免使用載運量不足之車輛造成需往返多趟的收運，或過大的載運量而有餘裕量，均是耗費成本而降低收運效率。

二　車輛、人力清運車距路線、時間等的整合性規劃

　　最經濟可行的路線規劃是讓垃圾車僅行使街道一次，而不重複路線，若應實務需要時，可採對街且時間錯開方式規劃，以提供市民不同時間丟棄的需求，同時為免影響交通及耗費油料應避開尖峰交通時段，對於陡斜街道則應採順坡而下蒐集，除可增加作業安全性外，亦可節省油料。路線的規劃儘量採用定時、定點方式收運，此可降低垃圾落地造成環境污染及健康危害，同時亦可防止拾荒者路邊的撿拾。

三　代收運業者收運能力的配合

　　由於生活環境變遷，部分區域民眾垃圾丟棄會委由社區委員會或代收業者蒐集後集中丟棄，由於代收運業者收運能力（垃圾量）對垃

圾車承載其他民眾垃圾的餘裕量及收運停留時間具極大之影響，因此，爲能提高清運效率及達成收運目標，對於清運路線規劃中與代收運業者的協調溝通是不可少的。

四 里鄰的協調及民眾的參與

由於垃圾收運的路線、停靠點及停靠時間，若能先與里、鄰長溝通協調達成共識後，將能降低蒐集點鄰避效應所產生的各種阻力，同時亦能藉由民眾的參與而評估民眾對新政策的接受度及消除可能的反對意見，以及建立決策合法正當性，提升民眾配合度。

五 實施期程的規劃及大眾資訊的提供

爲能讓新的收運措施順利的推行，對於實施期程的規劃，一般可概分爲：宣導期、勸導後取締期及逕行取締期，其期程時間的布建，依收運變革程度的差異多寡而決定。有關大眾資訊的提供可透過宣導摺頁、宣傳海報、宣傳錄音帶、宣導短片及宣導布旗、垃圾車車體廣告、宣導網站等文宣資料，加強宣導，並辦理代言人介紹記者會、各里宣導說明會及垃圾蒐集停靠點宣導等活動，透過媒體報導，以加深民眾印象。

第五節　結語

在家戶垃圾管理政策的制定中，對於能達到基本衛生及提供不影響民眾生活作息的收運服務是爲最重要的，當此妥適的收運措施在適

宜的區域環境下採用時，即能提供一有用之架構供都會區廢棄物整體管理系統的設計。因此，對於如何擬定地方性區域妥適的收運措施而達符合公義的政策，實有賴於中央政府與地方政府之協調分工，如：以台北市為例，垃圾費隨袋徵收政策雖增加了資源回收量，惟尚仍欠缺強制分類的法律工具以及促進下游回收事業成長的政策，以致抑制了回收物再利用的類別與數量，甚而衍生出了回收物無法去化的新環境問題。

參考文獻

1. 詹中原等，台北市一般廢棄物清運民營化之研究。台北市環保局委託計畫，台北，1993。

2. 台北市政府環境保護局，台北市垃圾費隨袋徵收政策推動 2 週年成果報告。台北，民 91。

3. UNEP IETC, International source book on environmentally sound technologies for municipal solid waste management. Osaka：Shiga,1996.

第16章

廢棄物於道路工程之永續發展

張芳志

資源回收再利用是愛惜自然資源，減輕環境負荷，建立資源永續利用之重要工作，亦為邁入已開發國家之重要指標之一。故世界各先進國家紛紛調整其廢棄物清理政策，由單純之廢棄物清理走向兼顧分類回收、減量及資源再利用之綜合性廢棄物管理。由於道路工程屬於室外之開放空間，且其對廢棄物也有較高包容性，民眾的疑慮也可以減輕，所以廢棄物土再利用於道路工程，極具示範之意義。

第一節　相關法令計畫及管制措施

　　砂石材料是營建工程最重要的大宗物資，營建業素有火車頭工業之雅稱，在砂石日益短缺，公共工程及民間工程正如火如荼的大興土木之際，尤其號稱世紀工程之台灣高鐵 B.O.T.之決標，光其所需之道渣約爲 500 萬立方公尺，加上高雄捷運、中部科學園區等工程，官商應共商大計，未雨綢繆。但 85 年賀伯颱風侵襲本島，水利局爲維護橋基安全下令禁採河砂，導致砂石供需失衡，甚至引發砂石價格高漲，實爲營建工程之一大隱憂。

　　國內雖然已經開放砂石進口，可是目前進口量非常小，只有部分特定的工程所需的石材有進口，主要的來源還是要靠採取本地河川的天然砂石。但是砂石的採取是有自然條件限制的，基本上國內砂石由天然河川的補充，根據經濟部礦業司 83 年的報告，大約是每年 2 千萬公噸，同時根據其推估 86 年的需求量是 2 億公噸。如果以天然砂石補充的速度與國內對於天然砂石的需求加以推演，國內砂石不足只是早晚的問題。以台灣地區而言，由於環保意識高漲，社會各階層人士對自然景觀維護觀念的增強，加上採石業者對開採環保及各種災害預防之觀念尚在啓蒙階段，時生糾紛，或因開採權核發不易、用地取得困難、周邊道路配合性不佳及主要河川地或爲採結用罄，或爲地方政府禁採等等原因（圖 16-1、表 16-1）。

　　人類爲了追求更好之生活品質，犧牲了上蒼賜給我們的地球，如：經常颱風侵襲全島所造成之影響，即了解過度開發及追求高經濟成長之慘痛代價。而砂石等自然材料亦然，經百餘年之開採利用，全球正面臨這種砂石原料之短缺，除了研發其他替代材料外，推動廢棄物再利用於道面工程，才是有效率節省粒料使用之基本作

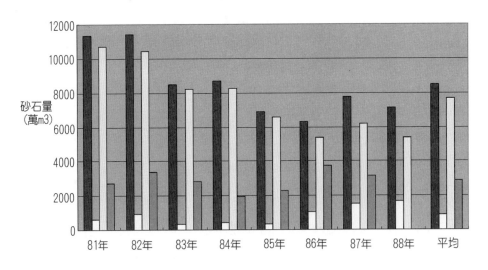

圖 16-1　台灣地區砂石產量統計圖

（資料來源：水利局 88 年 3 月統計，本研究整理。）

法。砂石問題在台灣地區日趨嚴重，砂石短缺加上砂石車載重正常化及各項工程建設的排擠效用，將廢棄物設法再加利用，不但可減少廢棄料所造成公害污染問題，更能達到減廢減量目的，充分有效地使資源回收再利用，並為大眾提供舒適安全的道路運輸系統。因此，無論就環保、經濟、能源再利用等方面考量，廢棄物鋪面乃都會區必然的發展趨勢。

我國為推動資源回收再利用，亦陸續制定「廢棄物清理法（93年6月2日公布）」、「環境基本法（91年12月11日公布）」及「資源回收再利用法（91年7月3日公布）」相關的政策與相關法令規範，以引導產業界設計生產易於回收再利用之產品及使用再生資源作為原料，並有效地促進再生資源市場蓬勃發展。

 廢棄物清理法

依據我國廢棄物之相關法令，以行政院環保署制訂之「廢棄物清

表 16-1　台灣省府公告禁採砂石河段概況

河 　 川	禁採範圍	禁採原因
蘭陽溪	葛瑪蘭橋至牛鬥橋	嚴重超深
羅東溪	蘭陽溪匯流處至北成橋	嚴重超深
大漢溪	桃園縣轄全河段	嚴重超深
頭前溪	全河段	嚴重超深
後龍溪	全河段	嚴重超深
烏溪	斷面32至斷面38(貓羅溪會流口至筏子溪會流口)	嚴重超深
八掌溪	斷面50(三角子防水堤尾)至出海口斷面85(軍輝橋)至觸口橋	已低於計量採石高
三疊溪	全河段	仍需預留大量土石作築堤防洪用
石龜溪	全河段	上游河段嚴重刷深仍需預留大量土石作築堤防洪用
虎尾溪	全河段	配合虎尾溪河道整治計畫需全面禁採
曾文溪	斷面62(麻善橋上游2公里)至河口曾文溪2號橋至北勢橋	配合曾文溪低水治理計畫及疏濬計畫
鹽水溪	豐化橋至河口	配合低水治理計畫及四草大橋安全及配合堤防整治
二仁溪	省公路橋至河口	橋樑呈刷深河段及配合二仁溪整治
高屏溪	里港大橋上游1,000公尺起至河口旗山溪月眉橋至濃溪合流處	依高屏溪低水治理計畫及旗山溪治理計畫已無可採

資料來源：水利局88年3月（86年6月28日省府公告）。

理法」為主，其管理範圍包括一般廢棄物以及事業廢棄物。營建廢棄物應合於總則第 2 條第 2 項第 2 款所稱之「由事業機構所產生有害事業廢棄物以外之廢棄物」定義。故屬於「一般事業廢棄物」，適用於事業廢棄物相關法規標準。

第 39 條事業廢棄物之再利用，應依中央目的事業主管機關規定辦理，不受第 28 條、第 41 條之限制。前項再利用之事業廢棄物種類、數量、許可、許可期限、廢止、記錄、申報及其他應遵行事項之管理辦法，由中央目的事業主管機關會商中央主管機關、再利用用途目的事業主管機關定之。舉例來說，高爐石、轉爐石、燃煤飛灰、廢陶瓷與廢玻璃之中央目的事業主管機關為經濟部，所以其再利用須依「經濟部事業廢棄物再利用管理辦法」之規定辦理。廢混凝土、廢磚瓦、廢瀝青混凝土與廢棄土之中央目的事業主管機關為內政部，所以其再利用須依「營造事業廢棄物再利用管理辦法」之規定辦理。

二　資源回收再利用法

我國資源回收再利用法規定，失去原有效用但仍為有用之「物質」，應直接進入回收再利用體系。故將「再生資源」與廢棄物區分，以專法管理再生資源，簡化行政程序，提升再生資源回收再利用效率。而廢棄物清理法所規範之回收再利用，屬末端強制性管制，有必要增加政府採購及財稅抵減等鼓勵或獎勵性措施，並透過源頭減量之管理措施，始能發揮整體一貫之管理績效。但現行之「事業廢棄物貯存清除處理方法及設施標準」不利於促進回收再利用，故應依其之需要，訂定適用「資源回收與再利用法」。

資源回收法訂定之目的（第 1 條）：為節約自然資源使用，減少廢棄物產生，促進物質回收再利用，減輕環境負荷，建立資源永續利用之社會。

三　名詞定義

（一）再生資源

指原效用減失之物質，具經濟及回收再利用技術可行性，並依本法公告或核准再使用或再生利用者。

（二）回收再利用

指再生資源再使用或再生利用之行為。

（三）再使用

指未改變原物質型態，將再生資源直接重複使用或經過適當程序恢復原功用或部分功用後使用之行為。

（四）再生利用

指改變原物質型態或與其他物質結合，供作為材料、燃料、肥料、飼料、填料、土壤改良等用途或其他經中央目的事業主管機關認定之用途，使再生資源產生功用之行為。

（五）事業

指凡從事生產、製造、運輸、販賣、教育、研究、訓練、工程施工及服務活動之公司、行號、機構、非法人團體及其他經中央主管機關指定者。

（六）再生產品

指以一定比例以上之再生資源為原料所製成之產品。

四 基本原則

（一）為達成資源永續利用，在可行之技術及經濟為基礎下，對於物質之使用，應優先考量減少產生廢棄物，失去原效用後應依序考量再使用，其次物質再生利用、能源回收及妥善處理。

（二）中央主管機關及中央目的事業主管機關，應依權責制定有關減少資源消耗、抑制廢棄物產生，及促進資源回收再利用之政策及法令，並付諸施行。

（三）地方主管機關及地方各目的事業主管機關應依前條中央機關訂定之規定辦理外，有責任對於減少資源消耗、抑制廢棄物產生，及促進資源回收再利用，依照政府之權責分工，就其轄區內制定相符之政策，並付諸施行。

（四）事業於進行事業活動時，應循下列原則，以減少資源之消耗、抑制廢棄物之產生，及促進資源回收再利用：

1.對於原料之使用，應採取減少廢棄物產生之必要措施。

2.原材料失去原效用後，應自行回收再利用，或供回收再利用，無法回收再利用者應負責妥善處理。

（五）國民有其責任義務依循減少資源之消耗，抑制廢棄物之產生，及促進資源回收再利用之原則，儘可能延長用品之使用期限，配合使用再生製品及分類回收再生資源，藉此抑制製品成為廢棄物，並適當回收循環利用製品及再生資源。

五 源頭管理

如圖 16-2 所示。

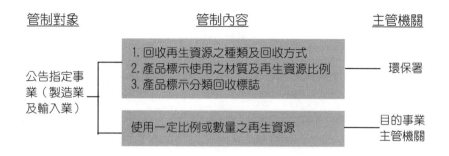

圖 16-2 源頭管理的架構

六 運作管理

（一）得再使用之再生資源項目，由環保署公告；得再生利用之再生資源項目，由中央目的事業主管機關公告。未經公告為再生資源項目者，事業得檢具再使用、再生利用計畫，分別向環保署或中央目的事業主管機關申請核准為再生資源項目。

（二）再生資源、再生產品應符合國家標準；無國家標準者，得由中央目的事業主管機關會商環保署公告其標準。

（三）再生資源未依規定回收再利用者，視為廢棄物，應依廢棄物清理法規定回收、清除、處理；無法再使用、再生利用之再生資源，應依廢棄物清理法規定清除、處理。

（四）廢棄物清理法公告之應回收廢棄物，且屬本法公告之再生資源者，其回收、貯存及回收清除處理費用之收支、保管及運用，依廢棄物清理法之規定。

七 獎勵措施

（一）增加再生資源、再生產品的市場需求

優先採購政府認可之環境保護產品、本國境內產生之再生資源或以一定比例以上再生資源為原料製成之再生產品。並辦理再生技術及再生資源、再生產品、環境保護產品相關之教育推廣及銷售促進活動。

（二）獎勵措施

辦理再使用、再生利用技術開發優良及實際再使用、再生利用績優選拔，並給與獎勵；從事資源回收再利用之事業，其投資於回收再利用之研究、設施、機具、設備等之費用，應予財稅減免。

（三）資源回收再利用技術、人才及土地的需求

設置環保科技或再生資源回收再利用專用區。

第二節 廢棄物資源化及檢討分析

廢棄物資源化的三要素包括廢棄物來源、工廠、成品銷售，詳述如下：

一 廢棄物來源

廢棄物的來源特性與品質穩定性將影響其再利用的方式。另外，相關再利用法令的配合及宣導才能為社會大眾所接受，並簡化申請手續讓廠商有意願從事廢棄物資源化的產業，使其落實於日常生活中。

表16-2為美國 Recycled Materials Resource Center 所列之13種廢棄物。

二　工廠

　　廢棄物資源再利用技術，係指將廢棄物加上新粒料調整級配，除可作為基、底層及施工便道鋪設材料外，亦能再與新瀝青或再生劑拌合後，使廢棄物恢復替代砂石性質以滿足路面功能，可重新作為道路面層鋪設之用。此種廢棄物之運用，在歐、美、日路面工程界已普遍使用，實際執行亦達20餘年之經驗，相關工法、設備皆已相當成熟。由於廢棄物再利用並不希望是將廢棄物由 A 處移至 B 處──即廢棄物的暫存場，而是將其資源化達到其應有的效益，因此，需考慮其是否會造成二次污染的問題，並建立追蹤考核系統，教導民眾風險的觀念，使社會大眾能了解其為可用的資源。表 16-3 為廢棄物再利用於道路工程所需考量環境相關的物理及化學特性。表 16-4 為廢棄物再利用於道路工程風險考量時可能之暴露途徑。若以技術及經濟可行性而言，歐洲各國訂定再利用比率之目標值為 17%-30%，可作為政府部門制定推動再利用措施之參考。

三　成品銷售

　　包括產品安全產品行銷，例如：建立環保標章或綠色產品採購制度等，消除社會大眾安全疑慮並活絡環保產業。

　　台灣地區推行廢棄物再利用績效不佳之原因有以下數點（圖 16-3 為廢棄物資源化績效不佳之原因）：

　　（一）法令規章不健全。

　　（二）事業廢棄物取得困難

　　1.一般廢棄物：回收體系。

表 16-2　廢棄物種類與其再利用的方式

APPLICATION? USE	MATERIAL
Asphalt Concrete? Aggregate (Hot Mix Asphalt)	Blast Furnace Slag, Coal Bottom Ash, Coal Boiler Slag, Foundry Sand, Mineral Processing Wastes, Municipal Solid Waste Combustor Ash, Nonferrous Slags, Reclaimed Asphalt Pavement, Roofing Shingle Scrap, Scrap Tires, Steel Slag, Waste Glass
Asphalt Concrete? Aggregate (Cold Mix Asphalt)	Coal Bottom Ash, Reclaimed Asphalt Pavement
Asphalt Concrete? Aggregate (Seal Coat or Surface Treatment)	Blast Furnace Slag, Coal Boiler Slag, Steel Slag
Asphalt Concrete? Mineral Filler	Baghouse Dust, Sludge Ash, Cement Kiln Dust, Lime Kiln Dust, Coal Fly Ash
Asphalt Concrete? Asphalt Cement Modifier	Roofing Shingle Scrap, Scrap Tires
Portland Cement Concrete? Aggregate	Reclaimed Concrete
Portland Cement Concrete? Supplementary Cementitious Materials	Coal Fly Ash, Blast Furnace Slag
Granular Base	Blast Furnace Slag, Coal Boiler Slag, Mineral Processing Wastes, Municipal Solid Waste Combustor Ash, Nonferrous Slags, Reclaimed Asphalt Pavement, Reclaimed Concrete, Steel Slag, Waste Glass
Embankment or Fill	Coal Fly Ash, Mineral Processing Wastes, Nonferrous Slags, Reclaimed Asphalt Pavement, Reclaimed Concrete, Scrap Tires
Stabilized Base? Aggregate	Coal Bottom Ash, Coal Boiler Slag

Stabilized Base? Cementitious Materials (Pozzolan, Pozzolan Activator, or Self-Cementing Material)	Coal Fly Ash, Cement Kiln Dust, Lime Kiln Dust, Sulfate Wastes
Flowable Fill? Aggregate	Coal Fly Ash, Foundry Sand, Quarry Fines
Flowable Fill? Cementitious Material (Pozzolan, Pozzolan Activator, or Self-Cementing Material)	Coal Fly Ash, Cement Kiln Dust, Lime Kiln Dust

表 16-3　廢棄物再利用於道路工程所需考量環境相關的物理及化學特性

Parameters	Potential Hazardous Property
Leachable (or soluble) trace metals	Presence of extractable and mobile metals such as As, Cd, Cu, Cr, Hg, Pb, Zn, etc., that could impact groundwater and surface water quality.
Leachable (or soluble) trace organics	Presence of extractable trace organic compounds such as benzenes, phenols, vinyl chloride, etc., that could impact groundwater and surface water quality. Leachable corrosivity (highly acidic or alkaline materials) Presence of extractable and mobile alkalinity or acidity that could impact the pH of groundwater or surface water.
Soluble solids	Presence of soluble and mobile salts that could impact groundwater quality and sensitive freshwater environments.
Total and respirable dust	Presence of fine particulate matter that is respirable or is susceptible to airborne migration.

Trace metals present in total and respirable dust	Presence of trace metals in fine mobile particulate that could be inhaled or deposited at secondary locations.
Trace organics present in total and respirable dust	Presence of trace organics in fine mobile particulates that could be inhaled or deposited at secondary locations.
Volatile metals	Volatile metals such as As, Hg, Cd, Pb, and Zn, which could be released at high temperature (mostly a worker health issue).
Volatile organics	Volatile organics such as chlorinated hydrocarbons which could be released at high temperatures (mostly a worker health issue).

　2.事業廢棄物：產生源過於分散，業者找尋困難。

（三）再生資源來源不穩定

　1.產業外移。

　2.產源製程減廢。

（四）資金取得不易。

（五）民眾環保抗爭。

（六）技術研發成本高。

（七）生產成本高。

（八）再生產品品質待提升。

（九）資源化產品接受度不高。

（十）市場競爭力待加強。

表 16-4　廢棄物再利用於道路工程可能之暴露途徑

Source Operations	Release Mechanisms[a]	Impacted Media[b]
Stockpiles, Screening, Crushing, Blending, Conveying, Transport, Drying, Placement, Demolition, Recycling	Primary Dispersion of: Fugitive Dust, Particulate Abrasion, and Point Source Particulate Emissions	Dispersion Into the Worker Air Environment and into the Ambient Air Environment
	Secondary: Deposition of Air Emissions	Other Media (Land, Water)
Drying	Primary: Dispersion of Volatile Emissions	The Worker Air Environment and Ambient Air Environment
	Secondary: Condensation and Deposition	Other Media (Land, Water)
Stockpiles Service Life Disposal	Primary: Discharges of Surface Runoff Containing Soluble Components or Particulates	Surface Waters and Groundwater
	Secondary: Deposition and Absorption	Other Media (Soils, Sediments)
Stockpiles Service Life Disposal	Primary: Leaching of Soluble Components	Groundwater and Surface Waters
	Secondary: Deposition and Absorption	Other Media (Soils)

(a) Primary mechanisms refer to those transport processes that result in "direct" transport from the source operation to the impact media. Secondary mechanisms refer to additional processes, after the primary process, that result in transport to a second or third media.

(b) The Worker Air Environment represents the airspace of the worker and is subject to OSHA regulations; the Ambient Air Environment is the greater airspace that would be regulated by ambient air quality regulations.

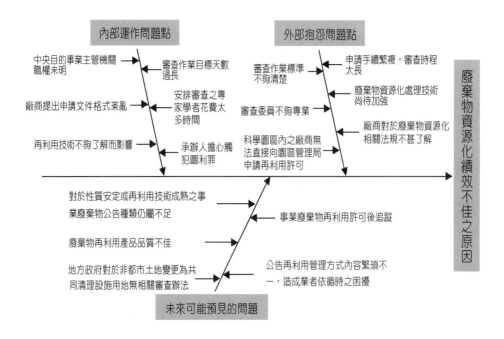

內部運作問題點　　　　　　　　　　外部抱怨問題點

中央目的事業主管機關　　　審查作業目標天數　　申請手續繁複，審查時程
職權未明　　　　　　　　　過長　　　　　　　　太長

廠商提出申請文件格式紊亂　　安排審查之專　　審查作業標準　　廢棄物資源化處理技術
　　　　　　　　　　　　　　家學者花費太　　不夠清楚　　　　尚待加強
　　　　　　　　　　　　　　多時間

再利用技術不夠了解而影響　　承辦人擔心觸　　審查委員不夠專業　　廢商對於廢棄物資源化
　　　　　　　　　　　　　　犯圖利罪　　　　　　　　　　　　　　相關法規不甚了解

科學園區內之廠商無
法直接向園區管理局
申請再利用許可

廢棄物資源化績效不佳之原因

對於性質安定或再利用技術成熟之事
業廢棄物公告種類仍屬不足

事業廢棄物再利用許可後追蹤

廢棄物再利用產品品質不佳

地方政府對於非都市土地變更為共　　公告再利用管理方式內容繁瑣不
同清理設施用地無相關審查辦法　　一，造成業者依循時之困擾

未來可能預見的問題

圖 16-3　廢棄物資源化績效不佳之原因

第三節　廢棄物於道路工程應用潛力—以再生瀝青混凝土為例

一　瀝青混凝土刨除料所造成之問題

　　本省道路工程網已達 3 萬 8 千多公里以上，以本省各大都會區而言，每年刨除之瀝青混凝土達數萬噸，其造成的問題如下：

　　（一）刨除料堆棄的地點如何選定。

　　（二）面對砂石短缺，價格高漲，以刨除方式達到維修效果是否得當。

　　（三）若欲達到瀝青混凝土刨除再利用問題，應如何進行再生處

理及應用。

（四）有無適當的材料、設計、成效與驗收規範可供施工單位參考使用。

（五）瀝青混凝土刨除料亦造成部分廠商依其自身之經驗任意添加。

二　早期國內未能落實推廣再生瀝青混凝土原因

隨著工商業發展，客、貨及小客車數量多達 330 萬輛，有限的道路面積承受數以萬計的車輛，加速道路的損壞。而各大都會區每逢颱風季節或霪雨季節，路面損壞更形嚴重。早期國內道路工程之面層舖設，工程單位禁止使用再生瀝青混凝土。但是事實上，在施工時處理瀝青刨除料，台北市及省公路局允許承包廠商自行利用或處理，高雄市則以營建廢棄土等方式處理，未加管制流向。因此部分瀝青業者於無品質規定下，將刨除料添加於瀝青拌合料後，回收使用於面層舖設；而因缺乏嚴格之規範管制，影響品質。以國內路面工程維修量而言，每年瀝青混凝土刨除料，初步估計超過 500 萬公噸，若能將瀝青混凝土路面刨除料再生利用，嚴格訂定規範予以管制，不但可解決部分砂石短缺問題，且能提高品質，對於國家有形及無形的利益將相當可觀。因此有必要建構完整系統，使瀝青混凝土再生利用導入正軌。台灣地區路面再生技術的推廣，已有 10 多年的歷史，然而未能普遍落實於道路工程之主要原因如下：

（一）國人對工業材料及產品之減廢、減量以及再生利用的觀念缺乏，且會認為再生瀝青混凝土添加刨除料作為原料，其品質一定無法像新拌的瀝青混凝土般良好，且是舊料、中古料、次級品。所以未來可由政府單位給予「環保標章」的制度以提高社會大眾的信心。同時，依刨除路面的瀝青混凝土等級，來決定再生料使用於新瀝青混凝

土路面的等級，如高速公路 AC-10 之刨除料，可應用於其他 AC-10 的路面，但不能應用於高速公路 AC-20 之路面。

（二）施工單位對施工技術的提升，常因業務競爭而停滯不前，且公務員常有多一事不如少一事的心態。

（三）再生瀝青混凝土廠人員品質參差不齊。由於再生瀝青混凝土需考量再生料的含油量，並以適當之比例拌合新瀝青、新粒料或再生劑，與傳統之瀝青混凝土拌合差異頗大，對人員的素質要求更高。

（四）政府單位驗收標準不一，在執行驗收時常常會有爭議。瀝青混凝土路面之主辦工程機關包括國道新建工程局、高速公路局、交通部公路局、內政部營建署、台北市政府、高雄市政府、縣市政府及鄉鎮公所，其品質管制標準不一致，且驗收要求差異更大，所以未來可依道路等級來建立適當之驗收標準，如：分成高速公路、市省縣道、鄉鎮道路及其他道路。

（五）再生瀝青混凝土的品質查證機制不健全。

（六）現行發包機制易生弊端。目前採行公開招標最低價決標，易造成廠商低價搶標的問題，而造成路面施工品質不良；未來可考慮採用公開招標最有利標決標或選擇性招標（依據採購法），以提升工程品質。

 ## 三　瀝青混凝土資源再利用之推動策略

台灣地區熱拌再生瀝青混凝土的發展，一開始起源於學術界的研究，後歷經瀝青公會於民國 85 年 5 月 25 日至 28 日瀝青公會第三次組團赴日本再生廠參訪，並函請經建會建言另請行政院公共工程委員會推動瀝青混凝土熱拌再生利用舖設於道路路面。行政院公共工程委員會基於對環境保護的考量，及資源回收之再利用可增加社會利益、減少社會成本，而積極推動熱拌再生瀝青混凝土的使用。行政院公共

工程委員會推動期間，先後成立了「瀝青混凝土資源再利用施工規範編訂審查小組」、「瀝青混凝土資源再利用推動小組」、「熱拌再生瀝青混凝土廠審查小組」、「瀝青混凝土資源再利用檢討小組」等 4 個小組。

　　公共工程是建設之母，由其產生廢料如能妥善回收再利用，不僅可降低成本，增加國家競爭力，更可減輕清理負擔，達成永續發展目標。

四　瀝青混凝土資源再利用推廣

為促進事業廢棄物有效再利用，政府宜協助建立事業廢棄物再利用產品市場機能。一般而言，再利用產品之生產成本可能較純原料產品為高，且一般人對於再利用產品尚無法全然接受，因此，在產品量產階段，有關市場競爭力方面需要政府政策性之協助，建議如下：

　　（一）建議對一定數量以下之一般事業廢棄物再利用給予更為簡化之報備手續。

　　（二）對於協助事業廢棄物再利用研究開發之機構或單位應予公開褒揚，且若開發成功而進入量產時得頒發綠色產品標章以資鼓勵，並核發再利用證明文件予該事業機構。

　　（三）在事業廢棄物再利用技術成功且可量產時，要求政府公共工程按一定數量或比率，採用具有政府核發之再利用證明文件之再生產品。

　　（四）政府在公告必須採再利用方式處理之事業廢棄物項目時，應保留緩衝時間供事業機構採取應變措施。

　　依據行政院公共工程委員會，所研擬瀝青混凝土資源再利用推動執行架構參見圖 16-4 所示，配合執行單位分三個層面：

（一）政府主管機關

　　首先由主管機關成立推動小組，負責制定推動方案，成立輔導團辦理教育訓練課程，修訂再生瀝青混凝土施工特定條款，辦理拌合廠審查評鑑作業。

（二）內主管道路工程單位

　　負責配合實施試行，擬定再生瀝青混凝土試舖計畫，執行品質檢驗，將特定條款納入工程規範執行，把再生瀝青混凝土使用導入正軌。

（三）再生瀝青混凝土拌合廠

　　投資再生瀝青混凝土拌合廠相關軟硬體設備，執行一級品管例行試驗，進行配合設計試拌、廠拌，生產符合特定規範品質。

第四節　未來展望

　　一、以國內路面工程維修量而言，若能將瀝青混凝土路面刨除料再生利用，嚴格訂定規範予以管制，不但可以解決部分砂石短缺問題，對於國家有形及無形的利益將相當可觀。

　　二、無論環保、經濟、能源再利用考量，廢棄物在道路工程再利用有其急迫性。

　　三、廢棄物如：瀝青混凝土路面刨除料，是確保瀝青混凝土品質重要因素，料源雖不易管控，但運至拌合廠內之前處理篩檢作業必須確實執行，以利工程品質。

　　四、未來唯有落實法規面與管理制度、政策面及執行面，才能達到具經濟價值、省能源消耗及永續發展的環境保護。

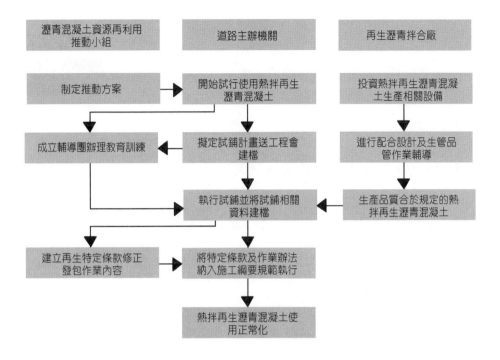

圖 16-4　再生瀝青混凝土推動執行架構

參考文獻

1. 行政院環保署，資源回收再利用法。http://w3.epa.gov.tw/epalaw/index.htm，2002。

2. 行政院環保署，廢棄物清理法。http://w3.epa.gov.tw/epalaw/index.htm，2004。

3. 呂奇龍，台灣地區綠營建資源回收再利用策略之研究。碩士論文，國立中央大學土木工程研究所，2003。

4. 林志棟、張芳志，營建廢棄物資源再生之趨勢。2001 年化工技術，2002。

5. 林志棟、葉宏安、陳世晃、張芳志，台灣地區推動再生瀝青混凝土廠認可制度及提升品質教育訓練。營建物價，2002。

6. 蔡弦志，再生材料應用於道路鋪面工程之成本效益研究。碩士論文，國立中央大學土木工程研究所，2003。

7. 鄭秀雯，物質流分散性分析─台灣地區營建砂石工業代謝循環探討」。碩士論文，國立台北大學資源管理研究所，2003。

8. Recycled Materials Resource Center, 2004, "User Guidelines for Waste and Byproduct Materials in Pavement Construction", http://www.rmrc.unh.edu/.

9. Vincent E., 2000, "Recycled Materials in European Highway Environments: Uses, Technologies, and Policies", Federal Highway Administration Report, FHWA-PL-00-025, Washington, U.S.A., 1-83.

第17章

台灣地區都市污水回收再利用問題初探

李建賢

台灣地區用水需求量逐年遞增，但新水源開發卻愈來愈困難。為不影響民眾的生活品質及產業發展，政府有責任積極開發替代水源，落實水資源再利用觀念，以滿足各項用水的需求。經濟部水利署在其現階段水利政策以治水、利水、親水及活水為四大執行策略，其中「活水」即以推動回收再生利用，促進水源供應多元化，積極推動水的再循環、再利用及再生使用為主要目標。

第一節　水源缺乏日趨嚴重

　　隨著經濟高度成長、都市化與產業結構的改變，台灣地區用水需求量逐年遞增，但新水源開發卻愈來愈困難。為不影響民眾的生活品質及產業發展，政府有責任積極開發替代水源，落實水資源再利用觀念，以滿足各項用水的需求。經濟部水利署在其現階段水利政策以治水、利水、親水及活水為四大執行策略，其中「活水」即以推動回收再生利用，促進水源供應多元化，積極推動水的再循環、再利用及再生（Recycle, Reuse, Renew; 3R）使用為主要目標，此揭示了廢、污水回收再利用將成為未來台灣地區開發多元化水源計畫中重要之一環，台灣地區之水資源開發將朝向更多元及永續的方向思考，水資源將區分成核心水源及輔助水源；其中核心水源以平地水庫為主要供應來源，而輔助水源則著重在都市污水回收再利用。預計推動回收水量較大之都市污水處理廠作為優先回收標的，包括台北縣八里廠、台北市迪化廠、台中市福田廠、台南市安平廠、高雄市中洲廠，現階段平均每日處理水量可達 150 萬噸以上，每年可達 5.5 億噸，如：採適當處理後回收再利用可作為農業及工業使用，將是未來台灣重要之水資源的來源。

　　本文之主要目的係針對都市污水回收之新趨勢提出筆者個人對推動此項政策方向之淺見，希望對政策的落實推動提供參考。

　　台灣屬亞熱帶季風區之海島型氣候，氣候溫暖潮溼，年平均雨量達 2,510 公釐，雨量雖然豐沛，約為世界平均值之 2.6 倍，但因地狹人稠，每人每年所分配雨量僅及世界平均值之六分之一；且雨量在時間及空間上之分布極不均勻，5 月至 10 月之雨量即占全年之 78%，枯水期長達 6 個月，再加上河川坡陡流急、腹地狹隘，雖有高密度之大、小水庫約 40 座，但容量不大且淤積嚴重，有效容量約僅 20 億立方

公尺，逕流量被攔蓄利用約占年總逕流量之 18%，其餘約在 72 小時內流入大海。近年來因全球氣候變遷造成降雨變化頗大，夏季已多次面臨限水危機，雖然水源開發計畫仍不斷地被提出並付諸執行，但降雨量的減少及各類用水量的增加似乎是不可擋之趨勢。相較開發新水源所必須付出的高成本，以及變化難測的氣候因素影響水源取得，都市污水回收再利用是值得開發的新水源之一。

第二節　台灣污水下水道建設現況及發展趨勢

　　內政部營建署於 91 年 5 月 31 日奉行政院核定之「挑戰 2008：國家發展重點計畫」中，已將污水下水道建設納列「水與綠建設計畫」之分項計畫。惟鑒於台灣地區污水下水道建設落後嚴重，因此行政院於 92 年 12 月提出之「新十大建設」計畫亦將污水下水道納入，期加倍投資，以快速提升台灣地區污水下水道普及率，而提升都市污水下水道普及率是都市污水回收再利用之重要條件。在「新十大建設—污水下水道建設」中所提之預期成果第三項：「規劃配合水資源再生回收計畫，用戶接管加上截流污水，每日可生產超過 50 萬噸之回收水；若包含目前已完成之污水處理廠，估計可提供之回收水超過 100 萬噸，以供應作為工業、澆灌或不與人體接觸之用水，以補充日漸匱乏之水資源。」該計畫預計 6 年內（91-96 年）投資 655 億元，達成公共污水下水道用戶接管普及率提高至 20.3%，整體污水處理率提升至 30.1% 之政策目標；顯見未來之污水下水道建設將與水回收再利用結合，以達到水資源永續利用之目標。

　　依據該署統計推估，截至 92 年底，台灣地區公共污水下水道普及率為 10.87%，另專用污水下水道普及率 9.07%，建築物污水處理設

施設置率 4.87%，整體總污水處理率為 24.81%。全國現有公共都市污水處理廠共 18 座，其中北區有 5 座，包括基隆市六堵廠、台北市內湖廠、台北市迪化廠、台北縣八里廠、桃園縣林口南區廠；中區有 6 座，包括台中縣關聯廠、台中市福田廠、台中市黎明廠、南投縣中正廠、南投縣內轆廠及南投縣溪頭廠；南區有 7 座，包括嘉義縣縣治廠、台南市安平廠、高雄市中區廠、金門縣太湖廠、金門縣榮湖廠、金門縣金城廠。依據內政部營建署統計，截至民國 92 年底，北、中、南各區的設計水量合計為 3,361,950 CMD，及實際進流水量合計為 1,668,890 CMD。若都市污水廠污水水量可全部回收作為農業用途，台灣地區都市污水處理廠放流水未來回收潛力相當充沛，台灣地區現有都市污水處理廠實際操作處理量及設計處理污水量如表 17-1 所示。

　　另外，內政部營建署所研訂「挑戰 2008：污水下水道建設實施計畫」，針對 25 縣市污水下水道系統，擬訂分年建設經費及工程項目，特將建設污水下水道系統分為第一類系統及第二類系統。第一類系統為污水處理廠已完成之地區，短期可加速用戶接管工程，提升普及率之市鎮污水下水道系統，或水源地區已核定之系統；雖普及率不易提升，但為保護水源，仍列為第一類污水下水道系統，共計 11 縣市、14 個污水下水道系統、17 座污水處理廠。第二類系統為已完成實施計畫或縣市政府所在地或人口在 10 萬以上並有積極推動意願之都會區之污水下水道系統，共涵蓋 20 縣市、43 個污水下水道系統、建設 41 座污水處理廠。

　　上述污水下水道系統雖然在執行上有許多不可抗之因素，導致執行期程落後，但可以預期未來政府大力投資污水下水道建設之決心相當強烈。因此在建設之初，似乎不應單純考量污水蒐集處理排放以減低環境污染的單一訴求，應進而思考水收回再利用之永續發展策略。

表 17-1　現有都市污水處理廠實際操作及設計處理污水量

區別	處理廠名稱	設計處理水量 (CMD)	實際操作 月平均污水量 (CMD)	處理方式	承受水體
北區 (5廠)	基隆市六堵廠	22,000	22,000	二級處理	基隆河
	台北市內湖廠	150,000	38,000	二級處理	基隆河
	台北縣八里廠	1,320,000	950,320	一級處理	台灣海峽
	台北市迪化廠	500,000	提升二級施工中	二級處理	淡水河
	桃園縣林口 南區廠	17,500	7,500	二級處理	南崁溪
	合　　計	2,009,500	1,017,800	──	──
中區 (5廠)	台中縣關聯廠	10,000	6,000		
	南投縣中正廠	3,500	1,100	二級處理	貓羅溪
	南投縣內轆廠	1,200	670	二級處理	貓羅溪
	台中市福田廠	87,500	50,000	二級處理	旱溪
	台中市黎明廠	2,400	1,500	二級處理	黎明溝
	南投縣溪頭廠	1,000	1,000	二級處理	北勢溪
	合　　計	105,600	60,270	──	──
南區 (7廠)	嘉義縣縣治廠	1,350	1,000	二級處理	
	台南市安平廠	132,000	85,000	二級處理	台南運河
	高雄市中區廠	1,103,000	500,000	一級處理	台灣海峽
	金門縣太湖廠	3,000	1,500	二級處理	台灣海峽
	金門縣榮湖廠	3,000	1,800	二級處理	台灣海峽
	金門縣金城廠	4,000	1,000	二級處理	台灣海峽
	金門縣東林廠	500	500	二級處理	台灣海峽
	合　　計	1,246,850	590,800	──	──
總計(18廠)		3,361,950	1,668,890	──	──

第三節　推動都市污水回收再利用問題與建議

一　突破民眾心理障礙，尋找適當的使用者

由於都市污水處理廠之排放水具有水質與水量穩定的特性，利用先進的回收水再利用技術淨化污（廢）水處理廠排放水，可再利用於工業用水、農業灌溉、景觀環境、地下水補注、都市非飲用（消防、沖廁）及補注飲用水等部分。但推動水回收再利用首先必須找到使用者，如同自來水發展初期亦須遊說民眾使用一般，如何突破民眾心理障礙，不論是引用法令規定強制回收或因應水價調整之市場機制運作而自願採用，尋找適當的使用者以建立市場需求，才是水回收推動最重要的工作。否則即使有最好的處理技術、最佳的回收水質、最低廉的處理成本，沒有市場需求均徒勞無功，更因台灣地區水價長期偏低，欲推動民眾樂意水回收再利用更屬不易。因此，推動初期的使用對象多為非食用植物灌溉、地表灌溉、景觀用水或是工業冷卻水程序等不與人體接觸之用水為主，循此再據以應建立水源供應的調配機制，使水源供應更具彈性及替代性。

二　加速訂定並公告各類目的用水之回收水質標準

目前國內涉及水回收再利用之法令眾多，分別隸屬不同部會主管，例如：水利法、水污染防治法、灌溉用水標準、下水道工程設施標準等。但上述法令多僅止於規定「水回收」是可接受的行為，對於回收水質標準則付諸闕如。目前國內已有多位學者在相關研究報告中對不同目的之回收水質提出具體建議，國外並有許多先進國家的標準

可資參考，但國內迄今仍無各類回收水質標準正式公告適用，此應為中央目的事業主管機關責無旁貸之責任。惟鑒於回收用水因用途不同而有不同的主管機關，例如：灌溉用水應屬農委會主管，工業用水屬經濟部（工業局）主管，非飲用之中水道用水屬經濟部（水利署）主管，地表澆灌非食用植物之用水或回注補充地下水源更涉及土壤及地下水污染管制法，屬環保署主管，各類用水水質因應用途而有不同標準，無法一體適用，由此可知推動訂定標準之不易；若能由水利主管機關先行主動研訂，再採用各部會共同會銜發布的方式，應可縮短許多作業時間，對於推動水回收亦有足夠的法令支持。

 ## 三 修訂污水下水道規劃設計理念及工程規範

水回收再利用之前題為可取得穩定、足量且水質適當的水源，都市污水下水道所蒐集處理之生活污水則具備此一條件。因此，在推動都市污水回收再利用之際，有必要重新檢視目前污水下水道建設之規劃設計觀念及工程設施標準，由於污水下水道建設為內政部所管，水源開發利用則為經濟部水利署主政，目前台灣地區污水下水道建設僅在起步之際，如能同時考量未來建立回收水機制之所需，則未來推動水回收必能事半功倍。例如：

（一）廠址位置

污水下水道於規劃之初，處理場址因鄰避效應或排放水體之限制，總以遠離市區者為佳。但若考量水回收時，因排放水量減少或水質提升，則污染疑慮降低；場址距離愈近市區，不但可確保回收水質不易變化或遭受污染，初期建設投資及未來使用回收水成本亦相對降低。

（二）廠址面積

土地面積需求亦會相對增加，須於辦理用地取得之初一併考量，以提供三級或高級處理單元及回收水供應設施等所需用地。目前都市污水下水道系統處理水量最大的是台北八里及高雄中區污水處理廠，可惜兩者主要皆以截流水量為主，且僅為初級處理後即海洋放流，因此提高處理等級以達到水回收再利用之水質要求勢在必行，惟兩處廠址用地均十分有限，擴充用地有實質困難，因此未來興建新的污水處理廠應預留土地以為因應。

（三）納管水質

必須嚴格管制用戶排入水質及水量，避免零星工廠未經前處理的廢水排放有毒物質，引起後端處理負擔或造成水質異常。以往如有異常情事或可以繞流排放處理，但一旦處理水要提供回收再利用時，則不論是上游廢水源監測或下游排放水的水質監測，均必須更為嚴格審慎。

（四）操作調整

應考量調整或修正污水處理程序及加藥量，以避免加入過多化學藥劑，造成水中成分更趨複雜不利回收；又處理單元的修正或調整亦是必要，例如：砂濾單元的設計處理是否應一併考量提供回收水量之需求，而非僅以廠內回收使用；又如：加氯消毒是否仍為適當的消毒方式，採用或輔以臭氧或 UV 消毒是否更為適當，且對水中微生物或寄生性原生動物隱孢子蟲或梨型鞭毛蟲有較佳的滅菌效果。

（五）修訂工程規範

如同水利設施或下水道工程設施一般，主管部門均應儘速建立水

回收再利用設施的工程設施標準。水回收系統實際上即是第二套供水系統，國外許多城市亦早已建立雙配水系統，但爲避免錯接或誤飲，採用不同顏色的管線或醒目的警示標誌有其必要，此部分皆有待水回收設施工程規範之建立，以作爲各界採用依循的準則。

（六）BOT 模式

近年來，污水下水道系統採用建造—操作—轉移（Build-Operate-Transfer）方式辦理已成爲政府政策之一，這項政策如落實執行，則大部分的都市污水處理廠都將以 BOT、ROT 或 OT 方式辦理。在「促進民間參與公共建設法」中，已明確規定 BOT 廠商應將附屬事業所得一併納入於投標財務計算範圍，因此，在污水下水道系統採 BOT 模式辦理之際，若要求投標廠商一併將水回收設施納入考量，則對於未來欲推動水回收再利用應有實質的幫助。

四 建立風險評估機制

歐美國家推動一項與人民生活有關之環境政策前，健康風險評估幾乎是必備要素之一。以推動都市污水回收再利用而言，雖然推動之初一定係以不與人體接觸之生活用水爲主，但由於都市污水中成分複雜，雖然可能不含急毒性物質或重金屬成分，但亦可能含有其他微量化學物質，包括環境賀爾蒙，如：雙酚 A、PPCPs（Pharmaceuticals and personal care products）如：止痛劑或抗生素成分，及微量有機物如：對苯二甲酸酯類等，此三大類物質均不易在現有污水處理廠中被有效去除。又如：水中微生物指標大都以大腸桿菌數爲標準，但對於經常引起民眾腹瀉甚至生命危險的隱孢子蟲或梨型鞭毛蟲則無相關標準，以此水質標準作爲回收使用是否會造成使用者的健康風險上之疑慮，必須透過風險評估機制取得參考值。國內已有數位學者正逐步建

立此項資料，在建立評估模式的方法上應無困難；但因國內對於污水
水質分析基本調查資料有限，僅能引用國外資料權代，所以所得評估
結果能否具有代表性，仍有待驗證。但如要建立本土化的風險評估機
制，則針對國內污水特性或處理廠操作特性，甚至使用者爲敏感族群
或健康族群之差異性分析等資料，均有待建立。

五　訂定管理規章

　　目前污水下水道系統因其有地域性不同而分別由各縣市政府訂
定管理規章，以規範用戶接管範圍、收費標準及辦法。因此，欲建立
水回收供水系統亦須訂定適當的管理規章，包括供水區域、方式、收
費標準及辦法等均應納入考量，以爲依循。

第四節　結語

　　美國 AWWA 協會於 2003 年 8 月所刊載 Steve Maxwell 的文章"Key
trends and Market Developments in the Water Industry"，指出未來水工
業的十大趨勢，其中提及更廣泛的法令規定及嚴格的執行、缺水化現
象持續發生、水循環再利用會受到更多關注、新的水處理及分配技術
將出現、省水及有效率的用水更受關注、水價提高等幾項議題。這些
議題均顯示與水回收再利用有直接或間接的關係，可知水回收再利用
不僅是個別國家的問題，亦將成爲全球化的共同課題。台灣是個水資
源豐沛卻面臨缺水的地區，既然都市污水回收再利用是必然方向，則
值此政府大力推動污水下水道建設之際，將污水下水道、水回收再利
用甚至自來水供水系統一併考量，應是一舉數得的良策。

參考文獻

1. 黃金山，邁向綠色矽島之水資源開發及經營管理策略。2002 年經濟部水利署網站，http://www.wra.gov.tw。

2. 內政部營建署網站，http://w3.cpami.gov.tw/law/law/law.htm。

3. 內政部營建署，挑戰 2008 污水下水道建設實施計畫，2002。

4. 陳筱華，台灣地區廢污水再利用潛勢整體評估，2003。

5. Takashi Asano, "Water Quality Management Library, Volume 10-Wastewater Reclamation and Reuse", Technomic Publishing Co. Inc., pp.1017 -1090, 1997.

6. Steve Maxwell, "Key Trends and Market Developments in the Water Industry", AWWA, Journal, Aug 2003,pp.34-40.

第18章

台灣河川監測規劃與評析

黃慧芬

環境品質監測之目的是用以作為研定環境保護政策
之重要依據，特別應用於訂定污染物之削減策略，以確
保環境品質與國民健康之目標。而環境品質檢測數據可
反應環境品質，若檢測結果符合相關環境標準，則環境
政策或污染控制策略當定位在繼續維持良好之環境狀
態或更進一步提升環境品質；倘若檢測結果無法符合環
境品質標準，此時就應針對無法符合環境品質標準之指
標項目進行檢討，探究該指標項目之污染來源、污染量
與污染型態，提出污染物削減策略，進行環境品質模式
模擬，以為區域污染物總量管制之依據，如此才可逐步
達成環境品質標準之目標。

第一節　河川監測目的

　　環保署於民國 91 年辦理爲期 3 年之「北、中、南三區環境水質採樣監測計畫」，由台大環境工程學研究所等單位組合之台大團隊[1]執行。該計畫主要在協助執行環境水質監測結果之評核，提升水質測作業的品質與水質數據彙整分析之合理性，強化水質資料的正確度；並彙整監測結果編纂水質年報，有助了解掌握水體水質未達標準之區域與主要污染項目，對於污染防治施政之決策有重要參考效益，特別是提供水污染防治之決策依據。同時亦協助水體水質網站之美化與維護，一方面降低監測數據傳輸、轉換及評核錯誤之機率，一方面減少各單位資料格式轉換之工作負擔，並豐富網頁內容及其應用度。本文即根據執行過程衍生相關問題與疑義，彙整國內各項歷年監測資料、研究，進行探討台灣河川監測規劃與制度作業，期能達到拋磚引玉目的，務使河川水質監測作業更臻完善。

　　環境品質監測之目的是用以作爲研定環境保護政策之重要依據，特別應用於訂定污染物之削減策略，以確保環境品質與國民健康之目標。而環境品質檢測數據可反應環境品質，若檢測結果符合相關環境標準，則環境政策或污染控制策略當定位在繼續維持良好之環境狀態或更進一步提升環境品質；倘若檢測結果無法符合環境品質標準，此時就應針對無法符合環境品質標準之指標項目進行檢討，探究該指標項目之污染來源、污染量與污染型態，提出污染物削減策略，進行環境品質模式模擬，以爲區域污染物總量管制之依據，如此才可逐步達成環境品質標準之目標。

---

[1] 「台大團隊」包括台大環工所、台大水工所、瑞昶科技、傑明工程顧問與台灣檢測 SGS 公司，該團隊僅執行第一年作業：91.5.2-92.7.30。

第二節 台灣河川水質監測背景

　　台灣地區中央主管河川有 24 條水系，跨省市河川有 3 條水系，縣市管理河川有 91 條水系，共計有 118 條水系。大部分水系河川均短且陡，暴雨時水流湍急，洪水常夾帶大量泥沙，流量則隨降雨而迅速漲落。雨量 78% 集中於 5 月至 10 月，年平均雨量約 2,000 公釐，台灣地區河川總逕流量約 500 億立方公尺，民眾生活用水有 85% 仰賴其中 24 條水系的逕流供應，所以河川水質對於民眾用水及生活品質影響甚鉅，目前台灣河川的點源污染情況大致如下，將於數據分析時特別注意：

　　一、工業廢水污染：老街溪、中港溪、大甲溪、北港溪、八掌溪、二仁溪、花蓮溪。

　　二、畜牧廢水污染：濁水溪、高屏溪、東港溪、林邊溪。

　　三、生活污水污染：淡水河、頭前溪、鳥溪、蘭陽溪、秀姑巒溪、卑南溪。

　　四、混合型污染：南港溪、社子溪、後龍溪、大安溪、朴子溪、急水溪、曾文溪、鹽水溪。

　　歷年來，有關台灣河川之等級與監測管理單位統計、等級沿革說明如下：

　　一、87 年 6 月 28 日前，分類為中央、縣（市）管轄之河川包括：主要河川 21 條、次要河川 29 條、普通河川 79 條，合計 129 條。

　　二、87 年 6 月 28 日至 89 年 1 月 4 日期間，修正為：省管轄河川 24 條、縣管轄河川 91 條、跨省市河川 3 條（淡水河、磺溪、林子溪）、排水 10 條，及鹿草溪併入八掌溪，合計 128 條。

　　三、89 年 1 月 4 日後，修正為：中央管轄河川 24 條、縣管轄河川 95 條、跨省市河川 3 條、排水 12 條，19 條（含淡水河）為跨

縣市河川，計 191 條。

　　四、水利署分為重要河川 24 條、及縣（市）管轄河川 25 條。

 第三節　歷年監測制度與數據說明

　　過去水質監測數據來源，主要為環保單位委託之監測計畫執行成果及各地方環保機關之定期監測資料，而歷年監測數據皆已公布在環保署監資處環境水體水質監測網頁資料庫內。

　　在水體水質監測資料庫的水質監測數據資料中，不同水體的監測年份皆不同。另外，在同一水體中，不同測站現有的數據年份也有會些差異。除了水體水質監測資料庫的水質監測資料外，其他水質監測資料的來源還有過去台灣省水污染防治所、台灣省環境保護局、台灣省環境保護處、經濟部水資源統一規劃委員會、經濟部水資局、農田水利會、台灣省自來水公司、翡翠水庫管理局、台灣糖業公司與各縣市環保局等單位，亦有相關的水質監測資料可參考利用。以下分為制度規劃與數據兩部分說明：

一　國內環境水質監測規劃概述

　　台灣地區對於河川水質之監測，係由前台灣省水污染防治所辦理，目前中央主管機關為行政院環保署，仍持續進行河川之監測追蹤與整合調查結果。對於河川監測原則為：屬於環保署管轄之河川每月監測 1-2 次，而地方環保局管轄之河川則每季監測 1 次。監測結果可提供各界了解河川水質之現況外，並作為後續污染整治規劃之依據，

檢驗項目包括水溫、濁度、電導度、pH 值、懸浮固體、氯鹽、氨氮、溶氧量、生化需氧量及化學需氧量，部分河川並檢驗大腸菌類密度、陰離子界面活性劑及重金屬（包括鎘、鉻、銅、鉛、鋅、汞）。其中，以溶氧、生化需氧量、懸浮固體、氨氮 4 項作為水質指標。

在以往環境水質監測結果中，各個水體均有其全國水質監測計畫與年報，但海域方面則大多為各地方委辦之海域監測計畫及監測報告。另外環保署每年出版的《環境保護統計年報》中，在水質監測與污染防治方面，則僅包括重要河川水質與水庫水質這兩水體的水質年報。

綜合分析可知，過去各類水質年報之格式取決於其特定目標與執行方式。綜合現有水質監測資料來源與資料呈現：過去中央及地方政府皆有以年報方式編纂彙整環境水質監測結果。比較各種水體年報格式之異同，可歸納為三方面：

（一）是否於同一年報中涵蓋各類水體之監測數據。

（二）是否僅編纂呈現監測數據。

（三）是否將歷年水質監測變化趨勢一併列入分析彙整。

涵蓋各類水體監測結果於同一年報者，目前僅環保署民國 86 年出版之《台灣地區水質監測年報》。前省環保處曾個別出版《河川、地下水水質年報》等，同時僅編纂呈現監測數據，未述及污染源、污染量及歷年水質監測變化趨勢。地方政府如：桃園縣出版《環境保護白皮書》為例，則專述轄境內各環境狀況，並輔以稽核結果來說明可能之污染源。至於中央政府出版之《環境保護年鑑》、《環境保護統計年報》、《環境白皮書》及《淡水河水質年報》等，則大多會涵蓋污染源、污染量及歷年水質監測變化趨勢。

二 河川水質資料

　　河川水質資料庫最早資料始自 65 年度，涵蓋中央與地方環保局監測數據；而 91 年度環保署測站位置較往年有部分增減，85 年監測資料除淡水河系外，其餘河系均為地方環保局監測資料。歷年缺測資料頗多；其中：88-90 年度有數條河川並未進行監測，如東部河川 90 年資料係以 87-89 年平均值代表。部分流域數值資料年數不一：如福德溪僅有 70-74 年監測資料。另有部分正確性有疑義的監測數據或欠缺監測數值，大部分屬 80 年以前之數據。

表 18-1　國內歷年河川水質監測數據彙整

資料來源	起始資料年度	備　　註
前台灣省水污染防治所辦理，目前中央主管機關為行政院環保署水體水質資料庫＊	民國65年	1. 在同一水體中，不同測站現有的數據年份也會有些差異。 2. 河川監測原則為：屬於環保署管轄之河川每月監測1至2次，而地方環保局管轄之河川則每季監測1次。監測結果可提供各界了解河川水質之現況外，並作為後續污染整治規劃之依據。

＊：其他資料來源，包括前台灣省水污染防治所、前台灣省環境保護處、經濟部水資源統一規劃委員會、經濟部水資局、農田水利會、台灣省自來水公司、翡翠水庫管理局、台灣糖業公司與各縣市環保局等單位。

第四節　91 年環境水質監測評核規劃

一　水質評核作業先期規劃

　　爲執行 91 年環境水質監測評核作業，以達到確保各類水體水質監測結果品質，各種基本資料建置（包括測站位置、測站區位與經緯度定位、測站編碼、水質監測報告與上傳檔案規範、檢測分析方法確認，與監測有效位數統一……等）實屬必要之事；此外，由於所有水質資料依規定亦需上傳環保署水質資料庫，在新舊資料銜接之際，彙整分析資料庫原有格式及清查內部數據應爲當務之急，並可藉統一資料格式，使新舊數據使用性與方便性更具可行，以下即爲該計畫第一年度所進行之各項作業規劃：

（一）各水體測站、區位及經緯度定位規劃

　　由於 91 年度監測採樣計畫涵蓋 5 個水體（河川 301 測站、水庫 57 座、海域 97 測站、地下水 342 口井、休憩海域 8 個海域），爲使監測數據得以正確並順利上傳資料庫，確認並規劃資料庫內部格式並據以作爲三區填寫依據等作業應即早完成，並藉由不斷溝通及查核三區報告來達到確實執行之目的，由該計畫負責編輯空白測站編號，後續作業爲 90 年度資料修正並以 CSV 上傳資料庫。

（二）各水體測站重新編碼

　　各水體編號原爲資料庫本身建資料的編號，但處理原則爲先針對 91 年未編號及測站名的部分加以修改測站編號，並以流水號編碼，以使資料能夠上傳資料庫的開設新站及開設新的監測項目；測站編號包

含河川、水庫、地下水、海域、休憩海域 5 個水體資料。以上測站於
91 年度皆有安排檢測，但因總數不同，所以要先對照經緯度後確認測
站名，一併修改資料庫內的測站名。河川監測則藉由經緯度及地址確
認後，294 站皆為原測站，故測站編號不變，並確認河川資料係歸屬
於地方環保局或環保署。

（三）各水體分析方法確認

為確定「測站距離」計算方法及監測數據剔除原則，故需建立一
套分析方法，並應能延續過去歷史分析方法，方能與歷史資料比對，
此部分亦經會議討論已確認。

 監測數據評核系統

環境品質資料的複雜性和特異性非常高，同時又涉及在採樣分析
階段之可能誤差，因此在環境統計學上亦發展一些方法來進行資料處
理確認和分析展現，得使環境數據具有正確性、合理性、完整性和代
表性，因此檢視數據，特別是原始數據之評核步驟，是環境水質系統
工作中很重要的一環，嚴格而言，檢測結果須通過數據評核後始可納
入水質資料庫，以作為展現、說明、分析環境水體水質之正式結果。
評核程序步驟分析目的，將檢測單位所提交之環境水質數據（即採樣
分析結果）在程序控管上是劃歸為原始資料，該資料必須先經檢定確
認符合正確性、合理性與代表性之準則後，始得正式做為環境水質資
料，為監測資料系統接受，並可執行後續之統計處理、資料展現與環
境分析。評核規劃係先彙整過去 10 年的水體資料，依統計方法並結
合環境水化學的理論與經驗，建立一套完善的環境水質監測評核作業
標準流程與評核作業要點手冊，以供做為評核水質監測結果之正確

性，並據以篩檢原始數據之可能異常值。此外，針對提送之各水體監測數據處理為：

（一）將三區所提送之分析資料進行彙整，統一其格式。

（二）將已彙整之數據資料，針對監測計畫擬定各項目加以查核。

（三）利用統計方法篩檢可疑數據，並進一步檢驗數據之可信度。

上述評核作業程序得以篩檢出監測作業過程之登錄疏失、採樣方法未統一之差異、儀器校正之誤失、分析方法不一致及採樣點不協調等等因素之偏離異常結果，經上述流程篩檢出之問題，再輔以整合分析、研討訓練及配合加強實驗室之品保品管作業，可以大大提升水質監測作業的品質與水質數據彙整分析之合理性，強化水質資料的正確度。

水質監測資料評核作業程序分為：監測數據彙整、水質監測報告評核／監測異常數據篩選，及監測異常數據處理三大部分，監測異常數據處理包括進一步將有疑義之監測數據予以分級並加註，以提醒引用數據者注意；並針對可能產生誤差之原因，據以要求檢測單位改進並提出說明，或再採樣分析，將分析結果納入測值比對，依其分析之數據並作為建議通報持續追蹤，或增加採樣頻率，如：每週一次，並加註說明。

 ## 三　監測數據評核系統資訊化

環境水體水質資料庫自民國 86 年建置迄今，其架構規劃、各資料表儲存內容及格式等，係依當時之監測業務分配來設計，惟自民國 89 年台灣省政府改制後，全國水體監測業務重新分配，自民國 91 年起，各類水體監測業務改由中央統一辦理，而地方直轄市及縣市政府亦可自行辦理水質監測，與過去業務分配方式大不相同，加上環境水質法規值之修正、一些地方鄉鎮市升格等，致資料庫目前有各資料表

格間參考連結性、各基本資料表格資料內部或外部欠缺完整、各基本資料表格欄位與使用需求不足、資料表格欄位格式有偏差等，實有重整及更新之必要性。建議未來資料庫需配合網頁功能、使用需求及監測業務現況調整各資料表格欄位，再配合水保處補齊、更正基本資料表格、參考資料表格之資料，如：測站位置、測站水體分類、距河口距離等，另外，於資料庫伺服器端新增資料分級及自動檢核功能，同時開發網頁介面之監測資料上傳系統，簡化目前資料上傳檢核流程則應為下一階段重點。

第五節　水質評核計畫衍生問題評析

 河川水體分類

　　河川水體分類係依據台灣省「水區、水體分類及水質標準」劃定公告辦理情形所劃分，公告日期自民國 71 年 7 月 5 日起至民國 85 年 7 月 30 日，分別由前台灣省政府、前行政院衛生署、前台灣省政府衛生處、前台灣省政府環境保護處陸續公告 34 個水區範圍、河段，及其所屬主、支流之水體分類；91 年水質評核計畫中，河川監測大部分監測站均延續過去所設置之河川測站，且亦於前台灣省政府環境保護處與前中部辦公室（以下簡稱前中辦）已有相當完善之監測網規劃，但因 91 年度河川監測計畫不僅延續前中辦持續針對台灣 50 條中央管轄、縣（市）管轄河川進行監測作業，更進而增加為 83 條河川（57 個流域），加上淡水河系部分前中辦僅針對大漢溪進行分析（淡水河係歸屬於環保署水質保護處、監測資料處所執掌），故會有部分流域、

測站並無歷史資料依循及基本資料可供參考，因此使該計畫為能更精確執行評核作業，需同時針對計畫範圍涵蓋之河川、測站進行水體分類確認作業，包括原檢測公司所標示之資料、根據「公告水區水體及水質標準」原則提出建議、進行確認前中辦資料作業等。

　　然而，目前仍有 22 個流域（56 個測站），包括客雅溪、蘇澳溪、冬山河、將軍溪、鹿港溪、知本溪、利嘉溪及淡水河流域—三峽河等尚未公告水體分類，其中將軍溪、客雅溪為環保署 91 年重點整治河川，且河川監測計畫為環保署持續性之水質監測計畫，實應儘速公告，俾利河川管理作業。

二　監測站設置

　　由資料顯示，環保署與地方縣市設置之監測站不盡相同，重要河川 24 條中，地方有大安溪、曾文溪及和平溪三條河川未設置監測站；而縣管河川中亦有蘇澳溪、南澳溪及淡水河系等共計 28 條河川為環保署與地方縣市均設置監測站；中央設置但縣市為設置有 5 條河川，而瑪鍊溪等 53 條縣市設置而中央未設置監測站之河川，則均為普通河川。

　　值得注意的是計有 58 條普通河川、7 條排水，及 1 條跨省市河川，共計 66 條河川，均未設置監測站，以排水為例，監測項目之導電度對其污染程度即可提出即時之參考依據，而跨省市河川—林子溪更應設置監測站，以確實掌握縣市間之污染狀況；至於原設測站之取捨與否，建議應先確認原訂設置標的、計畫及原則，才能作為分析增減設監測站之依據。

三　河川監測站間距

　　由於目前所計算之污染長度主要依據河川水質監測數據，依據河川污染指標換算成 RPI 四項點數（溶氧 DO、氨氮 NH₃-N、生化需氧量 BOD、懸浮固體 SS）加總並平均，所得污染指標積分值之範圍即可判定其污染程度，再代入各監測站間距求得，因此，河川監測站間距資料之完整與否會影響延續歷史資料河川污染長度比較；與河川水體分類問題相同，本項資料亦延續自前中辦之 50 條河川監測站間距（間距計算方式為該河川源頭距離該監測站之距離），但由於 91 年度增設監測站，因此會有部分資料闕如。此外，由於部分河川前中辦僅針對部分監測站進行間距調查，因此會有同一流域但卻無監測站間距情形發生，如：曾文溪、虎尾溪等，因而無法計算其河川污染長度。部分流域支流之正名與更新作業亦已完成，如：依據最新圖層顯示，已無得子口溪、鹿港溪等河川名，而更換成福德溪支流與員林大排，此部分亦需進行確認作業。

四　河川長度

　　目前有河川長度之河川為前中辦所調查 50 條中央、縣市管轄河川（淡水河系中僅計算大漢溪），河川總長度為 2,745.5 公里；但於環保署每年出版之公報中已涵蓋淡水河系，包括淡水河本流、新店溪、基隆河及大漢溪，全長 323.5 公里，其中基隆河長度因成美橋至中山橋河段施行截彎取直工程，故全長由原 86 公里縮短為 80.51 公里（其中亦更新成美橋至中山橋河段之距基隆河源頭間距），即本計畫所計算中央、縣市管轄之 50 條河川總計算長度為 2,934.01 公里，此亦為河川水質年報計算之依據。

五 水樣分析方法

　　雖然負責監測計畫之三區公司已於品保品管規劃書將各水體檢測方法列入，但因應環保署不定期更新之檢測方法與實際採樣現況，實需隨時注意採樣方法是否已更新，如：對於溶氧飽和量爲溶氧電解法測值計算說明 NIEA 421.54C 分析方法，建議使用溶氧表現在：

　　（一）該表所使用的單位爲氯度，並非鹽度；所以在使用時並不方便。

　　（二）氯度＝鹽度／1.80655，即當測得到鹽度後，經換算成氯度，再查表。

　　（三）溶氧飽和表，是直接由鹽度去查溶氧飽和度。

　　而其他除了既有監測項目外，對於整治有實質助益之河川生化及物化特性，宜包括藻類生長情形、營養分負荷、底泥污染特性、魚類與水中動植物調查及毒性評估，此部分仍未納入河川水質監測規劃中。

第六節 制度與執行整合或分歧探討

一 監測與規劃（業務）單位權責

　　由環保署監資處負責自 91 年度開始執行的環境水質監測計畫，事實上是接續前台灣省政府環境保護處與前中辦之監測網規劃，然而環保署水質保護處一至五科亦有原先歸屬之業務權責，各科負責不同

河川[2]所；然而卻由監資處招標 91 年監測計畫，於執行過程中，因其非業務單位，故需常與水保處密切聯繫與溝通，造成指令不一結果，徒增行政與執行成本；此外，背景資料彙整與公告權責並非歸屬監資處。

 水質評核目的與權責劃分

　　水質評核目的主要是為了符合正確性、合理性與代表性之準則後，使得正式做為環境水質資料，為監測資料系統接受，並可執行後續之統計處理、資料展現與環境分析，並作為持續後續水質整治與規劃之用；在過去前中辦時代，係以長期執行相關業務人員負責這項作業，並據以提供不同單位使用，然於目前環保署執掌階段，負責單位為監資處，至第二年環境水質監測評核計畫內容中，明文要求需協助擬定整體台灣水質監測作業與系統規劃，與水保處之區分為何？

 執行經費與人力規劃合理

　　91、92 連續兩個年度之環境水質監測評核計畫經費係由水保處所支出，平均經費為 280 萬元／年，而監測處負責此業務人員計一科科長、技正與承辦員各一，共計 3 人，以這樣的經費規模與人力負責台灣 5 個水體所有水質監測資料規劃、彙整與評核作業，不難想像委辦單位所需投入之執行人力與成本，如此的規劃制度是否適切，實在值得商榷。

---

[2]　水保處各科負責業務並未涵蓋所有台灣河川。

第七節 結論與建議

年報水質分析結果顯示，台灣地區河川水體水質變異情況頗鉅，究其最主要的影響因素是河川流量，其他因子如：污染源與局部地域特殊狀況，均會造成水質之變異，是故要解釋或比較水體水質之狀態，必須首要考量流量變異因子，換言之，單獨要以水質來評斷水體污染程度或是污染改善成效是有困難度和模糊性。就此，歐美國家訂有以 QX 流量時之水質結果作為分年、分時評比之基準，英國更是以每 5 年為一週期，在相似的水文環境下，執行水體水質狀態評估，此乃水污染改善工程，並非能一蹴可幾，是故國內實無必要每月、每季分析比較水體水質之改善差異，當可改以評估分年在相似水文狀態時的水質狀況，較具環境意義。

就整體水質監測體系而論，河川水體採樣之監測站網絡須顧及水體用途、水體分類、重大污染源監測，以及目前既有採樣站的水質變異情形、都會區與遊憩河段及施政重點河川等因素。在監測站設置方面，跨行政界限者如：朴子溪，施政重點河川如：典寶溪，以及水源用途之坪林、板新給水廠上游，均可考量列為增設監測站之案例。在採樣頻率方面，河川上游或水體無污染源，或其長期水質已趨穩定之水體，可考量減少其採樣頻率；然而，水質變異大之區位，以及因施政考量之重點河段者，則可考量增設監測站及增加採樣頻率。

此外，河川底泥之監測分析，係了解河川水體污染總量與分布的重要介質項目，將來可考量就主要河川增加底泥的採樣，以健全環境水體污染分布資訊。難分解的有機化合物（如：農藥及合成有機物）與水體中抗生素的流布是近來年歐美國家極重視之議題，由於其不易在環境中分解，亦會造成生物基因變異的影響，故水體監測亦可考量增列該項目，特別是在都會區之下游段區域。

　　監測資料分析最大的問題在於如何與歷史資料整合，此部分其實可就數條主要河川的水文資料與水體水質進行相關性探討，先建立流量對水質影響之統計關係；同時就該數條河川之水質項目，進行符合環境基準之比率分析，以建立水質濃度之統計機率分布模式，這些探討分析資料，結合水質水量統計關係，對於解釋水質變異會有較客觀公正的基準，可利於決策參考之用。

參考文獻

1. 環保署，水質監測整合應用計算。子題(一)監測數據處理手冊，EPA-86-L104- 09-08。

2. 環保署，台灣地區水質監測年報—85年年報。行政院環境保護署，台北，1997。

3. 環保署，85年度淡水河水質監測年報，1997。

4. 環保署，水體水質監測方法規劃及實施。EPA-86-G102-09-08，逢甲大學水利工程系，1997。

5. 環保署，89年度台灣地區主要水庫水質監測計畫。EPA-89-G103-03-1329，2001。

6. 環保署，89年度淡水河水質監測年報，2001。

7. 環保署，環境水質監測評核計畫（第1年），林正芳等。民國92年5月，台灣大學環境工程學研究所執行，2003。

第19章

我國集水區水質管理現況
探討與改善建議

陳起鳳

台灣地區之水資源保育逐漸受到重視，政府與相關單位、學術團體都投入大量心力致力於水資源的保障，但由環保署的統計資料顯示，河川、水庫之水質污染於近10幾年來並無顯著改善。探究水質無法顯著獲得改善之因，應來自於管理層面出現瓶頸，包括制度與法規面，以及非點源污染的整治效果有限。

第一節　我國地表水資源現況

　　台灣地區之水資源保育逐漸受到重視，政府與相關單位、學術團體都投入大量心力致力於水資源的保障，但由環保署的統計資料顯示，河川、水庫之水質污染於近 10 幾年來並無顯著改善。探究水質無法顯著獲得改善之因，應來自於管理層面出現瓶頸，包括制度與法規面，以及非點源污染的整治效果有限。流域管理的討論已持續 10 年以上時間，本文綜合整理國內學者研究之結果，並提出淺見。另外單就水質管理的技術工作，點源污染的處理已有適當的處理設施，而非點源污染整治工作的共識則採用最佳管理作業（Best Management Practice, BMP），但是否 BMP 即為唯一方式或另有討論空間與做法，且非點源污染的量與質之估算缺乏本土性參數與實際採樣資料，都將造成非點源污染整治的困難。我國水質污染情況未獲改善，本文將以集水區管理制度與非點源污染整治工作兩部分作深入討論。

　　台灣天然水資源豐富，大小河川縱橫台灣全島，歷年年平均降雨量約為 2,500 公釐，年逕流量高達 640 億立方公尺。未來世紀化石燃料即將枯竭，水將成為主要能源，擁有可用水量之多寡將影響國力的強弱與否。台灣天然水資源條件佳，雖然因地勢陡強，造成河川湍急，但若加以適當管理方式，台灣地區不外乎成為世界上安居樂業之處。但民國 91 年為台灣少雨之年份，降雨量僅有 1,572 公釐，與歷年平均量相比，減少 36.7% 之雨量，相對地，逕流量也減少近了三分之一。當時缺水情形帶來限水政策，民眾生活品質隨之降低，也了解到水資源對生活的影響之鉅。但與其他國家相較，年降雨量超過 1,500 公釐，已屬於雨量充沛地區，以美國為例，其全國平均年降雨量為 760 公釐，而澳洲有三分之一地區年平均降雨量不到 500 公釐。因此以台灣少雨年份，缺水現象屬於相對說法，假使管理得當，台灣得天獨厚的水環

境應屬於用水無慮的地方。以台灣河川流域圖來看，如圖 19-1，水脈
如同台灣島的血脈，島上人民的生活與水息息相關，若水脈遭受污
染，或受不當管理，台灣島的活力也將受到傷害。

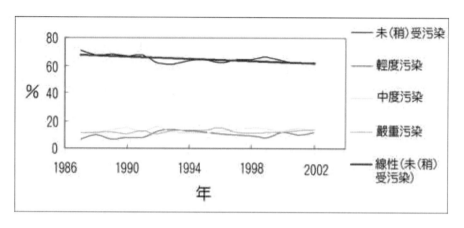

圖 19-1　我國主要河川污染趨勢

（資料來源：繪自環保署 92 年度環境保護統計年報）

　　水資源管理講求的是水量的保障與水質的保護，以水質管理觀
點出發，水質的好壞來自流入承受水體的水的品質，包括地表逕
流、排水與地下水。論水質管理，不僅在於水體本身的整治工作，
還需與流域內人類活動作良好的溝通與連結，即社區都市發展、農
地施作、觀光遊憩、道路施工以及工廠廢水的排放等政策或計畫的
施行有關。單就水質整治的技術，點源部分在學術研究與實際操作
上已有良好的成果與示範，非點源的相關研究也著實不少，但在
BMP 提出後卻少有創新的做法或想法被提出，而非點源污染的相
關本土資訊礙於經費及專業人員限制，目前並未全面重新建置及補
充。以目前水質現況來看，污染問題並未獲得改善，根據環保署監
測資料顯示，河川與水庫之污染情況不僅沒有改善，反而持續下降
當中，當點源的控制達穩定之後，非點源污染被視為是影響水質最

主要的原因，本文以國內非點源污染整治作業與集水區管理制度視爲集水區水質管理的主要牽制之因，以下即針對這兩大部分分述討論：

一　地表水資源概述

台灣年平均降雨量約 2,500 公釐，年平均逕流量約 640 億立方公釐。地表河川短而湍急，主要以中央山脈爲分水嶺，分別由東邊與西邊入海，依經濟部河川等級公告，台灣地區河川分爲中央管河川與縣市管河川，中央管河川 24 條，縣市管河川 91 條，再加上共管 3 條，共計河川水系 118 條。另外所有已建造之各種壩、堰、水庫，加起來共有 104 個，其中已完成之水庫數量約有 40 個。

二　水質污染概況

（一）主要河川污染情況

台灣河川污染以污染長度表示，以河川污染分類指標（River Pollution Index, RPI）爲計算基準，四種水質項目 DO、BOD5、SS、NH3-N 爲評定項目。以環保署 92 年度的環境統計年報可知，從 1987 年至 2002 年的資料未受污染河川比例在 60%-70% 之間，雖然變動不大，但以趨勢圖（圖 19-1）來看，未受污染河川比例逐年緩慢下降當中，顯示污染情形並未得到控制，且根據 2004 年 4 月的最新統計資料，2003 年的未受污染河川比例約爲 60%，仍低於 2002 年之 62.4%。

（二）重要水庫污染情況

在多種描述水庫污染指標中，環保署的官方資料是以卡爾森優養

指數（Carlson trophic state index, CTSI）為計算水庫水質好壞的指標。
卡爾森優養指數以葉綠素 a、總磷濃度、總透明度三個項目作評定，
指數小於 40 屬於貧養狀態；水質良好，指數高於 50 則為優養狀態；
介於 40 與 50 之間則稱普養。由環保署統計年報資料顯示，如圖 19-2，
我國重要水庫的優養比例於 1998 年之後開始下降，普養比例上升，
但已無水庫屬於貧養狀態。若單以翡翠水庫的水質趨勢圖，如圖
19-3，20 年來的水質指標都在優養之下，指數在 40-50 之間跳動。但
須注意的是其總磷濃度逐年增加，表示水庫承受之營養鹽負荷加重，
相關之水質防治作業並無達到確實效果，水庫污染情形仍持續惡化當
中。

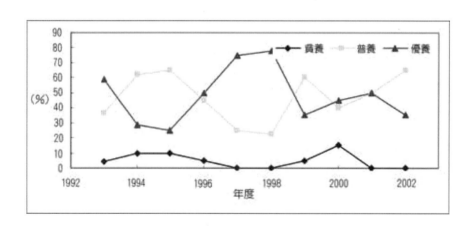

圖 19-2　我國主要水庫水質趨勢圖

（資料來源：繪自環保署 92 年度環境保護統計年報）

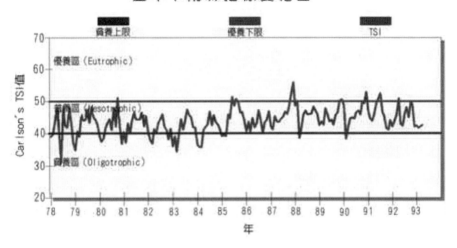

圖 19-3　翡翠水庫水質優養趨勢圖

（資料來源：台北翡翠水庫管理局）

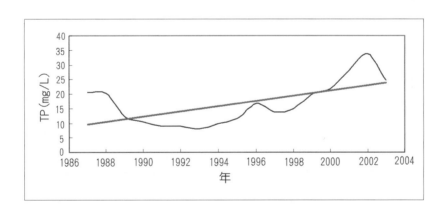

圖 19-4　翡翠水庫總磷濃度趨勢圖

（資料來源：台北翡翠水庫管理局）

第二節　我國集水區管理制度

一　管理體系

集水區內的管理機關，分水利相關單位與土地利用相關單位，而水利相關機關一般分為三類，包括水利主管機關、水利目的事業主管機關、水利目的事業單位。

（一）水利相關管理單位

依民國 91 年 1 月修正之水利法，我國水利主管機關於中央為經濟部，直轄市為直轄市政府，縣市為縣市政府。中央主管機關最初於民國 85 年時，經濟部設置「水資源局」，而台灣省政府設置「水利處」，民國 88 年精省後併入經濟部且更名為「經濟部水利處」，民國 91 年經濟部合併水資源局與水利處兩單位，成立「水利署」，並成立其他附屬機關如北、中、南三區水資源局，第一至第十河川局、水利規劃試驗所及台北水源特定區管理局，各單位管轄範圍如表 19-1。水利目的事業主管機關則包括有中央之水利目的事業主管機關，有內政部、經濟部、交通部、農委會、環保署等。地方則由縣市政府建設局或工務局的水利課或土木課負責。因之水利相關目的事業單位有農田水利會、台灣省自來水公司、台北自來水事業處、台灣電力公司、水庫管理單位、工業用水單位等。

（二）土地相關管理單位

水源保護區土地大部分為國有地，但因用途不同，分為幾種土地類型，且管理機關各異，如：林務局管理國有林地、林業試驗所管理實驗林地、內政部管理原住民保留地、退輔會管理各農場地、水庫保

表 19-1 水利署附屬機關各單位管轄範圍

附屬機關	相關行政轄區	區內中央管河川	管轄水庫、攔河堰或海岸
北區水資源局	宜蘭縣、基隆市、台北縣市、桃園縣、新竹縣市、花蓮縣	蘭陽溪、和平溪、淡水河、鳳山溪、頭前溪、花蓮溪、秀姑巒溪	石門水庫、隆恩堰
中區水資源局	苗栗縣、台中縣市、南投縣、彰化縣、雲林縣	中港溪、後龍溪、大安溪、大甲溪、烏溪、濁水溪、北港溪	鯉魚潭水庫、石岡壩、集集攔河堰
南區水資源局	嘉義縣市、台南縣市、高雄縣市、屏東縣、台東縣、澎湖縣	朴子溪、八掌溪、急水溪、曾文溪、鹽水溪、二仁溪、阿公店溪、高屏溪、東港溪、四重溪、卑南溪	曾文水庫、牡丹水庫、高屏攔河堰、甲仙堰
第一河川局	台北縣、基隆市、宜蘭縣、花蓮縣	蘭陽溪、和平溪	宜蘭縣海岸、台北縣北海岸
第二河川局	桃園縣、新竹縣市、苗栗縣	鳳山溪、頭前溪、中港溪、後龍溪	桃園縣、新竹縣市及部分苗栗縣海岸
第三河川局	苗栗縣、台中縣市、彰化縣、南投縣	大安溪、大甲溪、烏溪	部分苗栗縣及台中縣海岸
第四河川局	彰化縣、雲林縣、南投縣	濁水溪	彰化縣海岸
第五河川局	嘉義縣市、雲林縣、台南縣	北港溪、朴子溪、八掌溪、急水溪	雲林縣、嘉義縣及部分台南縣海岸
第六河川局	嘉義縣、台南縣市、高雄縣市	曾文溪、鹽水溪、二仁溪、阿公店溪	部分台南縣、台南市及高雄縣海岸
第七河川局	高雄縣、屏東縣	高屏溪、東港溪、四重溪	屏東縣、澎湖縣海岸
第八河川局	屏東縣、台東縣	卑南溪	台東縣海岸

第九河川局	花蓮縣、台東縣	秀姑巒溪、花蓮溪	花蓮縣海岸
第十河川局	台北縣市、桃園縣、基隆市	淡水河	部分台北縣及基隆市海岸

資料來源：整理自陳秋楊，2002。

護帶則由台電代管、國有財產局直接管理地由國有財產局管，國家公園管理處管理國家公園用地，其他由各縣市政府主管有未登錄地、公有原野地、河川地等，另外尚有部分私有地，管理機關各不相同。

由表 19-1 之各管轄區域來看，若以行政區域來分別，則會產生重複之主管機關狀況，明顯可見，水資源管理帶地理上不應以行政區來區分，應以管轄河川或河川流域為掌管範圍。又各區水資源局及河川局應與縣市主管機關達良好溝通及共識，因河川橫越不同行政區，其水量與水質的保障與保護不僅是河川局的責任，還需各水利主管機關共同合作。另水質保護與管理之工作歸屬不明，舉例來說，若進行河川水體的整治工作，因屬河川工程，乃由各河川局負責；但流域土地上的各種行為都可能加重承受水體負荷，土地相關管制工作應由各水資源局負責。同樣水質管理工作由兩種不同單位主管，保護效果可能事倍功半。

主管單位太多，且有重複管理現象，各機關或為職責所在或為需要，都有主導部分水的權力，導致水資源管理如多頭馬車，可能太過緊繃或無效管理。檢討國內流域管理組織制度的研究很多，大多認為有改革必要，甚至整合成立新的單位部會，提高管理效能。用水的單位太多，而水量由經濟部水利署負責保障，水質則屬環保署之職責，其他單位卻不需負擔水量及水質之責，一旦水質發生問題，各單位不認為需負責任，導致配合意願不高，污染源管理不當，水質問題就無法解決。或許應從管理制度改革開始，加重各用水單位的相關責任，且以水的物質流方法當作管理基準。所謂水的物質流法，即針對各單

位每年所分配的水量與乾淨水質爲指標項目，透過物質流盤查分析的方式，掌握是否有浪費水量之疑，並以某水質項目之濃度作爲限制，最後流入承受水體的水質不得超過條件標準或污染物總量不得超過水體涵容能力。利用物質流方法，將水利目的事業主管機關或單位的用水情形透明化，並強調其水質限制，一起爲水資源之水質與水量把關。

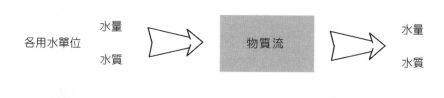

圖 19-5　水的物質流概念

 相關法規

集水區爲水土資源之綜合體，因此與集水區管理相關之法規範圍很廣，相對在管理上法規限制顯得窒礙難行，何爲優先法，又如何才能符合全部相關的法律規定，在管理上顯得紊亂且效果不彰。表 19-2 整理與集水區有關的規定，並列出相對應之主管機關。

第三節　水質污染預防及整治工作

水質污染的防治工作，一般有點源與非點源污染之分，只要對症下藥，了解各種污染源與相對應之防治工作，即可有效控制污染危害。而點源的控制較爲單純，不同污染源的相對應防治工作，如表 19-3

表 19-2　與集水區相關之法令規定

規範事項	相關規定	主管機關
水質污染	水污染防治法 自來水法 飲用水管理條例 廢棄物清理法	環保署、縣市政府
水利行政事務	水利法 電業法	經濟部、縣市政府
土地開發事項	水土保持法 山坡地保育利用條例 都市計畫法 區域計畫法 建築法	經濟部、縣市政府
不同土地利用	農業發展條例 農藥管理法	農委會、縣市政府
	森林法	農委會、縣市政府
	國家公園法	內政部
	發展觀光條例 風景定區管理規則	縣市政府
	公路法	交通部、縣市政府

所示，廢污水處理廠的技術與效能都已純熟，而污水下水道可以大大改善生活污水的污染已有非常多的文獻證明，我國目前也正努力提升下水道普及率。非點源污染一般以非點源污染最佳管理作業 BMP 當作管制標準，我國也有相關的技術手冊可以遵循。BMP 分為結構性工程與非結構性管理兩種。結構性工程如：草溝、草帶、入滲池、沉砂池、植生覆蓋等設施，並非真正以混凝土鋼筋建造工程設備，其工程與生態工法相似，主要強調減緩地表帶有污染物之逕流直接進入水體，透過簡單措施達到削減污染量的效果，相關污染源與整治工作整理如表 19-4。

表 19-3　點源污染防治工作

類　別	污染來源	主要防治工作
點源	生活污水	污水下水道
	畜牧廢水	離牧政策(輔導轉業，補助損失) 法規限制
	工業廢水	設置廢水處理廠
	遊憩污水	設置污水處理廠或簡易污水處理設施

表 19-4　非點源污染防治工作

類　別	污染來源	主要防治工作
非點源	林地	保護林地，水土保持工作
	農地	1. 非結構性最佳管理作業 （1）肥料與農藥使用管理 （2）調整耕作方式 2. 結構性最佳管理作業 （1）滯留池、沉砂池 （2）護岸、邊溝、溼地開發等 （3）尾水回收
	都市區 （社區） 遊憩區	1. 非結構性最佳管理作業 （1）大眾教育與民眾參與 （2）土地利用規劃 （3）物料儲存控制 （4）廢棄物適當處理處置 （5）污水管理 （6）清掃街道 2. 結構性最佳管理作業 （1）設計入滲設施(入滲井、透水鋪面等) （2）滯留設施 （3）植物性控制設施(草帶、草溝、人造溼地)

	工廠及工業區	1. 非結構性最佳管理作業 很多細項，主要概念有 （1）物料儲存與裝卸 （2）車輛與設備維修與清洗 （3）製程檢討 （4）地面維護 （5）員工訓練 2. 結構性最佳管理作業 （1）油水分離器 （2）其他如都市區之管理作業
	營建工地 （施工活動）	1. 非結構性最佳管理作業 （1）工地規劃 （2）物料管理 （3）車輛與機具管理 2. 結構性最佳管理作業 （1）植生覆蓋 （2）地工織物與地墊 （3）灑水 （4）泥沙捕捉與過濾設施(砂攔、沙包攔、沉砂池等）

資料來源：整理自溫清光，2000。

第四節　集水區管理問題綜合分析

　　與集水區管理相關之研究為數可觀，也歷時十數年之久，但在水質監測資料上卻不見成果，污染仍持續增加，一方面恐怕因社會進步、科技發達影響，改善速度不及污染速度，一方面可能集水區管理的種種問題至今仍尚未獲得改善，導致水質污染惡化延續。以下綜合整理集水區管理可能遭遇的問題：

　　一、法令規範眾多，體系零散，效率不彰。

　　二、主管機關分散，無法有效整體規劃執行，水量與水質分屬不同主管機關，未能相互配合。

　　三、管理單位人員編製不足，欠缺專責警力巡防。

　　四、由於水資源利用率偏低，且土地超限利用或不當利用，影響水源涵養機能，下游水流呈不穩定，造成枯水期的缺水危機。

　　五、土地利用受限，未能落實受限者補償措施，影響居民權益。

　　六、各類保護區或特定區重疊劃定，管制及執行標準不一。

　　七、水庫淤砂處理與再利用仍待加強。

　　八、非點源污染管制效率不易評估。

第五節　集水區管理之未來趨勢與改善方向

　　集水區管理方法在技術面上已趨於成熟，尤其以水質管理而論，如：點污染的幾個來源，工業廢水已有良好的法律依歸以及廢水處理技術，扣除非法傾倒者，加強稽查與查緝工作，應有良好成效，畜牧廢水已實施離牧政策，因此，點污染源主要還是在於生活污水，生活污水的管制方法為建設污水下水道，目前我國也正加速污水下水道的推動與建設，一旦污水下水道普及率提高，生活污水對水體污染負荷可以明顯降低。另一方面為非點源污染，非點源污染因質與量預測困難，僅靠模式模擬難能作為準確的依據，一般以 BMP 為整治手段，但其中結構性工程的成效有限，因非點源為無特定流入地點，無法達到有效控制，因此建議在非點源的管制中，以加強非結構性管理為主要，即良好的土地開發計畫與適當的農藥肥料施用方式等。而相關管理方式在學術上也多有研究，技術面上問題已有多種解套方法，因此，

集水區管理之未來發展應有以下四大趨勢：

 ## 一　強調整合功能

　　所謂整合功能，即管理體系與法規依據的整合。目前集水區管理體系散亂且重複性高，水量由水利署管轄、水質由環保署監測，但水質管理需要各相關主管機關配合，如：農藥管制應由農委會負責、土地開發限制由縣市政府主管，又不同土地又分屬不同機關負責，如：林務局、內政部、退輔會等等。是否需要一統籌管理集水區之機關，或加強各單位的溝通與聯繫，以增加溝通平台的方式，共同管理。另外，因任何政策或計畫的施行皆受法律限制，又與集水區相關的法令規定範圍極廣，其中的優先順序為何不得而知，集水區管理是否需要設立母法為上位法條，其他相關法令屬於輔助法的方式，以水體之水量與水質保護為主，集水區內相關行為都必須受此母法之限制，以保障水資源的永續性。由於法令之更動或重新設置需要太多時間精力，是否有此需要，或有其他更便捷的方式，值得再行討論。

二　考量永續發展

　　集水區管理的永續發展，可以兩個方向付諸於行動：一為政策環評，二為總量管制制度。集水區內的任何人為開發行為或政策的施行，都可能影響水質情況，以及水量之分配，而以往個案環境影響評估即針對個別開發計畫進行該計畫對環境的衝擊影響評估，但以國際永續發展趨勢來看，政府政策環境影響評估（簡稱政策環評）更能以上位機關以及國家發展為前提對整個水資源管理，包括集水區管理進行全面且永續的評估，因此，集水區管理未來的趨勢應列入政策環評

的水利政策細項當中，為我國集水區管理帶入更高層次的階段。另外，總量管制制度是國際上集水區未來管理方向，以水體涵容能力為基準，作為集水區內各種污染源的限制標準，同樣也是考量永續發展的方法之一。

三 加強非點源污染資料庫建立

有關非點源污染管制之方法，於 BMP 技術手冊完成後，各方遵循此法進行整治，並無新的管理方式與技術改善等創新研究，目前非點源污染相關研究多在模式應用上，又模式中參數的本土資訊仍然不足，現場實際採樣的研究極少。非點源的污染水質管理上具有相當重要的地位，若管理技術上不再繼續改良，而僅著重模式的應用模擬，現場採樣或本土化參數資料庫也不被重視以及更新，非點源污染的質與量之預測值的準確性仍然將受質疑，集水區水質管理也無法突破。

四 加強親水活動計畫與教育

環保工作並非難事，污染是人為造成，如何喚起民眾的環保意識進而付諸行動，對環境的改善將大有幫助。親水活動的舉辦，透過小朋友帶動家長參與，甚至是青少年的參加，親身體驗大自然的美好與動植物的魅力，將環保意識與相關教育深植民心，或許一年半載沒有什麼效果出現，但就如教育工作，教導學生為人處世也並非僅在學習期間，而是使其受用一生，親水活動的效果，是為了幫助環境意識與教育於現在與未來展現。

參考文獻

1. 陳秋楊等主編，集水區保育，2000。
2. 陳秋楊，我國流域管理之研析，2002。
3. 溫清光，集水區非點源污染控制方法。集水區保育，2000。
4. 賴進松等，翡翠水庫整體保育計畫。經濟部水利署，2003。
5. 葉俊榮，台灣地區水資源管理的法律革新：「集水區管理法」立法芻議。河川環境與水源保護研討會，時報文教基金會，1991。
6. 廖述良，河川流域水質管理之研究：水質管理及總量管制系統之建立與應用。行政院環保署，1997。
7. 張鎮南、張保興，水質模式開發與總量管制策略之研究。子題四：總量管制相關措施之擬定，1995。
8. 陳久雄，水源保護區之劃設談流域管理──以台北水源特定區為例。中興工程科技研究發展基金會，2002。
9. 郭瑞華，翡翠水庫水源水質之維護與管理。水資源管理季刊，2000。
10. 中華民國91年水文年報，2003。
11. 環保署，92年度環境保護統計年報。

台北市環境空氣污染
管制策略規劃

邱國書

台北市為全國首善之區。人口群集、經濟活動熱絡及車輛急遽增加,空氣污染物排放量亦隨之增加;且台北市為盆地地形,不利於空氣污染物擴散,空氣污染問題影響民眾身體健康及生活品質。因此如何降低台北市空氣品質不良率,以淨化台北市市民居住的環境,是刻不容緩之事宜。

第一節　空氣品質及污染現況分析

　　台北市為全國首善之區。人口群集、經濟活動熱絡及車輛急遽增加，空氣污染物排放量亦隨之增加；且台北市為盆地地形，不利於空氣污染物擴散，空氣污染問題影響民眾身體健康及生活品質。因此，如何降低台北市空氣品質不良率，以淨化台北市市民居住的環境，是刻不容緩之事宜。

　　本研究目標主要為如何降低台北市空氣品質不良率以配合達成「國家環境保護計畫」中「空氣品質維護之策略目標」，即空氣品質不良（空氣污染指標 PSI 值大於 100）站日的發生比例於民國 95 年低於 2%，民國 100 年低於 1.5%，終極目標更期望完全符合目前之空氣品質標準，以維護市民健康、生活環境及提高生活品質。

　　所謂空氣污染指標（Pollution Standard Index，簡稱 PSI）值係依據監測資料，將當日空氣中懸浮微粒（PM_{10}，不包括粒徑 10 微米以上之粗粒子）、二氧化硫（SO_2）、二氧化氮（NO_2）、一氧化碳（CO）及臭氧（O_3）等污染物濃度值，以其對人體健康之影響程度換算出各污染物之副指標值，再以當日各副指標值之最大值做為該站當日之空氣污染指標值。當空氣污染指標值大於 100 時，表示空氣品質不良，對呼吸系統不好且較敏感之人會使其症狀惡化。環保署目前在台北市設有 5 座一般空氣品質監測站，民國 87 年至 89 年間空氣品質不良站日數，各年的不良站日數約在 60 站日左右，其中 90 年台北市空氣品質不良站日數已降至 45 站日，91 年更進一步降至 29 站日，可見近年來所執行空氣品質相關改善計畫已得到相當成效。

　　指標污染物懸浮微粒引起之空氣品質不良日主要分布在 1 月至 4月，臭氧則整年都會引起空氣品質不良站日，但主要高峰出現在 4 月

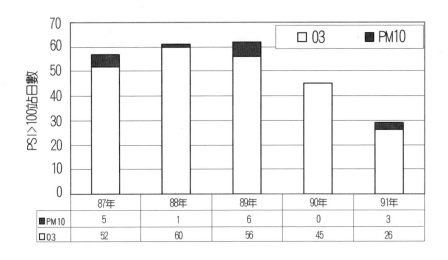

	87年	88年	89年	90年	91年
■PM10	5	1	6	0	3
□03	52	60	56	45	26

圖 20-1　台北市內環保署一般監測站空氣污染指標（PSI）值＞100 站日數指標性污染物逐年比例

至 9 月間；以指標性污染物所占比例來看（圖 20-1），懸浮微粒所占比例已減少至一定範圍（約 10%），但臭氧所占比例則有日益升高的趨勢，目前台北市空氣品質不良站日之指標性污染物之中，以懸浮微粒及臭氧為主，以下以環保署設置於台北市市內一般空氣品質監測站結果分別就此兩項作分析：

 一　懸浮微粒

扣除沙塵暴影響空氣污染指標（PSI）值大於 100 之主要站日數，從民國 84 年之 26 站日降至民國 91 年之 3 站日，顯示台北市對逸散性粒狀物管制成效十分良好，在未來需持續加強市區內道路街道揚塵洗掃及執行營建工程管制工作，使大台北都會區之懸浮微粒空氣品質逐漸趕上歐美先進國家。

二　臭氧

指標污染物臭氧引起之空氣品質不良站日從民國 87 年 52 站日，降至 89 年 56 站日，90 年、91 年更進一步分別降至 45、26 站日，但臭氧所占比例則有日益升高的趨勢，顯示目前對臭氧生成前趨物氮氧化合物（NO_x）及揮發性有機化合物（VOCs）之管制仍有待進一步加強，尤其是 VOCs 之管制，因依雲林科技大學張艮輝教授 TAQM 研究指出，台灣地區都會區臭氧形成之主控程度 VOCs 約占 90%。台北市已高度都會化，與其他縣市不同之處在於無重大固定污染源，空氣污染物主要來自交通工具之排放。依據國外先進國家經驗，臭氧要獲得良好改善成效實需相當久之時間，現階段台北市車輛仍持續成長，故排放量並未減緩，但伴隨捷運等大眾運輸系統陸續完工及其他交通政策的管制，移動源方面的污染將持續減少，對臭氧濃度之改善應有其正面效益。

第二節　空氣污染排放現況及特性分析

根據行政院環保署近年來推估所累積之點、線、面源之排放資料庫為基礎，並蒐集台北市未來 10 年預定進行各項重大工程及新增點源資料，進行民國 90 年空氣污染排放量之推估及未來 10 年內台北市空氣污染排放量之推估。而進行推估之排放量基準年為民國 90 年，可以得到至民國 100 年台北市的逐年點源、線源及面源等污染源之排放成長量，及其管制削減量，以建立台北市污染排放資料庫，藉對污染源的掌握及了解，並依此擬定空氣污染防制措施。

以台北市不同空氣污染源種類，推估民國 90 年空氣污染源排放量後，說明如下：

一 總懸浮微粒（TSP）

總排放量為 8,832 公噸／年，主要來源分別為：公路運輸約占 34.67%（其中包括汽油車占 14.23%、柴油車占 13.40%、機車占 7.03%），土木施工占 27.45%，餐飲業油煙排放占 8.53%，車輛行駛揚塵占 8.41%，工業製程占 7.59%。

二 懸浮微粒（PM₁₀）

總排放量為 5,587 公噸／年，主要來源分別為：公路運輸約占 40.06%（其中汽油車占 13.13%、柴油車占 19.19%、機車占 7.74%），土木施工占 24.00%，餐飲業油煙排放占 12.59%，車輛行駛揚塵占 2.54%，工業製程占 7.21%。

三 硫氧化物（SOₓ）

總排放量為 2,066 公噸／年，主要來源分別為：商業占 60.19%，公路運輸約占 16.62%（其中汽油車占 3.78%、柴油車占 12.05%、機車占 0.79%），工業占 13.38%，廢棄物焚化爐占 4.10%。

四 氮氧化物（NOₓ）

總排放量為 17,702 公噸／年，主要來源分別為：公路運輸約占 79.16%（其中汽油車占 35.77%、柴油車占 37.75%、機車占 5.63%），

廢棄物焚化爐占 7.06%，航空器占 4.88%，住宅占 4.19%。

五　非甲烷碳氫化合物（NMHC）

　　總排放量爲 55,826 公噸／年，主要來源分別爲：公路運輸約占 34.91%（其中汽油車占 16.46%、柴油車占 1.12%、機車占 17.33%），商業消費占 27.57%，建築施工占 18.16%，工業表面塗裝占 12.28%，工業溶劑使用占 3.33%。

六　一氧化碳（CO）

　　總排放量爲 79,461 公噸／年，主要來源分別爲：公路運輸約占 97.04%（其中汽油車占 70.56%、柴油車占 3.21%、機車占 23.27%），航空器占 1.18%，廢棄物焚化爐占 0.96%。

七　鉛（Pb）

　　總排放量爲 28.7 公噸／年，主要來源分別爲：廢棄物焚化爐占 85.83%，公路運輸約占 14.0%（其中汽油車占 11.46%、機車占 2.54%）。

第三節　空氣污染管制對策規劃

　　台北市各類空氣污染物削減是以達成國家環境空氣品質爲目標，並依台北市轄區內各類污染源之污染排放特性訂定其個別之削減量及削減時程，且配合相關管制措施的推動執行，以期能達成規劃之減量目標。其方法係按全國 PSI＞100 改善目標之比例，依臭氧及懸

浮微粒分別推算而得，並以民國 90 年、95 年（中程）及 100 年（長程）全國 PSI＞100 所占百分比爲基準，計算出台北市相對年度應達到之減量目標値，並以線性法與累積頻率法計算台北市空氣品質所需之改善幅度（如表 20-1）計算本市空氣品質所需改善之幅度。

表 20-1　依國家空品改善目標計算台北市空氣品質改善幅度

目標年		90	95	100
全國 PSI>100 改善目標		3.00%	2.00%	1.50%
北空 PSI>100	O_3	1.79%	1.19%	0.89%
改善目標	PM_{10}	0.37%	0.24%	0.18%
線性法	Cmax（O_3）	154	141	136
	Cmax（PM_{10}）	185	172	167
	空品改善幅度　O_3		8.1%	12%
	PM_{10}		7.0%	10%
累積頻率法	Xobj	-	37%	53%
	F（Xobj）O_3	-	126	131
	Cmax（O_3）	154	148	143
	F（Xobj）PM_{10}	-	159	165
	Cmax（PM_{10}）	185	176	170
	空品改善幅度　O_3		4.2%	6.8%
	PM_{10}		4.8%	8.1%
空品改善幅度	O_3	兩法	6.1%	5.9%
	PM_{10}	平均	9%	9.1%

註：目標年排放量＝90 年排放量－（90 年排放量×目標年空品改善幅度）

　　以 90 年管制後之排放量爲基準，將基準年排放量乘上各種污染物成長幅度，得到台北市各目標年（民國 95 年及 100 年）之排放量，並考慮未來自然成長的逐年增量，以獲得目標年各類空氣污染物之預期可達之削減量目標値。

　　目標年削減量及逐年削減量相關計算公式如下：

目標年削減量＝90 年排放量×（目標年成長排放量／90 年成
長排放量）－目標年排放量

逐年削減量＝目標年排放量／兩目標年之時距

　　計算結果如表 20-2 所示，至 95 年（中程）TSP 平均每年應達之
削減量約 283 公噸／年、PM_{10} 平均每年應達之削減量約 170 公噸／
年、SO_x 平均每年應達之削減量約 33 公噸／年、NO_x 平均每年應達之
削減量約 1,732 公噸／年、NMHC 平均每年應達之削減量約 3,278 公
噸／年、CO 平均每年應達之削減量約 10,882 公噸／年。100 年（長
程）TSP 平均每年應達之削減量約 569 公噸／年、PM_{10} 平均每年應達
之削減量為 330 公噸／年、SO_x 平均每年應達之削減量約 66 公噸／
年、NO_x 平均每年應達之削減量約 2,555 公噸／年、NMHC 平均每年
應達之削減量約 5,510 公噸／年、CO 平均每年應達之削減量約 15,025

表 20-2　台北市各類污染物各期程削減量預期目標

項 目	年 別	TSP	PM_{10}	SO_x	NO_x	NMHC	CO
目標年相對於 90 年之排放量比率（公噸/年）	90	1.00	1.00	1.00	1.00	1.00	1.00
	95/90	1.17	1.15	1.17	1.24	1.18	1.20
	100/90	1.34	1.31	1.33	1.47	1.36	1.39
目標年管制後排放量（公噸/年）	90	8,832	5,587	2,066	17,702	55,826	79,461
	95	8,919	5,574	2,251	13,289	49,486	40,944
	100	8,991	5,667	2,416	13,245	48,374	35,325
目標年削減量（公噸/年）	95	283	170	33	1,732	3,278	10,882
	100	569	330	66	2,555	5,510	15,025

資料來源：各期程年之排放量資料乃彙整行政院環境保護署，「空氣污染物排放清冊更新
　　　　　管理計畫」（TEDS5.0 版）之資料。

公噸/年。

　　減量執行策略規劃係配合環保署民國 87 年 7 月公布之「國家環
境保護計畫」施政政策為原則,針對台北市污染排放特性及減量目
標,考量不同之執行單位及經費需求與規劃可行之財源籌措方式,研
擬台北市空氣污染減量策略規劃。減量執行策略共分為四大方向,包
括移動污染源污染改善管制、逸散源管制、固定污染源管制及綜合性
管理工作規劃,四大減量執行策略之管制對策、減量方案、管制規劃
與管制污染物,如表 20-3 至表 20-6 所示,現階段台北市之空氣品質
較令人關切之污染物主要是臭氧及懸浮微粒,而造成臭氧惡化之前驅
物則為非甲烷碳氫化合物及氮氧化物,因此,近、中程階段應優先減
量空氣污染物者為非甲烷碳氫化合物及氮氧化物。

表 20-3　台北市移動污染源改善工作減量方案

管理管制對象	管理及削減對策	主要削減之指標污染物
機車	1. 加速淘汰二行程老舊機車	NO_x、NMHC、CO
	2. 推廣低污染性機車騎乘工具	
	3. 高污染車輛攔檢	
	4. 未定檢機車攔(巡)查	
	5. 校園環保公約推動	
	6. 定檢站假日檢測服務	
	7. 移動式定檢車巡迴服務	
	8. 輔導增設定檢站	
	9. 輔導定檢站設置 ADSL	
	10. 加油站即時連線查詢系統建立	
	11. 定檢站執行品質稽核	

柴油車	1. 實施使用中車輛不定期通知到檢	TSP、SO_x
	2. 發展自動辨識系統	
	3. 推動定期檢測制度	
	4. 輔導客運業者建立自我檢驗維修能力	
	5. 評鑑客運業者自我檢驗維修能力	
	6. 油品抽驗	
	7. 低污染車輛推廣	
	8. 汰舊換新宣導	

表 20-4 台北市逸散污染源改善工作減量方案

管理管制對象	管理及削減對策	主要削減之指標污染物
營建工地	1. 營建工地建檔管制及資料更新	TSP、PM_{10}
	2. 營建工地稽（巡）查管制及輔導改善	
	3. 施工機具使用油品檢驗	
	4. 營建工程環境自主檢查表推動	
	5. 營建工程最佳可行控制技術(BACT)研擬	
	6. 研擬及公告「台北市營建工程污染管制規範」	
	7. 辦理獎勵措施	
道路	1. 推動道路洗掃認養	TSP、PM_{10}
	2. 道路揚塵洗掃專案	

表 20-5 台北市固定污染源改善工作減量方案

管理管制對象	管理及削減對策	主要削減之指標污染物
都市垃圾焚化廠	1. NO_x 減量	NO_x
	2. CEMS 管理及連線	

鍋爐	1. 使用替代燃料（協談減量）	SO_x、NO_x
	2. 油品含硫量檢測	
	3. 訂較嚴格之排放標準	
乾洗業	1. 落實回收設備操作	NMHC
	2. 輔導小型乾洗店乾洗衣物委託具回收設備之大型乾洗店代洗	
	3. 限制乾洗店設立地區及使用設備	
印刷業	1. 落實控制設備操作	NMHC
	2. 限制印刷業設立地區	
餐飲業	1. 裝設油煙處理設備	TSP、NMHC
	2. 訂定餐飲業污染防制法規	
加油站	1. 落實油氣回收設備之操作保養	NMHC
	2. 宣導正確之加油作業方法	

表 20-6　台北市空氣污染管制綜合性管理工作規劃

管制規劃	指標污染物	工作重點
空氣品質改善維護計畫整合暨成效評核計畫	PM_{10}、VOC、NOx、SOx 及 CO	1. 環境品質現況及問題解析 2. 空氣污染排放清單及排放特性分析 3. 既存及新設污染源總量削減策略 4. 年度管制工作執行檢討及成效之說明
減少溫室氣體之排放	CO_2、CH_4、N_2O、CFCs（氟氯化碳物）、SF_6（六氟化硫）、PFCs（全氟化碳物）、HFCs（氫氟化碳物）等溫室氣體（Green House Gas, GHG）	1. 台北市溫室氣體排放量調查推估及排放量減量規劃 2. 宣導住宅與商業部門建築物之能源節約技術 3. 推廣綠色建築 4. 推動固定污染源及移動污染源溫室氣體排放減量 5. 規劃增設環保公園

空氣品質監測系統維護		1.監測站設施維護 2.儀器校正、保養 3.監測儀器更新

一 非甲烷碳氫化合物（NMHC）

相關之減量計畫包括：移動污染源及固定污染源。

（一）移動污染源減量計畫

　　1.機車管理管制：包括加速淘汰二行程老舊機車、推廣低污染性機車騎乘工具、高污染車輛攔檢及未定檢機車攔（巡）查及提升機車定檢率。

　　2.低污染公車推廣。

　　3.運輸管理策略：包括捷運與公車系統轉乘優待計畫。

（二）固定污染源減量計畫

　　包括執行加油站、乾洗業排放減量、執行印刷業排放減量及餐飲業排放減量等。

二 氮氧化物（NO_x）

相關之減量計畫也包括：移動污染源及固定污染源相關計畫。

（一）移動污染源減量計畫

　　1.機車管理管制：包括加速淘汰二行程老舊機車、推廣低污染性機車騎乘工具、高污染車輛攔檢及未定檢機車攔（巡）查及提升機車定檢率。

2.低污染公車推廣。

3.運輸管理策略：包括捷運與公車系統轉乘優待計畫及交通號誌連鎖最佳化等。

（二）固定污染源減量計畫

包括焚化爐氮氧化物（NO_x）改善工程，以及列管鍋爐排放減量推動等。

第四節 結論與建議

一

台北市政府配合行政院環境保護署國家環境保護政策，歷年來致力於空氣品質的改善、維護，針對轄區內空氣污染排放源進行調查、列管、輔導及稽查，已使得懸浮微粒、二氧化硫、二氧化氮、一氧化碳及鉛等空氣污染物的濃度得以下降或持平，惟臭氧污染情形發生比例仍然偏高；引起空氣品質不良的主要空氣污染物亦由懸浮微粒轉變成臭氧為主。因此，未來除持續加強各項空氣污染物排放管制、防止懸浮微粒（PM_{10}）造成空氣品質不良的情形外，如何有效減少產生臭氧前趨物非甲烷類碳氫化合物與氮氧化物的排放量，以降低臭氧的生成與累積，以及近年國際間開始重視的溫室氣體管制工作等，均有待加強推展。

二

本研究為有效達成改善台北市空氣品質的目標，研擬各項空氣污

染管制減量方案及規劃如下：

（一）移動污染源管制

包括低污染車輛推廣、高污染車輛加強定期、不定期檢驗與淘汰等及交通管理管制措施，包括從降低單位里程排放量、減少車行里程數兩方面來減少排放量等。

（二）固定源管制

除查核及輔導改善工作外，也配合空氣污染防制費的徵收及排放許可制度的實施，落實污染排放管制；另將逐步檢討本市餐飲業、汽車修理業、乾洗業及加油站等行業別管制工作，以有效降低中小型排放源的排放量。

（三）逸散源管制

即持續營建工地污染排放管制及土方運輸車輛管理，並加強街道洗掃等工作，積極減少市區內的粉塵污染產生。

（四）整合性工作

整合各執行計畫成果及資料，並蒐集相關資訊，兼顧經濟效益、規劃評估實際可行之空氣污染管制對策。

以空氣品質監測分析及推估台北市空氣污染物排放結果，造成台北市空氣品質不良之主要原因為移動污染源產生，故規劃之管制策略及減量方案，近程（92 年至 93 年）及中程（94 年至 96 年）以削減臭氧前驅物非甲烷碳氫化合物及氮氧化物產生為主軸。

依空氣污染防制法施行細則第 11 條規定，台北市內應設置一般空氣品質監測站 9 站以上，現環保署設置 5 站、環保局設置 6 站，雖符合數量上之規定，但因運作體系及時空變遷等因素，發現現有部分一般空氣品質監測站設置地點礙於場地限制，易受周遭環境影響，為能蒐集更能反映現況之空氣品質監測資料，建議監測站除一般性之監測數據品質控制及提升外，應定期評估監測站代表性之等級及範圍，以做為空氣品質分析參考。

五

　　空氣污染防制之權責雖歸屬於環保單位，但如要提高整體成效，須各單位在行政管理上之協助，更重要的是須全體市民對於環境保護的認知及力行，從事環境管理，政府單位有責任創造有利環保產物之市場環境，以增加民眾選擇及使用環保產物機率，亦需宣導及教育民眾環境保護之重要性。故如何擴大宣導對象及結合現行之教育體系，亦是必須思考之課題。

工業環保議題

國際環保趨勢與產業因應

林宏端

第一節 國際環保（綠色）趨勢

　　誠如國際商會前會長華倫堡（Peter Wallenberg）所言：「證明永續發展確實可行的重責大任，主要在企業肩上，因為開發無害於環境的生產方法、產品和服務所必須的技術、設備和資源，以及在世界上流通的管道，大部分控制在企業手裡，政府必須動員這些能力，鼓勵企業在經營的每一機會，充分發揮綠色消費、再生循環、減少浪費和能源節約的功效，同時一秉高度企業責任感及決心，致力減少環境破壞，開發革新改良的方法。」事實上，企業提供財富、就業及技術，對未來永續發展扮演舉足輕重的角色。目前國際環保（綠色）趨勢包括下列四項：

一　環境保護的層次走向國際化

　　環境保護的歷史其實很短，也許就是因為它的歷史很短，所以好像特別不容易喚起真正能 do something 的人注意，直到許多巨大的環境問題好像都「忽然」地在我們周圍爆發出來。這裡所講的不是垃圾、廢水、空氣污染；而是大到區域性，甚至全球性的天然資源「極限」問題。這些問題的涵蓋範圍今天已經蔓延到包括像水資源、可耕地、森林、能源，以至物種、大氣這些與人類活動，甚至生存都有重大關係的東西。這些困境使得世人開始正視環境問題，也逐漸開始了解人類的各種活動，尤其是經濟活動，對地球環境的影響。過去十年來，環境保護的腳步開始加速，許多環保歷史裡的大事，像「我們共同的未來」（Our Common Future）的發表、各類國際環保公約的一一推動、地球高峰會議的舉辦，以及它揭櫫的「二十一世紀議程」都在相當密集的發生。在國際間，整個環境保護的理

念也因之產生了很大的轉變。這些轉變包括：

（一）環境保護的範疇從單純的環境擴大到由經濟、環境與社會 3 個層面去追求能「永續」維護天然資源的新經濟「發展」模式（永續發展）。

（二）環境保護的手段從對排放物的管制進化到利用「誘因」或「經濟工具」來平衡市場的結構性缺陷，並從而誘導對環境有正面效果的經濟行為（外部成本內部化）。

（三）環境保護的層次從各國內政走向充分的「國際化」。

 環境保護意識已走向全球性

1992 年 6 月在巴西里約召開之地球高峰會議及地球論壇,凸顯環境問題全球化的趨勢。環境問題超越國界、種族、信仰、文化,而成為全球共同關心的嚴肅課題。隨著地球村全球化腳步之加劇,環境保護議題已成為二十一世紀之主流焦點。二十世紀對人類及地球上其他生物族群而言,是一個震盪而又可怕的夢魘:毀滅性軍火的投入兩次世界大戰讓人類慘遭荼毒,登峰造極的科技發展並未普遍給人們帶來裨益,反而拉大了貧富間的對立;一個世紀走來,對地球生態肆虐之慘烈,遠超過地球數十億年歷史之總和,匪夷所思、瘋狂至極,溫室效應、臭氧層破洞、雨林消失、聖嬰現象、淡水匱乏、核武核電擴張、廢棄垃圾無處傾洩、生物物種消失滅絕……。始作俑者的人類是到了需要徹底改善對自然環境剝削掠奪態度的時候了。過去人類發明了一些產品,如:冷氣機的冷媒,造成全世界恐慌的產品。有人發明一些生物藥劑,如:抗生素,剛開始使用可能效果不錯;但在 30 年後,人類將面臨病毒的問題,有人甚至提出人類未來的死亡將不是原子彈,而是病毒造成的危害;最近面臨的 SARS、禽流感、環境基因等問題均屬於全球化的問題。

環境保護策略由「法規管制」走向「財稅及採購優惠誘因」

　　從 1996 年國際間正式開始推動 ISO 14000 環境管理系統，慢慢從環境議題走向貿易。許多跨國廠商開始要求其下游買主或上游賣主必須符合 ISO 14000 的規定，才購買其產品。像早期在 2000 年，福特 Ford、IBM 等國際大廠已開始要求其主要供應商必須在 2-3 年內取得 ISO 14000 的驗證；雖然 ISO 14000 還有許多缺點，但其具有正面的意義是鼓勵企業建立制度化的環境管理系統，由這樣循序漸進的要求，使企業逐次達到真正認同環保的需求。

　　國內則對於廠商從事於環境保護、污染防治之改善設備提供其進口減免關稅、投資抵減及低利貸款等獎勵優惠措施；另外為鼓勵綠色產品，在採購法第 96 條中對於綠色產品提供 10%的採購優惠。

四　環境保護議題已成為社會責任的第一步

　　筆者曾與一家銷售運動鞋、衣服為主的國際知名品牌公司香港採購部門主管聊天時，問及該公司為什麼對國內廠商的要求那麼多，他提到那些要求是總公司的政策，必須讓消費者了解公司的訴求、重點與政策。總公司要求其採購時，需絕對遵守的 3 項原則：重視環保、重視工業安全與重視人權。若購買的原料或相關物質來自廢水亂排、廢棄物亂丟的供應商，雖然其成本可以降低，但是如果被國際報章媒體刊登與報導下，將對總公司國際形象造成重大損失，同時會引發總公司國際股價下跌及歐美地區消費者的抵制、產品滯銷等問題。此外，安全衛生要求部分亦十分重要，若供應商面臨重大工安事件時，則可能無法如期交貨，甚至關廠，進而影響到總公司後續的產品線，同時也面臨到社會責任等相關問題。所以公司要求其供應商須注重工

業安全。另外,針對人權部分,總公司特別擔心共產國家使用童工、女工、奴隸、監牢內的囚犯等廉價勞工來從事產品低價生產或削價競爭,該類的供應商,總公司不會認同購買。許多歐美國家亦訂定相關的採購準則來加以規範。

DELL、IBM 及 HP 等公司在 2004 年 10 月共同公告實施 EICC(Electronic Industry Code of Conduct),目的在建立一套統一的電子產業行為準則,確保電子供應鏈皆能善盡社會責任。HP 內部則是將 EICC 加上其綠色採購規範 GSE(General Specification for Environment),成為 SER(Social and Environmental Responsibility)計畫。

第二節 產業面臨環境議題的新挑戰

隨著知識水準的提升,人民生活素質的要求以及對自然資能源保育,產業界面臨的環境議程的新挑戰將日益嚴峻,茲分述如下:

一 國內外法規的規範日增

國際環保公約:超過 180 種。(國際環保壓力)

歐盟:如:2002 年提出「廢電子電機設備及危害物質禁止指令(WEEE、RoHS 指令)」,規範電機電子製造廠的產品環保責任,涵括產品之禁用/限用物質,廢棄後之回收、處理與再利用等。許多會員國被要求在 2004 年 8 月前要將 WEEE、RoHS 指令在國內訂定相關之法規,進而要求進口商與相關製造廠商等在 2006 年 8 月前要達到法規要求。這對以外貿為導向的國家,如:台灣,影響甚鉅。台灣許多產品都是世界第一,特別是資訊產品及相關零組件等。

國內環保法規為因應國際相關環保公約的潮流下,環保署及相關

部門亦不斷檢討與修訂環保法規以為因應。如溫室氣體減量法草案、能源法草案、廢棄物清理法、資源回收再利用法檢討等。

 綠色貿易障礙的形成

國際環保公約或協定中近 20 種具有貿易報復條款，如：蒙特婁議定書、巴塞爾公約、氣候變化綱要公約、生物多樣化公約等，成為各國管控經貿活動的門檻。尤其歐盟 WEEE、RoHS 指令的實施，將使未符合規範的產品無法在歐洲市場上市，而這股風潮也延伸至美國的一些環保較先進的州，甚至於中國大陸也仿效歐盟的作法，於 2006 年 7 月同步推動中國版的 WEEE、RoHS。

 國際大廠的綠色採購要求

此部分為國內廠商所面臨最重大的問題，雖然可以躲過環保署的稽查取締，但是對於國際大廠的要求則不能不具體面對。筆者曾向環保署負責相關業務處長提到政策之管制方式若能仿效國際大廠要求供應商的作法時，則許多污染的控制將輕而易舉。許多違章工廠可能在農地或林地就地蓋廠房、鐵皮屋，污水廢氣亂排，取締十分困難，若能研究立法規範要求國內中心大廠於採購時，須以採購符合環保、工安規定之廠商，如同目前一些國際跨國公司來台選擇據已取得 ISO-14001 及 OHSAS-18001 之中心工廠，則那些環保、工安差的違規工廠將無生存空間，亦不用動用大量人力來取締。

許多國際知名品牌，已將供應商的環境管理成效或產品的環保標準，列為採購的必要條件。如：SONY 公司之「綠色夥伴制度—Green Partner」，該制度牽連國內廠商高達數百至數千家，其影響極大。筆者曾受邀參加富士通的在台的子公司—富基電子邀集其衛星工廠

共 45 家的老闆，召開綠色供應鏈座談會，提到該公司受到友達電子的壓力，須進行「綠色採購」要求，將來交付給富基電子所有零組件（約上萬件）均要提無有害物質的證明文件。由於富士通在歐洲的環保方面的評價是屬一屬二的，日本總公司亦要求其子公司富積電子須符合國際相關之環保要求；其他相關的平面顯示器產業如：奇美電子等許多業者同樣地受國際採購公司的壓力下，亦將採取相關的必要措施。

國內最大的紙廠正隆紙業公司蔡總經理十分重視環保、工安工作，於多年前即投入許多心力，要求其所有工廠需達到 ISO 14000 的要求；陳總統水扁先生曾至正隆紙業公司參訪視察時，特別提到經濟部工業局輔導其通過 ISO 14000 驗證以及他們過去的努力，促成該公司取得 NIKE 每個月台幣 8,000 萬的訂單。此乃因 NIKE 希望其合作廠商為具有環保、工安與人權的公司。它們推動了一列的工業減廢、環境管理工作，使得過去正隆紙廠製造 1 噸紙漿由需要幾十噸的水，現在只需要 7-8 噸的水，另外，藥品或纖維的回收，亦為推動環保過程中額外帶來成本降低的案例。

四　綠色消費的需求

綠色消費時代已經來臨，國內外環保團體的訴求及消費者的自省，促使綠色消費的觀念漸漸普及，如：能源標章或環保標章，如：王塗發教授提到所有公共設施、機關、學校的路燈、燈管等照明設備應該逐漸替代使用 LED 的產品，以節省國內的用電需求（設備成本較貴，但是日後維護費用便宜且符合環保要求）。國內企業必須思考如何運用綠色思維，符合歐美國家對綠色產品的需求，藉此掌握開發全球市場商機。歐盟國家對綠色消費的要求更高；美國對電腦的部分則有能源之星的計畫，未來將會有更多的綠色環保要求。對電腦包裝

而言，以宏碁爲例，其銷售至歐洲的產品包裝已經受到壓力，特別是荷蘭與德國針對塑膠、保力龍部分的要求。另外，針對筆記型電腦外殼、原料等不能含有害成分（漆類、重金屬）。

圖 21-1　產業面臨環境議題的新挑戰

（一）綠色產品

隨著綠色消費時代的來臨，各國政府、大企業、環保團體、國際合作組織莫不紛紛推出各種計畫，由產品（含服務）的生產面、行銷面、採購面、使用面等著手，教導消費者選用對環境負荷較低的產品，以獲得實質之環保利益。

爲了方便一般消費者及政府企業機構選購綠色產品，於是有環保標章的制度產生。目前國際間共有約 30 個此形式的計畫，包括美、加、德、英、法、北歐、歐盟、奧地利、日、韓、中國大陸等。

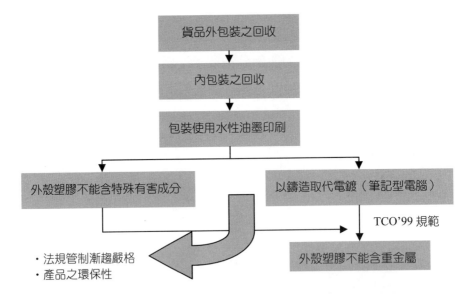

圖 21-2 產品之環保壓力－以電腦銷售至德國為例

1.耐吉鞋廠全面停用 PVC

（1）美國耐吉（NIKE）公司 1998 年 8 月宣布，其產品將全面停用 PVC，以改善永續產品設計政策和因應未來法規制定與消費者的需求。

（2）耐吉說：PVC 占運動鞋總重的 30%，製作過程和最終處置時會釋放出戴奧辛，PVC 中含有害的添加物，如：鎘、鉛穩定劑和鄰苯二甲酸鹽（o-Phthalate）塑化劑，都將造成環境問題。

（3）NIKE 要求合作伙伴：具備環保、工安與人權。

2.塑膠原料內禁用某些添加劑：以嬰兒／小孩玩具／物品為例：

（1）丹麥 Statutory Order：o-Phthalate＜0.05%（1999 年 4 月）。

（2）歐聯（European Commission）：1999 年 12 月宣布 3 歲以下孩童之軟質 PVC 玩具，禁用 o-Phthalates。

（3）美國 Mattel（生產巴比娃娃的公司）：1999 年 12 月宣布將由石化工業衍生之塑膠（包括 PVC／塑化劑）改為天然衍生之材料

（naturally derived materials）。

3.美國電子產業協會（EIA）：美國半導體協會調查顯示，一台個人電腦含有 700 多種化學成分，這些成分中有一半是對人體有害的元素：

（1）機殼塑膠材料上塗的阻火物質是有毒的（含溴）。

（2）顯示器的陰極射線管（CRT）當中鉛的含量達 27%（25%-30%）。

（3）印刷電路板上塗覆了鉛（目前朝向無鉛製程）。

（4）半導體、SMD 晶片電阻和紫外線探測器中含有的鎘。

（5）開關和位置傳感器中之汞。

（6）鐵機箱中之鉻。

（7）電路板中之溴系阻火物質（耐燃器）。

（8）電池中之鎳、鋰、鎘和其他金屬。

（9）包覆電線的材料是 PVC。

4.美國「矽谷毒物聯盟」估計

（1）2004 年底前，美國報廢的 3 億 1 千 5 百萬部電腦：

①鉛的重量高達 12 億磅。

②鎘達到 200 萬磅。

③汞 40 萬磅。

④六價鉻有 120 萬磅。

（2）①鉛會破壞人類的神經、血液系統以及腎臟，甚至鉛暴露會導致高血壓及心臟病，幼兒及兒童對鉛有更高的易感受性，微量的鉛暴露使他們的智力發展遲緩及神經系統功能障礙。

②鉻化物會透過皮膚，經細胞滲透，小量便會造成嚴重過敏，更可能引致哮喘、破壞 DNA。

③汞則具有神經毒性，會慢性破壞腦部。

④砷則是國際癌症組織（IARC）所確立的致癌物質。

（二）歐盟有害禁用物管制

1.國際禁用物質重要相關法令

（1）OECD 於 2001 年 1 月立法，將於 2004 年禁止含鉛產品的進口及禁用溴化物作為耐燃劑。

（2）TCO'99 較 TCO'95 增加了多項金屬及溶劑的使用規範，TCO'01 進一步對行動電話使用材質做規範。

（3）WEEE 規範禁用有害物質與電子機電設備之回收再利用目標。

（4）RoHS 更明確禁止鉛、鎘、汞、六價鉻、溴化耐燃劑、鹵素物質（CFCs、PCBs、PVC）的使用。

2.TCO'01 對行動電話的規範

（1）產品經 TCO 認證後 12 個月，製造公司應通過 ISO 14001 或 EMAS 之認證。

（2）限用物質

　　①汞和鎘（適用所有行動電話）。

　　②鉛（電池、油漆、瓷漆、纜線和塑膠成分）。

　　③耐燃劑（PBB、polybrominated biphenyl、PBDE，超過 10 克的塑膠零組件）。

　　④含溴和氯的塑膠（超過 10 克的塑膠零組件）。

　　⑤塑膠需標示以利回收。

（3）禁用物質之濃度限制

　　①汞需小於 2ppm。

　　②鎘需小於 5ppm。

　　③鉛需小於 10ppm。

　　④耐燃劑中的溴和氯需小於 0.05%。

　3.廢電子電機設備指令（Directive on Waste Electrical and Electronic Equipment;WEEE）目標：用增加回收（Recovery）、再生（Recycling）和將環境負荷降至最低為手段，以延伸生產者責任（Extended Producer Responsibility）為原則，減少廢電子電機產品的數量。

　4.RoHS Directive

（1）在製造過程中，限制某些危害性物質的使用以降低 WEEE 的環境衝擊，於 2001 年 11 月取得共識。

（2）補充 WEEE Directive 不足處。

（3）WEEE Directive 的基礎為 EC 條約第 175 條。

　　① RoHS 的基礎為 EC 條約第 95 條。

　　②歐盟各會員國 2004 年 8 月國內法規制訂完成（德國、荷蘭、丹麥最積極）。

　　③生產者與進口商 2005 年 8 月責任展開。

　5.禁用物法令之影響

（1）已有電子產品因被檢測出含有禁用物質而遭退貨的處分。

（2）其所影響的產品類別：

　　①小至 Cable、PCB、連接器、開關、二極體、電晶體、IC、電阻、電感、電容等電子零組件。

　　②大至 LCD、行動電話、手提電腦、桌上型電腦、遊樂器、家用電器等資訊電機產品。

　6.WEEE 對我國之衝擊分析

（1）衝擊時間分析

　　① WEEE：2006 年 12 月 31 日應達成回收目標。

　　②各會員國應於本指令通過後 18 個月內，完成國內之立法以對應本指令。

　　③ WEEE 指令：2003 年 1 月 27 日。

　　④各國完成立法：2004 年 8 月 31 日，壓力起始點。

（2）衝擊程度：各國所訂之回收率應較 WEEE 為高。

（3）回收

　①規範內容：Cat.3 之回收率為 75%/85%，其中可回收再利用之元件／材料超過 65%/70%。

　②其因應策略為

　　ⅰ.可回收再利用材質選用。

　　ⅱ.易拆解設計。

　　ⅲ.材質標示。

（4）資訊提供：其規範內容為

　①產品應清楚標示回收標籤。

　② Producer 應提供有害成分之相關資訊（元件、材料、位置等），俾利於處理。

7.RoHS 對我國之衝擊分析

（1）衝擊時間分析

　① RoHS：2006 年 7 月 1 日應完成取代（所有 WEEE 規範的電子電器產品進入歐洲市場時不能含有 RoHS 所提到的物質）鉛、汞、鎘、六價鉻、PBB、PBDEs（含溴耐燃劑）。

　②各會員國應於本指令通過後 18 個月內，完成國內之立法以對應本指令

　　ⅰ.RoHS 指令：2003 年初。

　　ⅱ.各國完成立法：2004 年中，壓力起始點。

（2）衝擊程度

　①各國所訂之時間表只會比 RoHS 早。

　②項目只會比較多。

（3）衝擊對象分析：主要仍集中在電子、資訊與通訊產品。

	可能衝擊產品
鎘	印刷電路板上之插件可能含鎘，如：SMD 晶片電阻、紅外線偵測器、半導體、PVC、老型的蓄電池陽極
鉛	電機電子設備、電池、鉛管、汽油添加劑、顏料、PVC 安定劑與燈泡之玻璃、CRT 或電視之陰極射線管
汞	溫度計、感應器、relays and switches、醫療器材、數據傳輸機、電訊設備與手機
PBDE 與 PBB（含溴耐燃劑）	各式電子產品中，主要用在印刷電路板、元件（如：連接器）、塑膠蓋與電線

8.延長生產者責任（Eco-design Requirements for Energy-using Products, EPR）：本項指令源自於 2005/32/EU，屬於能源使用產品之對環境友善設計指令或使用能源產品生態化設計指令或耗能產品環保設計指令或 EuP 生態化指令，已於 2005 年 8 月 11 日歐洲議會三讀通過。

（1）EuP 指令適用對象準則

①於歐盟境內年銷售或貿易量達 20 萬單位者。

②在市場上或已開始運轉之數量對歐盟環境有顯著衝擊者。

③可在合理成本下對環境衝擊之表現顯著改善者。

（2）3 年內執委會優先頒布實施措施之管制產品項目

①暖氣及熱水設備、電動馬達系統、家庭與服務業之照明、家用電器、家庭與服務業之辦公室設備、消費者電器與通風／暖氣與空氣調節設備等。

②一項以上產品待機狀態能源耗損（stand-by losses）之實行措施。

（3）實施措施

①針對產品別制定。

②明確的生態化設計規格。

③強制性、共通性的法規標準（歐盟）。

9.電子業行爲準則（Electronic Industry Code of Conduct, EICC）

（1）電子產業認知要永續發展除應重視綠色環保議題外，也應善盡企業社會責任，因此由 HP、DELL 及 IBM 等公司在 2004 年 10 月共同公告實施 EICC，目的在建立一套統一的電子產業行爲準則，確保電子供應鏈皆能善盡社會責任。要求確保電子業的供應鏈中，勞工被尊嚴對待、工作環境是安全的、生產過程是環保的。主要適用於 OEM、ODM 廠商。

（2）須以整個供應鏈考量；最低標準是：採行 EICC 者應要求其第一階供應商認知並實施 EICC。應符合當地法規，鼓勵優於當地法規要求或建立符合國際標準的系統。分別針對勞工、安全健康、環境、管理系統、倫理等方面分別給予規定。

（3）勞工方面的規定包括僱用自由、避免僱用童工、工時、薪資與福利、人性的對待、沒有工作歧視、結社自由。

（4）安全健康方面的規定包括職業安全、緊急應變、職業災害、工業衛生、人因工程、機器設備之安全防護、宿舍及餐廳。

（5）環境方面的規定包括環保證照、污染預防及資源減量、有害物質、廢水及固體廢棄物、廢氣、產品有害物質含量限制。

（6）管理系統方面的規定包括公司承諾、管理組織及權責、法規及客戶要求、風險評估及風險管理、目標、方案及績效量測、訓練、溝通、員工回饋及參與、稽核及評估、矯正措施、文件及紀錄。

（7）倫理方面的規定包括誠正的商業行爲、沒有不正當的利益、資訊公開、智慧財產權保護、公平的商業行爲、宣傳及競爭、揭密者身分保護、社區參與。

第三節 跨國企業的綠色管理

一 跨國企業綠色採購

目前許多跨國公司其產品、服務皆朝環保化、綠色化、生態化（Eco-X）邁進。在產品的設計、生產及採購準則與要求方面，均已因應環境議題而修正。例如：建立公司自己的綠色採購規範，已成為許多跨國公司新的趨勢。

（一）ABB 綠色採購規範。

（二）Canon 綠色採購標準指南。

（三）Hitachi 綠色採購規範。

（四）HP 綠色採購原則。

（五）Mitsubishi 綠色採購指引。

（六）Panasonic 綠色採購規範。

（七）Seiko Epson 綠色採購資訊。

（八）SHARP 綠色採購規範。

（九）SONY 綠色採購規範。

二 跨國企業發展綠色產品的策略

（一）NEC 綠色產品要求

1.制定一套綠色準則：以符合產品在性能、價格、品質及設計的需求。重點包括：

（1）減少溫室氣體排放，減少耗電耗能。

（2）減少使用有害物質，如：鉛、海龍、六價鉻。

（3）回收資源。

2.制定環保標章：訂出 24 個標準，完全符合後貼上 Eco-symbol 的標章。期在化學物質減量使用包括：

（1）不含 NEC 禁用物質（PCB、Polyvinyl naphthalene、asbestos、PBBE、PBB）。

（2）不用蒙特婁公約所列物質（CFCs、Halon、1,1,1- trichloroethane、CCl4、HBFC）。

（3）不用 PVC 做包裝材質。

（4）不用含滷耐燃劑作為包裝材質。

（5）減量適用含鉛銲錫。

3.使用 LCA

（1）1994 年制定產品評估準則。

（2）1998 年導入 LCA 評估系統和生態效益觀念。

（3）2001 年導入 Eco-Product 標準。

（4）2001 年 3 月，LCA 應用在超過 61 類產品上。

4.零件材料替代品

（1）1997 年 10 月開始蒐集零件及材料的環境資訊，2000 年 8 月建立線上資料庫。

（2）開發替代品，如：以鎂合金取代塑膠，用矽氧浣（silicone）取代含滷組燃劑。

5.發展綠色設計工具，名為 Vitro Factory ECO（VF-ECO），整合 LCA、有害物質評估、回收評估等相關系統。基於設計與零件之基礎，可以估算出產品有害物質含量、生命週期中二氧化碳排放量、耗電量及可回收的塑膠比例等。

（二）HP 對供應商的採購原則

1.產品必須有再使用及處理的功能。

2.一般產品的限制

（1）石綿（禁止在產品中出現）。

（2）鉻（產品中總含量不得超出 50ppm）。

（3）破壞臭氧層物質的限制。

（4）PBB、PBBE、PBBO 物質的限制。

（5）PBC、PBT 禁止在零件、材料和產品中出現。

3.電池的限制

（1）汞含量不得超過 5ppm。

（2）鉻含量不得超過 10ppm。

4.包裝物質的限制

（1）ODS 禁止使用於包裝上。

（2）重金屬（鉛、汞、鎘、六價鉻總含量需低於 100ppm）。

5.化學品註冊：HP 化學物質必須有下列其中一國的註冊：加拿大、澳大利亞、中國、日本、南韓、美國及歐盟國家。

（三）SONY 對供應商的採購原則

Green Partner 規範：

1.設計管理：SS-00259 環境管理物質規定。

2.文件、數據、紀錄管理。

3.變更管理。

4.採購管理。

5.生產管理。

6.測定和判定。

7.不合格品管理及追蹤。

8.矯正處理。

9.教育及訓練。

第四節 政府及企業因應作法

 政府部門之因應作法

（一）成立行政院永續發展委員會。

（二）政府採購所促進及帶動的經濟利益與經濟發展，在各國都是重要的經濟發展的重要課題。

1.政府採購品如果能要求其環保性能，不僅可以有效降低產品使用及廢棄時環境衝擊。更重要的是，對於製造商產品環保化設計技術開發與環保性能提升將有所幫助，促進產業綠色競爭力。

2.政府採購法第 96 條。

3.輔導企業建制環境管理系統：截至 2006 年 2 月份，已有超過1,700 家廠商通過 ISO-14001 驗證。

4.輔導企業清潔生產：由早期之工業減廢進而至清潔生產、環境化設計。

二 企業之因應作法

（一）進行製程清潔生產改善。

（二）籌組綠色供應鏈（如：華碩電腦、明基、宏達、台積電、聯電、富積電子……）：整合其上游供應商，從產品的設計、原物料的選擇與管制、生產技術的環保化至最終廢棄物的處置等進行監控與管理。

（三）ISO-14000s 相關系列建制（包括 ISO 14040）。

（四）產品環境化設計或環保標章。

（五）遵守國際跨國企業採購規範。

（六）內部人才培育。

第五節　結語

　　隨著人類社會大眾對環境保護意識的覺醒，企業界應更可感受到未來的生產與消費模式已有重大的改變。唯有順應此一潮流才可永續。杜邦公司總裁 Edgar S. Woolard, Jr.曾提出：「下個世紀的前 25 年，對於造就一個更綠化的世界，其貢獻主要來自產業界，二十一世紀的綠色經濟與生活方式，只有產業界能夠予以實現，產業界將具有實現下個世紀環境績效的願景。現在並非每個公司都已做到，但大部分的公司皆在嘗試。那些尚未開始做的公司，他們的將來也不成問題，因為到時候他們不可能存在了。」因此，「企業環境友善化的程度」將是企業競爭力與永續經營的重要挑戰。

附記：本文部分資料引自財團法人綠色生產力基金會林志森董事長、大同公司第 13 屆 3P 研討會資料及工業局委託工研院專案計畫報告，在此一併致謝。

第22章

半導體製造業水資源回收
再利用策略研究

石秉鑫

「水資源」不僅是生命、生活、生產的基礎，水資源的開發與利用方式對自然環境也有多方面的重大影響，因此，水資源政策與永續發展的關係十分密切。水資源的循環利用可以被視為是一種可再生資源的利用，而欲永續使用可再生的資源，就必須考慮資源的供給與需求。因此，在各方紛紛提出各種水資源政策與策略之際，本文將回顧我國水資源供給與需求，同時以半導體製造業水資源回收再利用策略為例，分析政府的各項水資源政策是否能有效解決水資源缺乏的問題。

第一節　台灣水資源現狀

　　台灣近年來旱象特別嚴重，因此，「水資源」再度成爲政府與民間關切與熱烈討論的重要議題。「水資源」不僅是生命、生活、生產的基礎，水資源的開發與利用方式對自然環境也有多方面的重大影響，例如：以興建水庫增加水源後，往往又需興建攔砂壩以減少水庫的淤積，而將河川層層截斷阻隔，影響河川水文與生物多樣性，而河口附近的海岸也可能因河川輸砂的減少而有侵蝕的可能性。因此水資源政策與永續發展的關係十分密切。

　　水資源的循環利用可以被視爲是一種可再生資源的利用，而欲永續使用可再生的資源，就必須考慮資源的供給與需求。因此，在各方紛紛提出各種水資源政策與策略之際，本文將回顧我國水資源供給與需求，同時以半導體產業之水資源回收再利用策略爲例，分析政府的各項水資源政策是否能有效解決水資源缺乏的問題。

　　由於目前海水淡化等其他水資源的生產方式並未普及，因此台灣水資源的主要來源仍是天然降雨，降雨進入河川的部分可被直接引用（河川水），或進入水庫儲存後再被利用（水庫水），還有一部分則滲入地下水層，再被抽取利用（地下水）。至於水資源的需求方面，一般分爲生活用水、工業用水與農業用水等三大類，其中農業用水又包含灌漑用水、養殖用水與畜禽用水。

一　台灣水資源之供給

　　雖然台灣的年平均降雨量爲 2,510 公釐，換算成水量約 905 億立方公尺，是世界平均值的 2.6 倍，屬於降雨量豐富的地區之一；但由於降雨時間、空間上的限制，可利用的水量不及總降雨量的 15%，

再加上人口密度高，使得每年每人平均所能分配之降雨量有限，僅約 4,500 立方公尺，只有世界平均值的六分之一左右，因此我國是全球排名第 18 位的缺水國家，屬水資源利用潛能不高的國家，可供利用之水資源相當有限。

在降雨時空的分布方面，台灣的降雨量不僅有年間的差異，各地各季的降雨量分布也相當不均，降雨量之不確定性高。歷年紀錄顯示，台灣最高年降雨量達 3,250 公釐，最低者僅 1,600 公釐，相差約 2 倍以上；同時，平均每 10 年會出現一次大乾旱、2-3 年出現一小旱。一年之中的降雨量約有 80%集中於每年 5 月至 10 月間之豐水期，尤其大部分雨量集中在颱風過境時，若颱風降雨較少，往往就會有缺水的問題。每年 11 月至次年 4 月的枯水期，降雨量少，尤以台灣南部為甚，這段期間的降雨僅占全年雨量的 10%左右，致使水源調配甚為困難，常造成地區性水源不足，影響產業生產與民眾生活用水。

二　台灣水資源之需求

根據經濟部水資源局（現改制為經濟部水利署）統計 1982 年至 1997 年的各標的用水量，顯示農業用水逐漸減少，工業用水量無明顯變化，生活用水卻是逐年增加，16 年間用水量幾乎加倍成長，增加了 13.5 億立方公尺，平均每年增加約 5.6%，遠超過人口成長的速率，顯示國人用水習慣日趨浪費。而 1997 年至 2000 年生活用水量成長的速度更快，同時工業用水量也持續增加。其中值得注意的是，工業用水總量中僅有約 19%-20%是由自來水供應，其餘約 80%的工業用水均是自行取水；而其中又以抽取地下水占大部分。因此實際的用水量變化，以及地下水的抽取量極難估算。

近年來水質惡化不但增加業者的淨水支出、影響生產力，無形中增加了旱季的缺水成本；同時也和已開發國家一樣，都市化及工業化

之下，公共及工業用水需求量迅速增加，影響原本農業及生用水的分配。缺水時期這些標的用水需求結構與水權現狀之分配不一致，便容易產生用水上的糾紛。

三　台灣水資源開發利用之問題

由於先天地理環境條件之限制，台灣水資源開發相當艱難，在考量社會實質發展需求以及環境供給面限制之下，水資源的規劃必須具備合理與整體之考量。以下是目前台灣水資源的開發利用之主要問題：

（一）水庫不宜成為水資源開發之最主要方式

依據掌管全國水資源之機構—經濟部水資源局—之水資源政策白皮書之規劃，水庫的興建將成為獲取水資源最直接、快速之方法。但是，水庫是最不永續的水資源開發方式，因為水庫一旦興建之後，即開始邁向死亡。況且台灣的地形特殊，地質不穩定，自然侵蝕、崩積作用強大。加上集水區土地利用管理不當，導致水庫砂石淤積量高達世界平均量的 100 倍以上，使得水庫儲水效益與使用年限大幅降低。水庫一旦淤積填平後，將無法回復本有之自然生態體系，台灣山林與河川之自然生態將受到無可回復的衝擊。

（二）水資源之分派不當

配合未來農地釋出方案與產業結構之轉變，農業生產將大幅減少，農業用水需求亦將降低，故應彈性整合地下水與地表水的供給，適時調整農業用水作多元化的使用。例如：台糖的灌溉用水可以轉供民生用水。

（三）河川整治與集水區土地利用管理不當

自然資源之經營管理，必須尊重自然環境之特質，才能獲得最佳之成效。河川之整治與水資源之管理與利用，需以集水區為基礎，因集水區為匯集與涵養河川水源之主體，集水區範圍內之土地利用與管理，與河川整治與水資源管理利用的成效悠悠相關，故需建立以集水區為基礎之水資源經營與河川整治規劃機制，並統一事權與管理權，整合土地與河川管理體系，以有效解決相關議題。

台灣河川之逕流水量原本極為豐沛，能直接用於各種用途。但是由於河川管理不當，造成水質不良，因而在中下游地區無法直接引水使用。這個問題的解決需由河川之整治以及污染防制著手，配合相關水利工程（如：污水下水道）之興建，進行水質改良，如此將可大幅提高水源之質與量。

（四）未規劃具跨行政區域之流域性聯合發展經營策略

自然資源為區域發展最重要之決定因子，由於自然資源之分布並非全然與人為劃設之行政區界相吻合，若以單一縣市之行政區域為範圍從事自然資源之規劃與分派，將出現許多窒礙難行之問題。如：目前高雄市、高雄縣與屏東縣等三個行政區域相互連結，共同提出並積極運作之「高高屏聯合發展策略」，期望能結合高屏溪流域共同體之經營管理概念，以解決屬於跨區域的共同議題，如：高屏溪之整治計畫。因高屏溪地跨三個縣市區域，它除了提供這三個縣市之供水外，亦為廢水之排放處所。因此，高屏溪的污染亦是由此三縣市共同造成。所以高屏溪的整治計畫無法由單一地方政府獨立處理，必須由三個地方政府以類區域聯合政府的方式，擬訂發展策略，共同解決水源污染的問題。

（五）中央政府未以永續發展做為國土規劃與產業發展政策之基礎

中央政府應依據環境供給量，調整產業型態與土地利用開發總量，對於環境資源之規劃利用應具備永續觀念。中央政府應以台灣之環境特殊性爲基礎，檢討國家長期產業發展型態，不應以所謂的經建政策來進行對環境資源之掠奪，以高耗能、高耗水的重化工業提升虛擬的經濟產值，創造出許多不永續的資源需求與耗費，大量損耗土地與環境資源。在水資源開發不易情形下，大量的工業開發導致用水需求大幅擴增，有限的資源利用將產生排擠效應，影響到生活品質。

第二節 水資源回收再利用策略及機制

工廠在推動用水改善與回收利用相關計畫之前，首需訂定全面性的節水策略與目標，以利後續各項節約用水方案與措施的推展。基本上應參考 P-D-C-A 的工作邏輯（如圖 22-1 所示），以建立一套有效的節水運作機制，爲良好的用水管理制度奠定基礎。

近年來，國內半導體產業之生產技術已逐漸升級，包括水資源在內的各項需求日益升高，相對地，廠商在持續推動節約用水、改善用水體質等工作時，可能會面臨瓶頸，是故規劃節水設備、製程與技術，便顯得格外重要。其中，節約用水技術基本上可分爲用水減量（節流）與用水回收（開源）兩大類（技術歸納圖參見圖 22-2）。在用水減量部分，包括資源物料改變、製程技術提升、用水管控等技術；用水回收部分則包括循環利用、回用利用、替代水源利用等技術。

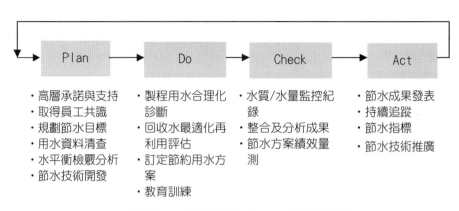

圖 22-1　製造業節水／回收運作機制

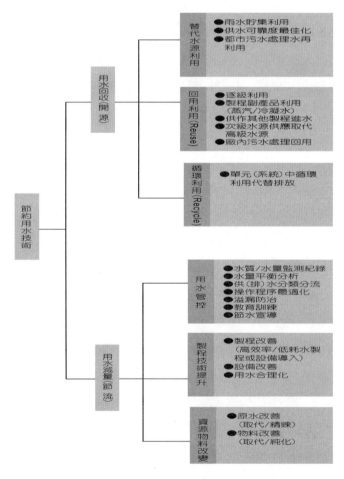

圖 22-2　節約用水技術歸納圖

　　一般而言，就環境、社會、經濟等層面綜合考量，節流的效益遠優於開源，意即減少原始取水量將比回收利用更具效益。若以清潔生產與污染預防的角度檢視，亦會得到相同答案。因此，源頭的用水減量是節水改善的最上策，依序才是現地再利用（On-site Usage）、非現地再利用，最後才是管末廢水處理回收利用，其運用之概念可參照圖22-3。

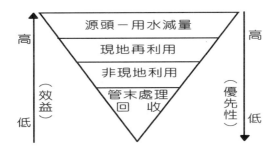

圖22-3　節水技術處理效率位階示意

第三節　水資源回收再利用技術探討

　　半導體製造業之水資源回收再利用係透過階段性逐步實行的方式，落實水資源回收再利用的規劃、執行、檢查與矯正及標準化推廣等工作，其流程架構如圖22-4所示。

一　階段1－用水相關資料清查與建立

　　用水清查為用水管理與用水改善規劃之基礎，有利於廠內的節水整體規劃與評估，同時也是工廠用水管理的基石。整個清查工作係朝

水量與水質兩大方向進行。清查項目、工具及其相關說明，可參考表 22-1 說明。

表 22-1　用水基線清查項目／工具表

類別	調查項目	調查工具	內容說明
水量	1. 原始取水量 2. 重複利用水量 3. 產製水量 4. 消耗水量 5. 排放水量	1. 平面配置圖 2. 給水系統圖 3. 製程流程圖 4. 生產線平面示意圖 5. 污水排放平面示意圖 6. 水平衡圖 7. 相關用水量記錄表	就廠方的用水相關標的進行流量、流向的調查，並予以分項分類
水質	1. 各單元水質要求 2. 各產水／用水／排水點的水質數據 3. 產水設備／廢水排放的水質標準 4. 各單元過程水質變化之機制	1. 製程／設備水質要求表 2. 廢水處理設備流程圖 3. 廢水水質分析表 4. 廢水處理記錄表 5. 節水及水回用資料	配合水量清查作業的進行，同時針對各用水製程之物理化學性質、供水水質限制與需求等相關資料進行清查

 階段 2－水平衡檢覈分析

　　本階段係依據用水清查之結果與水平衡原理之運用，將廠內各單元用水流程、供／排水量資訊，與整廠用水體系／流程與單元間水流流向／水量關係以圖示展現，再針對各單元／系統進行滲漏分析及水量平衡試算（總入流量等於總出流量與總消耗水量之和），以建立用水平衡圖。

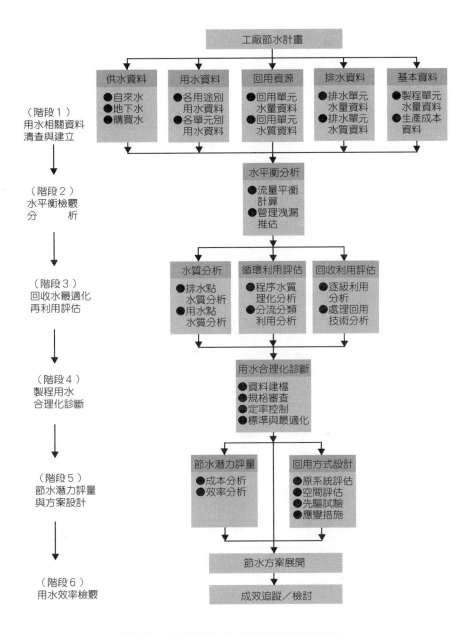

（階段1）
用水相關資料
清查與建立

（階段2）
水平衡檢覈
分　　析

（階段3）
回收水最適化
再利用評估

（階段4）
製程用水
合理化診斷

（階段5）
節水潛力評量
與方案設計

（階段6）
用水效率檢覈

圖 22-4　水資源回收再利用技術流程

三 階段 3－回收水最適化再利用評估

排水重複利用與製程單元用水量削減，乃工廠節水的兩大原則，兩者均為提升水資源利用效率的重要方法。其中水的重複利用，包括循環利用與回收利用兩大類，在評估工廠某一股回收水的最適化利用時，其評估考量基準內容敘述如後：

（一）循環利用評估

於特定程序／用途單元或系統中循環的水量，一般可分成下述兩種：

1.受程序影響輕微之高品質水：以冷卻或加熱用水為代表，除了溫度外，皆可保持實質上的不變。而程序中之化學性質只有些許改變，因此，所有的冷卻及加熱用水均可再循環使用。

2.受程序影響嚴重之低品質水：受到程序影響而致理化性質產生重大改變之低品質水，在運用分類分流技術的情況下，可經篩選的批次水量、綜合回用水點水質需求及處理設備等後，處理至許可的品質，再予以循環使用。

（二）回收利用評估

將全廠清查所得、具回收潛力之排放水點與回用水點水質資料進行比對分析，找出影響回用的關鍵項目，再依據相關的水回用技術／設備，朝下列方式著手：

1.逐級利用：當以某一製程的放流水做為另一製程用之進流水時，在各製程或單元間是否需要先經過前處理，必須取決於各製程所需用水之最低水質標準。

2.以次級水供應，取代高品質水：針對高品質水（如：去離子水），可進行處理及再利用。例如：半導體以去離子水浸洗時，使用偵測器

偵測浸洗後之水質及排放管線控制閥之啓動，可排除浸洗後水中所含之高污染物。因此，接下來的連續及後段浸洗，因只受少許污染，可以再利用爲進一步之浸洗用水。

3.低成本回收再用：單元／製程產出的副產品，如：冷氣空調箱的冷凝水、超純水系統的濃縮水等，可藉由其水質（量）之審查，以決定是否符合回收再利用之標準。

四　階段4－製程用水合理化診斷

本階段，係檢視在現有生產製程下，有無水資源利用空間。合理化診斷可朝下列四個原則進行：

（一）水質／水量監控

在高流量程序／設備中安裝水質監測及用水計量儀，除可協助管理人員掌握操作實際用水量、杜絕程序中的非預期溢洩外，並可查出如設備間斷需水時仍持續供給的情形。如：冷卻水管理，亦可結合導電度計與電磁閥控制補給與排放水量。

（二）設備規格審查

宜列出設備製造商或於操作手冊建議之流量與理化性質需求等規格，並與目前的操作條件交互比對，查看有無超量或以高品質水供應次級水質需求用水點之情形。

（三）用水定率控制

可設置各進水管路裝設自動流量平衡閥，以控制水壓水量。或爲避免高壓造成過度供水，可採用壓力補償裝置，確保供水條件在一定的壓力範圍內，維持固定流率。

（四）操作條件最適化與程序標準化

依據原廠訂定的標準流量供應設備用水，再逐漸向下修正流量的供應，檢討流量變化與產品品質、製程操作適當性之間的關係，以求得最佳操作條件與用水效率。其次，將特定操作條件納入標準化程序中，以確保不同員工皆能確實遵行。

五　階段 5－節水潛力評量與方案實施

一個完整的節水方案設計，應考量以下事項：

（一）節水／回收經濟效益

須考量經濟成本效益、以最小水量完成工作、產量增加／產能擴大的處理負荷，以及空間限制／處理設備模組化設計等因素，以妥善擬訂節水改善方案。

（二）前導型先驅試驗評量

在確定節水方案具備可行之經濟效益後，尚須配合進行完整的小型模廠的評估，以確認水質對製程／產品品質無不良影響，並確保後段系統的穩定操作，延長使用壽命。

（三）評估回收對原廢水處理系統之衝擊

由於節水／回收方案實施後，工廠總排放廢水量減少，也意味著產出的廢水濃度相對提高。故須先行估算可能的回收水濃度，再就廢水處理廠進流水限制、處理效率、水力負荷、操作參數調整與放流水標準進一步計算，以確實估計回收成本。

六 階段 6－用水效率檢覈與管理指標建立

工廠效率用水管理之目的，在於藉由水平衡分析與各項考核指標值，掌握全廠用水現況及節水／回收方案的施行成效。除可提升用水使用率，也可應付日益艱困的用水環境及缺水緊急應變方案的研擬。針對效率用水之考核，乃就工廠所有用水單位之取水、用水及排水情形，利用定量指標，來反應用水之情況與效率。在合理化用水或提高用水效率上，是相當重要的一環。國內外常用之檢覈工業水回收效能指標及其說明，詳如表 22-2 說明。

第四節 結論

在國內水資源日趨匱乏，且環保／水利部門向事業單位開徵放流水水污費，及地下水使用水權費的趨勢下，半導體製造業應亟思因應之道，將用水合理化納入環境重大考量面。並需持續工業用水及民生用水研發高效率的節水技術、提升用水管理與回收再利用效能，以降低缺、限水所造成的衝擊與風險，方爲營造水資源有效利用與企業永續發展之雙贏策略。

雖然節水的直接效益對產業界來說可能只是利潤的一小部分，但是在間接誘因的引導下，諸如：投入成本的減少或增加設備的營運週期等，卻是持續改善的重要動力之一，希望藉由本文拋磚引玉的效果，提升各界對於節約用水的共識。

表 22-2　常用之水回收效能指標介紹

指標類別	說　明
1. 全廠用水回收指標 （1）回收率（重複利用率）＝【（總循環水量＋總回用水量）/總用水量】×100% （2）回收率（不含冷卻水水塔塔循環量）＝【（總循環水量＋總回用水量‧總冷卻水循環量）/（總用水量‧總冷卻水循環量）】×100%	（1）代表一定時間中，於生產過程中所使用的重複利用總回收水量與總用水量之比值 （2）代表將冷卻水循環量自重複利用的總回收水量中扣除後，總回收水量與總用水量之比值
2. 冷卻水效率指標 冷卻水濃縮倍數＝（冷卻水總補充水量/冷卻水總排放水量）×100%	代表冷卻循環水被排放前，於冷卻水塔中被循環利用的次數
3. 製程用水指標 製程用水重複利用率＝（製程用水總重複利用水量/製程用水總用水量）×100%	代表製程用水之回用量與製程總用水量之比值
4. 全廠排放指標 排放率（排水率）＝（總排放水量/總原始取水量）×100%	代表一定時間內，工廠排放水量與原始取水量之比值

參考文獻

1. 涂朝陽、陳仁仲、蔡政修，強化工廠效率用水管理促進水的回收再利用。第 2 屆水再生及利用研討會論文集，國立中央大學，1996。

2. 黃國傳編著，水質之原理與控制。復文書局，台北，1986。

3. 經濟部水資源局，節約用水資訊網「工業用水合理用水指標體系研究說明」，台北，2001。

4. 經濟部水資源局，節約用水季刊。第 23 期，p.51-65，2001。

5. 經濟部水資源局，節約用水季刊。第 28 期，p.20-31，2001。

6. 李茂松，半導體工業中含氟廢水處理技術發展，化工技術第 81 期，p.230-239，1999。

7. 黃志彬、邵信、江萬豪、邱顯盛、烏春梅、李谷蘭，新竹科學園區半導體及光電製造業廢水處理設施績效提升輔導計畫。，國立交通大學環境工程研究所，新竹，2001。

8. 莊永豐，Wastewater Treatment Recycle and Reuse in UMC 專題報告。國立台灣科技大學，台北，2001。

9. 李東峰，提高水資源有效利用。節約用水季刊第 27 期，2002，http://wcis.erl.itri.org.tw/publish/waterpbrs/sen_pub/Volume27/p10.htm。

10. 陳永森、陳章波，台灣水資源環境空間永續利用。社團法人台灣環境資訊協會，http://news.e-info.org.tw/issue/sustain/sustain_00112301.htm。

11. 經濟部水資源局，台灣地區水資源供需情勢分析。國立台灣大學嚴慶齡工業發展基金會合設工業研究中心，台北，1998。

12. 經濟部水資源局，水資源政策白皮書，台北，2002。

13. 財團法人工業技術研究院，節約用水技術研究成果與現況。能源與資源研究所節約用水技術服務團，新竹，2003。

14. 財團法人台灣產業服務基金會，製造業節水技術與策略。經濟部工業局工安環保管理系統輔導計畫，台北，2003。

第23章

台灣重金屬污泥處理之現況

陳慶隆

污泥中重金屬濃度是從廢水中濃縮而來的,故重金屬污泥以毒性特性溶出程序進行測試時,往往都遠大於法規標準。因此,重金屬污泥成為一產量甚大的有害事業廢棄物。

第一節　汞污泥的處理情形

　　在工業生產的過程中，廢水經過處理後所生成的污泥含有重金屬時，該污泥即被稱為重金屬污泥。由於污泥中重金屬濃度是從廢水中濃縮而來的，故重金屬污泥以毒性特性溶出程序進行測試時，往往都遠大於法規標準。因此，重金屬污泥成為一產量甚大的有害事業廢棄物。根據環保署事業廢棄物管制中心的資料顯示，92 年度申報的重金屬污泥量約為 31,620 公噸。由於重金屬在自然界的半衰期相當久，因此能長期的存在於土壤或地下水之中，故這類的有害廢棄物在最終處置之前需經過中間處理，以避免造成環境污染。

　　在這些重金屬污泥中，汞污泥約占 6.4%。早期對於汞污泥的處理方式為將汞污泥與硫磺摻扮，使其形成硫化物，再配合水泥固化以減少溶出。自從 88 年台塑汞污泥事件之後，國內已有引進新技術「低溫真空熱處理回收水銀」。92 年的申報資料顯示，大部分的汞污泥在廠內自行處理，極少部分為廠內暫存與委託或共同處理。

第二節　其他重金屬污泥的處理情形

　　其餘的重金屬污泥主要來源為印刷電路板業、金屬工業、化學材料業、電鍍業與皮革業等。重金屬的主要成分為銅、鎳、鋅、鉻、鎘、砷與銀。在這些污泥中，約有 60.9% 為委託或共同處理，占最大的比例；其次為境外處理，約占 28.6%；再其次為廠內暫存與再利用，各約 5.4% 與 5.0%；剩餘的極小部分為廠內自行處理。

境外處理與再利用

境外處理是指將重金屬污泥運至國外，於當地進行中間處理、最終處置或再利用。但要境外處理的廢棄物必須符合巴塞爾公約，其目的為保護開發中國家的環境，故須在確信有害廢棄物和其他廢棄物的越境轉移應使在此種廢棄物的運輸和最後處置對環境無害的情況下，才可越境轉移至開發中國家。而先前所提到的台塑汞污泥事件，即因違反巴塞爾公約而被運送回國內。

由於請代處理業清除或處理廢棄物的費用不低，並為使其能再生利用，故民間與政府皆致力於廢棄物的再利用，因此成立了廢棄物資訊中心，以利業者間互相交流所能提供或所需廢棄物種類的訊息。以政府機構為例，經濟部工業局成立了「資源化工業網」網站，網站內即提供業者互相交流資訊的空間。

 中間處理技術

業者委託或共同處理重金屬污泥時，最常被使用的處理技術為固定化技術。在固定化技術中，穩定化／固化是廣被使用的方法（經濟部工業局，1991）。穩定化／固化技術種類可分為：

（一）矽酸鹽與水泥系列。

（二）石灰系列。

（三）熱塑膠系列。

（四）有機聚合物系列。

（五）匣限化系列。

（六）水泥、卜索蘭物質及化學穩定劑系列。

（七）自行膠結系列。

（八）其他技術。

　　其中又以矽酸鹽與水泥系列、石灰系列與水泥、卜索蘭物質及化學穩定劑系列常使用於重金屬污泥的固定化。

　　水泥固化能安定含重金屬之污泥的原因如下：

（一）化學作用

　　水泥的 pH 值很高，通常介於 12 左右，因此，能使得重金屬離子以非活性與不溶解性之氫氧化物型態存在。

（二）物理作用

　　可分為兩部分：

　　1.黏結與吸附作用：水泥粒子可藉這兩項作用牢固地黏結與吸附重金屬的沈澱物。

　　2.包封與固定作用：水泥與水產生水合反應之後，會生成許多膠體，這些膠體會包圍住水合反應之水泥顆粒而形成膠體外套。接著在外套上會形成由水泥中矽酸鹽與水反應而得的似纖毛狀之膠體矽酸鈣水合物。隨著水合反應繼續進行，這些纖毛會逐漸深入水泥顆粒間的空隙，且與鄰近顆粒上的纖毛交織成網狀結構，使水泥凝固成堅固的基質，同時亦將氫氧化鈣及其他一些水合物的結晶附產物牢固地交織在一起。而重金屬的沈澱物則如同氫氧化鈣及其他一些水合物的結晶附產物，被這種纖毛交織的網狀結構牢牢地織住。這種將污染物圍限在膠體形成的基質的現象稱為微包封。

　　由化學作用與物理作用來看，水泥固化提供了鹼度，使重金屬沈澱於晶格內，同時能中和外來的酸性溶液，確保重金屬沈澱物的安定性。再配合上膠體基質產生的微包封作用，因此能牢固地將重金屬沈澱物固定住。雖說水泥固化能提供有效的安定作用，不過水泥與其他添加劑會大大地增加終成物的重量與體積，因而減少掩埋場的使用壽

命。另外，固化體在再利用方面較受限制，多運用於製磚與人工漁礁。

相對於將重金屬安定於固化體內，另一類的處理技術為金屬回收技術（經濟部工業局，1999）。已經商業化的技術為濕式冶金技術（圖23-1）。當重金屬污泥含有鋅時，將污泥進行鹼性消化。由於鋅、鉛與鎘在高 pH 值下會形成氫氧錯合物而存於溶液中，而銅、鎳、鐵與銅則會有氫氧化物沈澱。沈澱物之部分在過濾之後可併入硫酸酸洗系統（這部分詳述於後），濾液則添加大量的鋅粉將鎘與鉛置換出來。溶液中僅存的鋅則以電解法處理回收之，而剩餘的鹼液可回收再利用。

當污泥中無鋅金屬時，則以硫酸浸漬，前一段落中提及之沈澱物則與污泥拌混之後一併處理。在低 pH 的條件下，銅、鎳與鉻等重金屬會溶於浸漬液中，而由於硫酸根離子的濃度過高，故即使在酸行條件下，鉛與鈣會形成硫酸鉛與硫酸鈣沈澱。浸漬液添加大量的銅粉將貴重金屬如銀等置換出來，接著過濾將沈澱物硫酸鉛與硫酸銅以及貴重金屬至浸漬液中分離出來以利回收，剩餘的濾液則進入鐵、鉻回收系統以分別回收硫酸亞鐵與氫氧化鉻。

在經過鐵、鉻回收系統後，濾液中僅存銅與鎳，先以電解法將銅回收，再以結晶法回收硫酸鎳，剩餘的硫酸溶液可回收再利用。以上為當污泥的組成十分複雜時的完整流程。以甲級處理廠佶鼎為例，其主要處理的重金屬污泥為含銅污泥，故其回收流程為先以硫酸浸漬，接著分離固體與浸漬液。浸漬液的部分含有硫酸與銅離子，因此接著以低溫結晶技術處理以取得硫酸銅結晶。而浸漬後的固體部分經 TCLP 試驗之後仍會高於法規標準的 15mg/L，但由於殘存量已不高，故不適合再進行回收技術的處理，而改以其他中間處理如：固化法處理之。

國內目前所具有的重金屬分離回收技術尚有氨浸法與高溫融熔法。氨浸法（如圖 23-2）是以含氨之碳酸鹽溶液浸漬重金屬污泥，污泥中鎳、銅、鋅與鎘的氫氧化物沈澱會形成可溶性的錯銨碳酸鹽而存

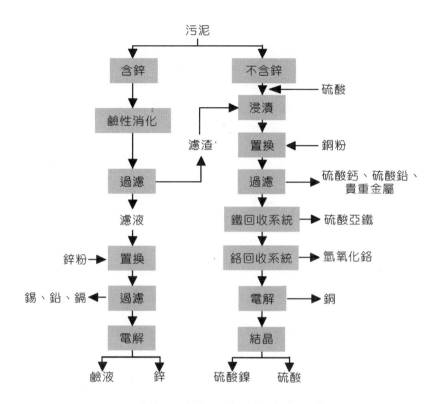

圖 23-1　美國 RECONTEK 法回收重金屬處理流程圖

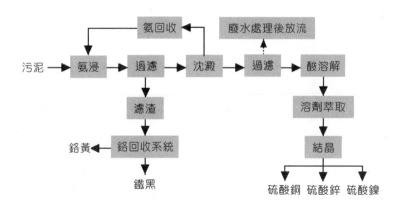

圖 23-2　氨浸法回收重金屬處理流程圖

於浸漬液中。而鉻與鐵會於形成錯銨碳酸鹽後再水解回氫氧化物沈澱於污泥中。過濾後固體部分可回收鉻黃與鐵黑,而濾液部分則通入蒸氣使銅、鎳與鋅形成鹼式碳酸鹽沈澱同時回收氨。沈澱物則先以硫酸溶液溶解,再經由溶劑萃取與結晶等步驟在三金屬形成硫酸銅、硫酸鋅與硫酸鎳回收。

　　高溫融熔法是將重金屬污泥予以還原溶解,將污泥區分成金屬與爐渣兩部分。爐渣可以製成玻璃態固體、建材或藝術品來再利用,而金屬部分則經電解精鍊回收。詳細流程如圖 23-3。

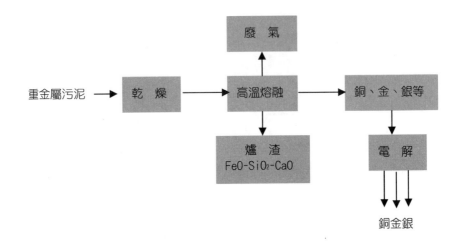

圖 23-3　高溫融熔法回收重金屬處理流程圖

　　氨浸法與高溫融熔法於國內仍尚未商業化,不過前者於大陸、後者於日本皆以商業化,相信這兩種回收技術於國內商業化是指日可待的。另外,經濟部學界科專案計畫「有害重金屬污泥減量、減容及資源化關鍵技術之開發與推廣」中,台大團隊研發新的中間處理技術「重金屬污泥微波安定化技術」(圖 23-4),主要流程為先以微波輔助酸萃取或螯合劑萃取出污泥中的大部分重金屬,再以電解法或置換法回收,殘存的固體則以微波程序或固化法安定,安定後之污泥則嘗試再

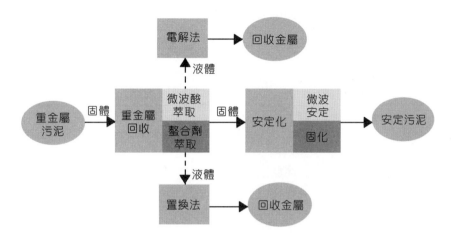

圖 23-4　重金屬污泥微波安定化技術回收重金屬處理流程圖

利用。目前的結果顯示，針對含銅污泥而言，回收與安定的效果相當
不錯。

第三節　結語

　　目前世界各國的研究以傾向避免或減少末端處理，故改良製程的
研究與回收廢水中的重金屬的研究逐漸增多，不過對於重金屬污泥中
間處理的研究並未停止，因為目前現有的處理流程必定有重金屬污泥
的產生。因此重金屬污泥的妥善處理是無庸置疑的。而目前國內的代
清除處理業者良莠不齊，再加上削價競爭的結果，造成優良業者經營
上的困難，而部分重金屬污泥卻可能會被任意棄置於偏僻之處，造成
環境的污染。因此，政府應提供一更完整的管理體系，藉由評鑑、稽
查、獎勵與懲處等制度使得優良之代清除處理業者得以持續經營，促
使較差的業者能積極改善，以確保重金屬污泥妥善的處理而不至於流
落至環境中。同時政府應協助業者引進或研發新的處理技術，促使重

金屬污泥能更有效地處理與再利用。

參考文獻

1. 經濟部工業局工業污染防治技術服務團，工業污染防治技術手冊—有害污泥固化處理。中國技術服務社，1991。

2. 經濟部工業局，廢棄物資源化技術資料彙編。經濟部工業局，第197-213頁，1999。

3. 吳忠信、駱尚廉、郭昭吟與曾楹珍，酸萃取含銅工業污泥之可行性研究。重金屬污泥減量、減容及資源化關鍵技術研討會暨說明會論文集，11-18，2003。

4. 盧瑞山、駱尚廉與林啟琪，類 Urrichem 程序於固化含銅工業污泥之研究。重金屬污泥減量、減容及資源化關鍵技術研討會暨說明會論文集，29-38，2003。

5. 陳慶隆、駱尚廉與官文惠，微波程序安定化含重金屬工業污泥之可行性評估。重金屬污泥減量、減容及資源化關鍵技術研討會暨說明會論文集，49-54，2003。

生態工法議題

第24章

生態水利學觀點探討

李鴻源

生態水利學是探討整個水理特性，包括水深、流速、水位等等；基本上是不可能做到讓環境可以復育、管理的，在生態工法中只是試圖找到一個平衡而已。

第一節　生態水利學的內涵

　　生態水利學是探討整個水理特性，包括水深、流速、水位等等；基本上是不可能做到讓環境可以復育、管理的，在生態工法中只是試圖找到一個平衡而已。

　　生態水利學的內涵簡單說明如下：

　　Eco-hydraulics 是指細究各種水生態環境中的水利特徵量（hydraulic characteristics），以達到模擬自然環境的目的，進而進行生物微棲地復育、維護及管理。

　　這些水利特性包括：水位、流速、BOD、DO、懸浮物質濃度等，例如：濕地水位維持、濕地水質維護（污染物移除）、人工濕地建置、生態基流量維護、護岸近自然工法水位抬升影響等。

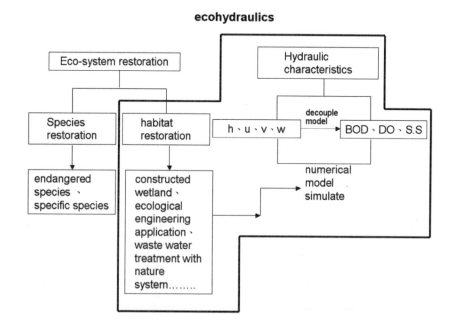

圖 24-1　生態水利學的內涵

　　如上圖所示，生態水利學之右邊的那一塊是學水利的人所熟悉的，像是用數質模擬計算三維的速度、水深，加上環工的 BOD、DO 等等，就是以往狹隘的水利工程。現在要把它往圖中左邊跨，就是在除了人類安全考量以外，如何可以考量整個棲地，讓自然棲地可以獲得復育，像是 Constructed wetland、生態工法等等，這是目前生態水利學所涵蓋的範圍。但是未來要逐漸涵蓋到物種復育（species restoration），所以要先對本身的專業非常的清楚，然後才能逐步跨到棲地復育，再到物種復育。

第二節　生態水利學之歷史及現況

　　生態水利學歐洲人做最久，像是德國已經發展了 70 年了，其次是日本人，發展了差不多 10 年左右，台灣則是剛剛起步，大約晚日本 10 年左右。生態工法（Ecological engineering method）又稱近自然工法（Near-nature working method），在德國的野溪整治工程應用上已有近 70 年歷史，而日本在這方面的研究也有 10 年以上的歷史；而台灣目前仍處於摸索、學習、研究階段。所謂近自然工法是指能同時達到人類需求及自然環境雙贏的工法（Mitsch, 1988），也就是「對自然環境之變更採用最小部分之人工能量，變更的本身主要依賴自然環境本身的能量來源」（Odum, 1962；Odum et al., 1963）。Odum（1983）也曾經說過：「生態系統工程設計的主要考量及標準在於以外界最低能量的輸入維護棲地系統的自我更新」（Odum, 1983）。事實上，廣義的近自然工法涵蓋數大項課題，包括河川護岸近自然工法、河道近自然工法、河川棲地改善與復育、溼地保護及管理、生態基流量、魚道、水生物學等項目。

　　台灣方面，行政院公共工程委員會於 2002 年召開數次「生態工法諮詢小組」會議，針對生態工法的定義，達成決議如下：「生態工法便是基於對生態系統之深切認知與落實生物多樣性保育及永續發展，而採取以生態為基礎、安全為導向的工程方法，以減少對自然環境造成傷害。」

第三節　案例一：丁壩對魚類棲地影響之研究

　　以下用 4 個案例來介紹如何達成上述的展望，首先第一個案例是關於蘭陽溪口的丁壩對魚類棲地影響的研究。

　　丁壩過去是人們用來做堤岸保護的設施，中國人大概作了幾千年了。近年作生態的學者宣稱丁壩可以增加魚類的棲地面積，但是筆者個人持反面看法，也就是說，丁壩非但不會增加魚類的棲地面積，還會減少魚類的棲地面積。丁壩對棲地面積的影響是相當複雜的，這部分的討論要回歸到水利的專業上，要對整個河川做非常詳細的模擬，包括不考慮淤積沖刷的定床模擬，以及考慮淤積沖刷的動床模擬（圖 24-2）。然後選定指標魚種，在這個研究中，選擇鯉科和平鰭鰍科兩類魚種，原因是只有這兩科魚種的適合度曲線。利用這些資料進行量化，建立其中的關係式，此研究是少數可以把生態工法相關研究量化的研究之一。

　　本研究選擇蘭陽溪下由蘭陽大橋到噶瑪蘭大橋之間的水鳥保護區，探討圖中的感潮河段（參見圖 24-3）。水利署第一河川局在圖中位置作了一些丁壩來保護堤防（圖 24-4）。我們要探討的就是丁壩的影響，可以從圖中看出已經開始淤積了。數學細節就不多做說明，簡單的說，就是應用擬似二維 NETSTARS 模式及水平二維水理演算模

式 TABS-2,模擬丁壩附近之流場,並計算出河道中每個網格的水深、流速值,再套用已知的魚類流速、水深適合度曲線,評估此河段中丁壩設置前後對於魚類可用棲地面積之影響,以量化其成效。

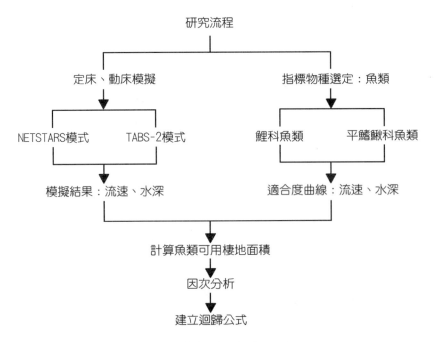

圖 24-2　研究流程圖

圖 24-3

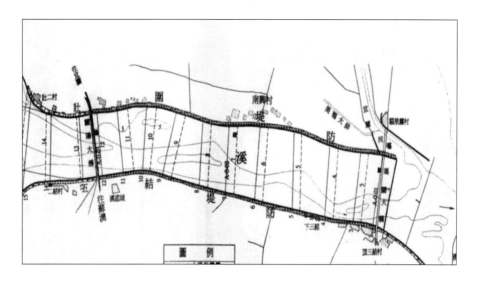

圖 24-4

　　丁壩有掛淤造岸的特性，即減緩水流流速使得泥沙逐漸沈積淤壩區之內，若壩區內經過長時間的泥沙淤積後，將使底床逐漸升高且河道更為束縮，反而可能不利魚類棲息。本研究即試著以動床模式模擬河道沖淤之現象，探討丁壩區內泥沙的淤積對於魚類可用棲地面積之變化，以討論在定床模擬及動床模擬兩種不同觀點下，魚類可用棲地面積之差異性。

　　丁壩的配置原則是要讓水流不要接觸到河岸堤防，完全只考慮安全，沒有考慮到棲地問題，這是一般的準則。接下來就是進行模擬，首先就是要完整詳細的測量。然後要從上游以一維模式開始模擬，提供目標河段的上游邊界條件。然後用二維模式作目標河段的詳細模擬，以計算整個河段二維的流速變化，以及沖蝕淤積量。模式操作流程如下圖 24-5 所示。

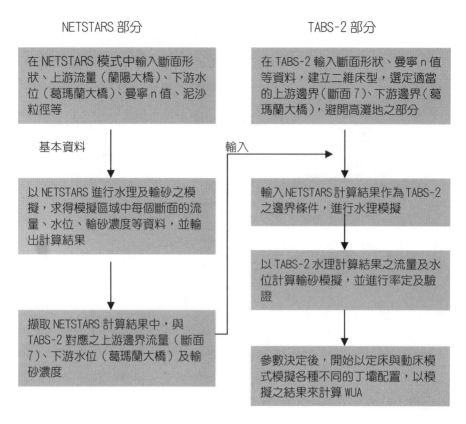

NETSTARS 部分

在 NETSTARS 模式中輸入斷面形狀、上游流量（蘭陽大橋）、下游水位（葛瑪蘭大橋）、曼寧 n 值、泥沙粒徑等

基本資料

以 NETSTARS 進行水理及輸砂之模擬，求得模擬區域中每個斷面的流量、水位、輸砂濃度等資料，並輸出計算結果

擷取 NETSTARS 計算結果中，與 TABS-2 對應之上游邊界流量（斷面 7）、下游水位（葛瑪蘭大橋）及輸砂濃度

TABS-2 部分

在 TABS-2 輸入斷面形狀、曼寧 n 值等資料，建立二維床型，選定適當的上游邊界（斷面 7）、下游邊界（葛瑪蘭大橋），避開高灘地之部分

輸入

輸入 NETSTARS 計算結果作為 TABS-2 之邊界條件，進行水理模擬

以 TABS-2 水理計算結果之流量及水位計算輸砂模擬，並進行率定及驗證

參數決定後，開始以定床與動床模式模擬各種不同的丁壩配置，以模擬之結果來計算 WUA

圖 24-5

在指標物種中，本研究選擇了兩種魚：鯉科和平鰭鰍科，因為我們對他們的生態條件比較熟悉。影響魚類的棲地因子如下圖（圖 24-6）所示，其中只有水深和流速是本研究熟悉且有資料的，其他因子則完全沒有資料，所以只有水深、流速是可以用來計算的。

我們要計算的是 WUA（Weighted Usable Area），利用水利工程學家所熟悉的因次分析，最後可以用三個非常漂亮的數字來表達：福碌數、丁壩間距與長度比，以及 Sediment transfer capacity（與泥沙運動能力）有關。假如不考慮動床的話，就只剩前兩個。接下來即可進行數值實驗，做 100 組的數值分析，得到結果如下圖（圖 24-7）。可以見到在丁壩設置前主流偏右岸，易對右岸造成沖刷；丁壩設置後，可

以看出已經對堤岸產生保護效果（圖中右下方長方形區塊）。

圖 24-6

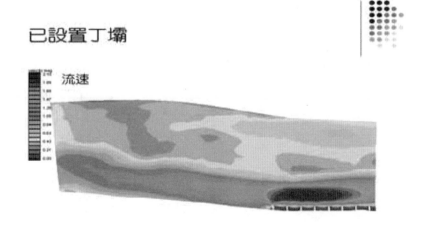

圖 24-7

　　接下來我們就是要了解在這樣的保護效果之下，對棲地有什麼影響。由下面 WUA 變化圖（圖 24-8）可以看出，經由對不同流量的棲地面積模擬，我們發現在這樣的丁壩配置下，鯉科對洪水的影響較不敏感，但是平鰭鰍科就非常敏感。

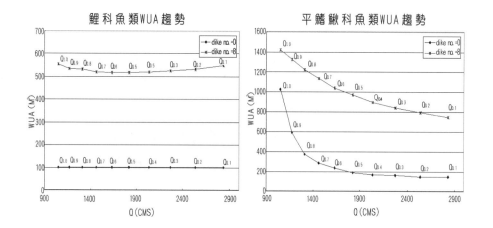

圖 24-8

　　底下進行各種不同的丁壩長度（縮短 20%、原長度、增長 20%）、數目（3-8 座）及洪水流量，其共 240（$Q_{1.0}$-$Q_{0.1}$）種組合的模擬。最後迴歸的結果發現棲地面積跟福碌數成反比，也就是說水的速度愈快棲地面積會減少；也會跟 D/L 成反比，但是標準偏差不會很高（0.119）。如果不考慮河川的沖刷淤積，對鯉魚而言，在丁壩的設計上，我們可以得到一組相關係數比較高的迴歸式（如下）作為鯉科魚類棲地面積評估的參考。

$$PUA = 0.284 \cdot Fr^{-0.596}\left(\frac{D}{L}\right)^{-0.16}$$

　　但是平鰭鰍科的反應就跟鯉魚不一樣，牠對流速是比較敏感的，但是棲地面積跟 D/L 是成正比的。我們同樣可以得到一組迴歸式（如下），而且有相當高的相關係數（0.901）與夠低的標準偏差（0.134），在提供平鰭鰍科魚類棲地評估上很具利用價值。

$$PUA = 0.106 \cdot Fr^{-1.307} \left(\frac{D}{L} \right)^{0.43}$$

　　接下來是進行動床模擬，因為蘭陽溪設置丁壩後，由於丁壩的減速作用，使得丁壩區內的流速減緩，水流中所挾帶的泥沙也因而在丁壩區內產生淤積的現象。河道底床逐漸淤高，若經過長時間的演變之後，使得丁壩區內淤滿泥沙，而無法在洪氾時期形成提供魚類避難場所的緩流區。因此我們用各種泥沙粒徑去做模擬；結果發現跟福碌數、D/L 還是成反比，但是跟 θ 也就是淤積程度也一樣成反比。

　　也就是說，淤積的愈多，棲地面積愈小，但是對鯉科而言沒有那麼敏感，對平鰭鰍科就比較敏感。這是目前為止，也就是去年的成果，還沒有辦法做到長期模擬，長期模擬就可以告訴我們丁壩做完之後河川會淤積，淤積之後河川會束縮，造成水流加速，所以棲地面積不但沒有增加反而減小。

　　結論是棲地面積是可以量化的，而且跟水理特性是有著很好的關連性的。但是並不像是以前講得那麼簡單，因為在動床模擬上，鯉魚的棲地面積減小了 8.42%，平鰭鰍科的棲地面積也減小了 7.17%。由模擬的結果得知，較小的底床顆粒其輸砂之沖淤現象較明顯，造成丁壩區內的淤積較嚴重，因此魚類可用棲地面積也會快速減少。且不論底床質粗細，均會造成壩區後方淤積，就長期而言，反而不利魚類棲息。所以我們可以指出過去做生態的人所說的：丁壩可以增加魚類的棲地面積，往往是不對的。

以上是第一個案例。

第四節 案例二：關渡溼地的紅樹林管理研究

第二個案例是關渡的溼地。溼地的定義在國外相關文獻、會議或法規中都可以查到，像是雷姆薩公約、美國「溼地分類與美國深水棲地報告」、美國巡迴法案第 39 條、加拿大溼地註冊處等。

關渡剛好在基隆河、淡水河交口的地方，也是全淡水河流域水理狀況最複雜的地方，水會在這邊打轉，所以所有的髒東西都會在這邊淤積下來。關渡紅樹林在民國 75 年被農委會的文化資產保存法劃為自然保留區，結果因為保護過度，開始過度成長，然後開始淤積。由下圖（圖 24-9）可以看出來紅樹林逐年擴張的趨勢非常明顯，從 1978 年的少數幾棵（水筆仔在關渡還不是原生樹種，可能是當時不知道哪個多事的人給它移植進去的），到 1998 年變成優勢物種，把其他樹種都給趕出去了。

對水利署而言，這麼大一片的紅樹林是嚴重影響水流的；但是因為紅樹林成長以後就開始淤積，淤積以後就開始陸化，陸化以後就會死亡，所以其實不去理它也不會是什麼大問題。後來會介入紅樹林的研究是因為台北鳥會在關渡的長期觀察發現一件事，就是過去來關渡的都是候鳥、水鳥，但是現在都是陸生鳥，都是白鷺鷥。所以鳥會委託筆者研究，希望藉由量化的探討，看看該怎麼處理紅樹林的管理問題，看到底是該砍還是不該砍，好讓原本的候鳥與水鳥能夠回來。之後建議農委會去修改文化資產保存法，讓關渡地區的鳥、紅樹林和防洪需求能夠找到一個最佳的平衡點。

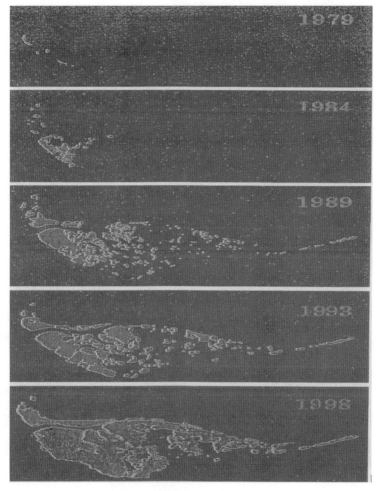

圖 24-9

　　從下圖（圖 24-10）中黃頭鷺的數量變化就可以看出陸生鳥類的數目逐年增多，而過去很常見的小環頸行鳥則逐年減少，就是因為在紅樹林中找不到食物的關係。所以本研究現在要找到淤積和食物鏈的關係，以及食物鏈和鳥的覓食行為的關係。這其中只有一小部分是本研究所熟悉的，就是水理計算的部分。

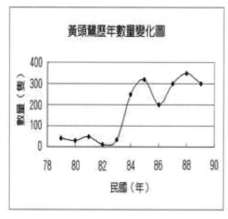 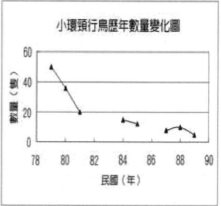

圖 24-10

　　本研究面對的有 4 個疏伐方案，分別是維持現狀、砍掉 20%、砍掉 30%、砍掉 50%，來探討紅樹林疏伐對防洪及溼地陸化的影響。整個研究架構如下圖（圖 24-11）所示，為了專業領域上的整合，所以本研究跟中研院的動物所進行合作研究。

　　這 4 個案例包括從東西側不同方向進行砍伐，詳細位置及內容參見下個圖表（圖 24-12）。經由水文模擬得知，就河防安全來說，砍掉 20%就已經達到防洪安全的需要，砍掉 50%來說對水位的影響並不大。所以第一個結論就是如果單考量河防安全，砍掉 20%就已經足夠了，不需要多砍；於是建議從西側、南側的成林進行砍伐。

　　然後我們開始探討植物及動物分布與特性。其中包括紅樹林和高程之間的關係以及底棲生物的分布等，這部分目前只有中研院動物所的謝蕙蓮教授比較熟悉。本研究經由現場採樣，迴歸出一個底棲無脊椎生物總量與鹽度的無因次關係式如下：

無因次底棲生物總生物量 $= (9 \times 10^{-19} \cdot e^{92.4})$ 無因次土壤鹽度

無因次底棲生物量＝（該樣點生物量）／（全部樣點生物量）

無因次土壤鹽度＝（該樣點土壤鹽度）／（全部樣點平均土壤鹽度）

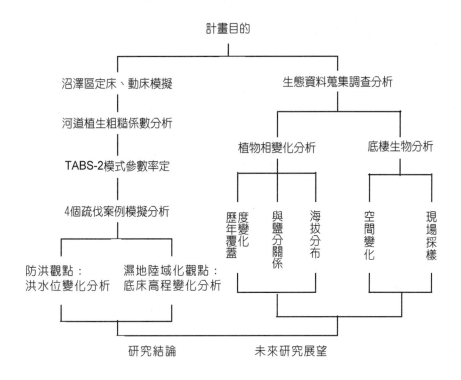

圖 24-11

　　這部分研究尚在進行中，目前還沒有結論，未來希望能將食物鏈和鳥的行為以及紅樹林的分布整個串連起來，希望能夠得到在關渡地區要兼顧紅樹林、水鳥以及防洪需求的管理方案，然後藉此說服農委會修改文化資產保存法的內容。

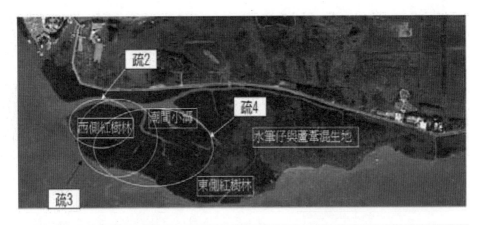

疏伐案例編號	疏伐度（%）	疏伐面積（公頃）	疏伐位置
疏 1	0	0	維持現狀
疏 2	20	4.52 （約 6 個 element）	西側紅樹林
疏 3	30	6.77 （約 9 個 element）	西側紅樹林 南側紅樹林
疏 4	40	11.29 （約 15 個 element）	西側紅樹林 南側紅樹林 東側紅樹林

圖 24-12

第五節 案例三：貴子坑溪、水磨坑溪淨化研究

　　第三個案例就是上節所提關渡紅樹林的內側，也就是關渡自然公園旁貴子坑溪及水磨坑溪的交會處，參考下圖（圖 24-13）。

臺‧計畫概要‧位置圖

圖中標示：舊貴子坑溪　水磨坑溪　中港河　關渡自然公園　關渡自然保留區　基隆河

106

圖 24-13　計畫概要—位置圖

　　這兩條穿過五星級賞鳥地區的溪流污染都相當嚴重，並且周邊沒有任何可以設置污水處理場的空間。所以本研究希望利用旁邊幾十公頃的稻田土地，設置人工溼地，將污水引入人工溼地來淨化兩條溪的污水。水磨坑溪由於兩側腹地較大，比較容易將水引入人工溼地中，但是舊貴子坑溪的位置就幾乎沒有腹地，比較難設置人工溼地並引水，所以可能必須要讓它改道至水磨坑溪旁的溼地後再一併處理。能不能如願進行要看台北市政府的決心和經費，但是這中間有很大的行政問題，就是水處理的主管機關是工務局的衛工處，稽核的是環保局，而公園的主管單位是建設局。

　　建設局並不想面對這個問題，而其他兩個局又不能主動插手，這是目前必須先解決的「政治問題」。等到政治問題解決之後，才能真正著手解決實際層面的問題，然後還要找到經費來源。

　　在進行人工溼地的設計之前，要先搞清楚這塊區域的水理問題，因為這塊區域基本上是感潮的區域，所以幾處防潮閘的功能要先確定。另外還有堤防是否需要繼續存在的問題，因為堤防導致了公園目前極為嚴重的一個問題，就是野狗問題。目前也掌握了水質的現況，水質調查的項目包括 pH、導電度、水溫、DO、BOD、COD、SS、氯鹽、氨氮、硝酸鹽氮、總氮、總磷、大腸桿菌、重金屬濃度等各項。水質調查的結果發現貴子坑溪是一條重度污染的河川，可能的原因以工廠違法排放最有可能。關渡自然公園已經做了一些像是雁鴨塘等的棲地改善工程，所以目前已經有幾個水池在兩條溪匯流處附近。接下來就是要搞清楚水的流向和流量，要知道有多少清水可以用，這些清水主要是七星農田水利會管轄的灌溉尾水。為了進行詳細的水利計算，整個區域可能都需要重新測量。人工溼地污染處理的流程構想如：圖 24-14 所示，目前還在進行可行性評估，細部設計要等到下一階段預算有著落之後才會進行。

　　相關水利計算流程與水質控制資料，如圖 24-15 所示。

　　整個處理策略包括基隆河感潮段、水磨坑溪和貴子坑溪三個部分。藉由閘門的控制而得到不同的控制策略。然後要探討人工溼地的設計，特別是水生植物的種類選擇，最好是具有經濟價值的作物，整個人工溼地的概念，如圖 24-16 所示。

　　人工溼地的應用細節在美國有相當多的應用經驗與資料，但是在國內應用的參考上由於氣候與環境的差異，還是有相當多要修改的地方，但是基本上在美國是有著 40 年以上經驗的成熟技術。國內目前可以做像關渡這麼大規模的人工溼地的案例不多，之前中南部的一些案例大部分都只是一個小水池而已。本研究希望關渡的人工溼地完成後看起來不像是在做水污染處理，而是有步道、有鳥類棲息的生態棲地環境。相關結論與建議參考如下：

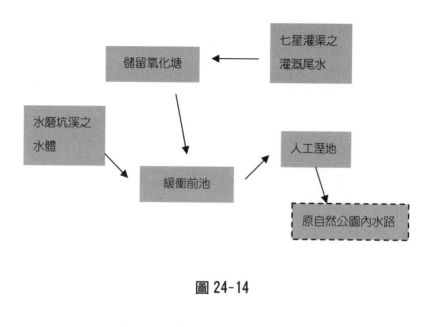

圖 24-14

一 基隆河感潮

（一）八仙五號閥尚未完全密閉部分，建議暫緩修護，以免影響半鹹淡區之棲地經營。

（二）關渡閘門無法關閉部分，由於中港河與舊貴子坑溪感潮回溯之污染會經此處流入水磨坑溪及自然公園東半部區域，建議應立即修復。

二 舊貴子坑溪

（一）設置前端攔油除污設備，隔絕油污垃圾。

（二）底部污泥清除、加設曝氣設施、採用套裝式污水處理設備或投入現地生物助長劑等措施，實質上都可改善舊貴子坑溪水質。實際成效與經費評估都需要更進一步的規劃與試驗，才能獲得符合本處

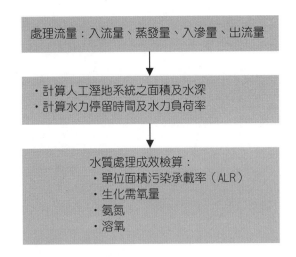

控制點水質估算值 mg/L	背景值	水磨坑溪	七星灌渠	混合後	溼地處理後
溶氧量	5.5	0.5	2.0	**1. 25**	2.0
生化需氧量	2.0	20	10	**15**	8
氨氮	0.3	6.0	1.0	**3. 5**	3.0

注：單位為 mg/l。

因　子		儲留氧化塘	緩衝前遲	處理池
面積（ha）		1.0	0.5	2.0
平均水深（m）		0.8	0.8	0.4
平均流量（CMD）		1000	1000	1820
HRT（d）		7.2	1.2	3.5
HLR（m/d）		-	0.4	0.091
ALR（kg/ha-d）		-	60	11.38
生化需氧量	入流（mg/1）	-	15	12.5
	出流（mg/1）	-	12.5	7.9
	處理效率（%）	-	17	37
氨氮	入流（mg/1）	-	3.5	3.4
	出流（mg/1）	-	3.4	2.9
	處理效率（%）	-	3	15

圖 24-15

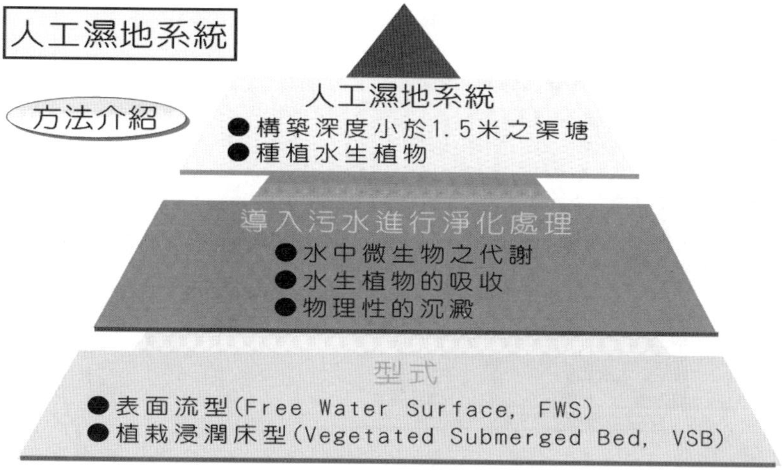

圖 24-16

的設計資料。

三 水磨坑溪

（一）設置前端垃圾清除設備，隔絕垃圾進入公園。

（二）設置人工溼地處理系統

1.達成水質改善目標。

2.契合公園之永續經營方向。

3.未來生態展示推廣與教育研究之用。

4.建議應立即辦理規劃試驗及細部設計。

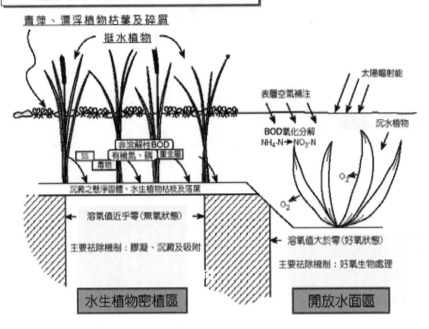

圖 24-17

資料來源：「Manual: Constructed Wetlands Treatment of Municipal Wastewaters」USEPA, 2000.

第六節　案例四：蘭陽溪溼地景觀生態模式的應用

　　最後一個案例是景觀生態模式的應用，以蘭陽溪溼地為例子作探討。過去所謂的國土規劃，優先考慮的是不同週期的淹水範圍，劃出淹水範圍之後進行都市計畫，然後再依照都市計畫去進行建築。現在比較新的概念是除了安全考量之外，同時還要考量生態與景觀。就是要把地景和生態概念當作限制條件來進行國土規劃，然後再進行溼地

規劃，這是目前初始的概念。

　　由於北宜高通車在即，可以預期宜蘭會變成台北市的後花園，整個宜蘭市的經濟行為、生活行為以及整個開發都會受到影響。我們希望在這樣的大規模開發開始之前，可以先考量所謂生態指標的研究與應用，來評估這樣子的開發對宜蘭整體環境的影響。而蘭陽溪是很適合做這類研究的場所，因為它全線無水庫，其集水區可算是一個半封閉的空間。如果生態的使用限制沒有被考慮的話，宜蘭在商人的手中不出 5 年就會變成另一個桃園，原有的景觀、生態特色將蕩然無存。

　　這樣的研究構想來自於大陸的北京大學、中國社會科學院和荷蘭人在遼河三角洲所合作進行的一個研究計畫。我們希望可以針對整個宜蘭縣發展出一個地景與生態決策支援系統，讓政府在做國土規劃的時候可以把地景和生態的考量放進去。宜蘭有幾塊重要的溼地（參考表 24-1），我們曾經和中研院的劉小如教授討論過，看是否能夠選擇一種鳥當作生物指標，因為在蘭陽平原這樣的尺度下，只有鳥可以當作指標，因為牠可以在區域間自由移動；然後評估是否有足夠的資料來做量化的工作。

表 24-1

	蘭陽溪口	無尾港	竹安	利澤簡
面積	約 206 ha	約 102 ha	約 50 ha	約 200 ha
鳥類紀錄	230 種	140 種	190 種	170 種
主要鳥種	鷸行科、鷗科、鷺科等水鳥	小水鴨、尖尾鴨、花嘴鴨	水禽、涉禽	水鴨
土地利用	砂丘、淡鹹水交混沼澤	海岸保安林與河川公有地	沼澤	水田沼澤

遼河三角洲的地理位置如下圖，是世界第二大的蘆葦沼澤，中國在該地設有「雙台河口國家級自然保護區」。由於該地亦是世界最大油田之一，因此，自80年代中期以來即迅速的開發。

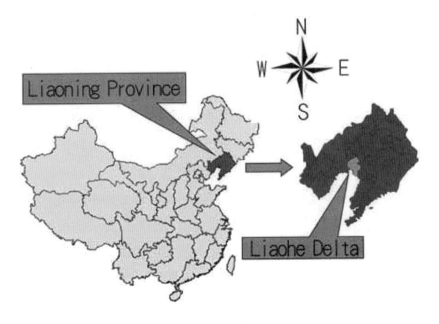

圖 24-18

該研究計畫首先對遼河三角洲的土地利用型態進行詳細的調查（如下圖24-19）。然後提出3個基本的改善方案，分別是：溼地調整（Wetland Mitigation）、棲地管理（Habitat Management）與農業開發（Agriculture Development）。然後進行指標物種的選擇。

所謂的指標物種，是指符合下列條件的生物：

一、能代表某一類群的棲地需求。

二、與同類群其他物種相比，對環境變化敏感。

三、當為區域內瀕臨危險的保護物種。

在這個案例中選擇了丹頂鶴（代表淡水沼澤鳥類生態群，圖24-20左）以及黑嘴鷗（代表濱海灘地鳥類生態群，圖24-20右）兩種鳥；

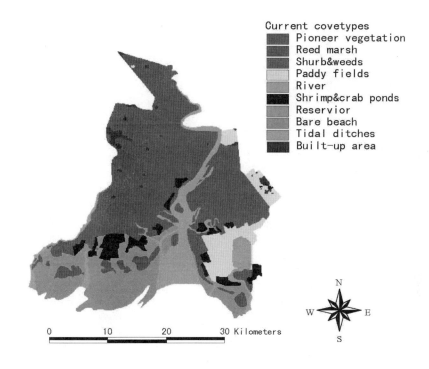

Current covetypes
Pioneer vegetation
Reed marsh
Shurb&weeds
Paddy fields
River
Shrimp&crab ponds
Reservior
Bare beach
Tidal ditches
Built-up area

0　　　10　　　20　　　30 Kilometers

圖 24-19

然後評估 3 種開發方案對這 2 種指標鳥類的影響。

　　結果乃用承載力分布圖（圖 24-21）來表示，可以見到目前的狀況是不太好的。

圖 24-20

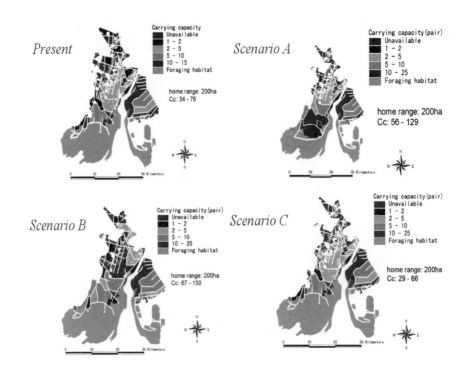

圖 24-21

然後模擬執行 3 種開發方案後的結果，評估結果如下表：

	Present	Scenario A	Scenario B	Scenario C
Freshwater birds	▲	●	●	▲
Shorebirds	▲	●	■	▲
Long-term conservation	▲	●	■	▲
Investment		▲	■	●
Economic profits	▲	■	■	●
Ecoeconomics	▲	●	●	▲

●Perfect　■favorable　▲inferior

　　本研究希望把同樣的概念引用在蘭陽平原，對蘭陽地區的溼地做一個完全的研究，但是問題在本研究現有的資料非常的不足，甚至是鳥類的研究都遠比不上遼河三角洲的案例。這個計畫能不能成立的關鍵是本研究有沒有足夠的資料來做量化。即使沒有也應該要做嘗試，然後依據量化的資料訂出各種預備方案，譬如說棲地是要連續性的，或是應該要保持什麼樣的狀況。然後建立本研究自身的「景觀生態評估決策支援系統（LEDESS-model）」進行預案研究與評選。

　　筆者曾到北京跟北京大學發展這個模式的李教授和最初開始發展這個模式的另一位荷蘭之諾爾教授談過，他們認為本研究基本上是可以做的，也很願意幫忙，但是關鍵是資料夠不夠齊全。本研究希望能夠趕在商人的腳步之前，並且得到政府的支持，否則宜蘭恐怕在 3 年後就會變成另一個桃園。

　　預備方案的發展必須具備 Knowledge data 以及 Ecological objective spatial strategy，然後可以決定出最佳的策略（流程如圖 24-22 所示）。備選方案的設計有 2 種基本的原則：Bottom Up 和 Top Down，包括開發案的強度以及限制等等。而 LEDESS-景觀生態決策與評價支援系統（Landscape Ecological Decision and Evaluation Support System）則牽涉到比較多經濟層面的東西，像是到底要用什麼東西來做指標，就和經濟層面有相當大的關係。

　　整個模式的輸出入如圖 24-23 之流程圖所示。透過這個模式，本研究才能評估出採取哪一種方案是最適合的。

　　研究展望是希望能先找到指標物種，確定研究範圍，然後才能有後續的研究規劃。然此概念在台灣尚屬起步階段，希望將來得以推廣。

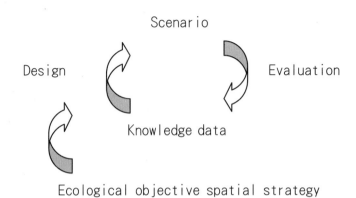

Scenario

Design

Evaluation

Knowledge data

Ecological objective spatial strategy

圖 24-22

第七節 結語

　　透過以上四個案例，筆者大略說明了所謂生態水利學的實際內容。而事實上，是生態工法難以量化的問題，公共工程委員會如果不設法解決，對於執行相關工作的公務員來說，勢必造成很大的困擾。而最後要保護的目標物種無法釐清，也是執行上的困難之一。所以在政府未來的施政上，還有許多的困難要克服，尤其是上位者所必須要去解決的法律面問題。

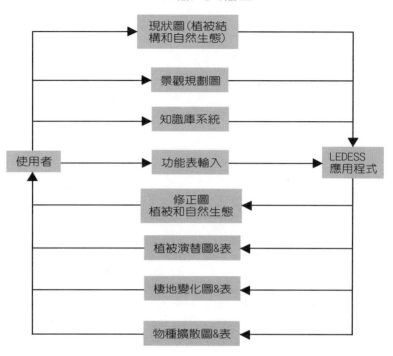

圖 24-23

第25章

生態工法在台灣的瓶頸與展望

強國倫

台灣近年接連遭受幾波前所未有的大型水患侵襲，造成無數生命與財產的損失。整頓重建之餘，民眾開始質疑，這究竟是無可抗拒的天災，還是人謀不臧之禍？

第一節　水域棲地品質的惡化

　　「生態工法」這四個字，大概可以算是台灣土木、環境工程界近幾年來最熱門的名詞了。如果從民國 87 年台灣省特有生物中心舉辦「工程人員生態保育研究班」當作起點開始算起，短短 6 年之間，從一個不太有人在意的概念，到無論是治山防洪、溪溝整治、污染處理、乃至於道路工程等，莫不和生態工法緊緊扣連在一起。彷彿沒有這四個字，一切工程就不用再做下去了，這其中又以溪溝整治工程為最甚。

　　推究起這股風潮的根源，應當是整體環境品質的下降，已經到了民眾難以繼續無視其存在的地步了。就以台灣目前最主要的溪溝整治生態工法為例，台灣水環境的降質，尤其是水域棲地環境的惡化，正是這股生態風潮的濫觴。

　　台灣過去以安全作為近乎唯一考量的河川治理工程，歷經二、三十年的累積，姑且不論其在安全上有多少的成果，但是在全台灣水域棲地品質的層面上，卻已經造成嚴重的傷害。穿越城鎮的溪流河川，不是被高高的水泥堤防禁錮，就是澈底水泥化成為失去生命力的溝渠；即使是還被青山環繞的上游支流，也難逃幾 10 公尺一座的攔砂壩。這些攔砂壩、固床工、人工堤岸造成的傷害不外如下：

　　一、生物族群動態及生活史中斷。

　　二、流量劇變：造成物理性及化學性棲地環境的改變。

　　三、生物廊道阻斷與棲地島嶼化。

　　四、泥沙搬運與淤積平衡遭破壞。

　　五、濱岸植群退化，水溫升高超過生物容受範圍。

　　六、棲地多樣性消失，導致物種單一化。

　　七、護岸材質不利生物生息。

要知道水域棲地品質的問題並不只是侷限於水域本身而已，而是整個集水區土地利用管理的最終呈現。要了解到底台灣的水域棲地環境面臨到多嚴重的侵害，看看其中可算是最為人注意並保護的七家灣溪就不難窺見一斑。做為國寶魚「櫻花鉤吻鮭」少數僅存的棲地，七家灣溪應該是國內少數受到大眾注意與合理管理的上游溪流。然而走一趟該地，不難發現，許多緊鄰水體的地方，仍到處可見似無規範的大面積農業開發行為。原本應該是最備受關注的生態保育重鎮，如果都嗅不到一絲嚴謹管理的氣息，那更遑論其他名不見經傳、但是優美不輸七家灣的野溪了。

圖 25-1

第二節 水患頻仍，是天災還是人禍？

台灣近年接連遭受幾波前所未有的大型水患侵襲，造成無數生命與財產的損失。整頓重建之餘，民眾開始質疑，這究竟是無可抗拒的

天災，還是人謀不臧之禍？其實不只是台灣，在近幾年中，世界各地都陸續傳出超越歷史紀錄的洪災；全球性的氣候異常，確實得要為這些災害負起大半的責任。然而，民眾慢慢的也開始發現，一些過往不甚正確的治水理念，也在無數的災害中留下了清晰的足跡。以台北市為例，基隆河截彎取直在當年可謂一大功績，創造出來的土地如今正欣欣向榮。但是截彎取直的結果，加速了水流在河道內的速度，讓上游暴雨造成的洪峰更快抵達市區，搭配上淡水河出海口的大潮，天意人為，正是一搭一唱，災害自然非同凡響。

　　至此，我們可以做出一個結論：「環境品質下降的壓力，正是催生『生態工程』的主要動力！我們所面臨的問題，則正是生態工法的指南針。」

第三節　「生態工程」的意涵與分野

　　如同其他傳自國外的名詞，「生態工法」即使在台灣紅透半邊天，卻恐怕還有許多人並不清楚究竟這四個字代表了什麼？為了勾勒台灣工程界未來的生態藍圖，這裡特別就相關名詞作一個精簡概略的闡釋。

　　依據 1989 年 Mitsch 等所提出的「生態工程」概念，生態工程包含下列四大領域：

一　生態環境工程

（一）利用生態自淨能力，進行污染削減。

（二）以自然處理系統（NTS）、Green BMPs 為代表。

二 生態工法

（一）以生態復育、環境整治為主要目的。

（二）內容廣泛，主要包括河川生態工法、坡地生態工法、海岸生態工法及道路生態工法等。

三 生態技術

（一）在不破壞生態的前提下，以永續的原則滿足對可再生資源的需求。

（二）如：生質能、生態耕作技術等。

四 人工生態系

（一）複製生態系統，以達到保育、復育或特定環境問題之處理目的。

（二）人工溼地為當前主要範疇。

由上述的劃分可以發現，台灣近幾年所大肆倡導的「生態工法」，事實上僅不過是生態工程整體的一個環節。未來我們還是應該以「生態工程」的大範圍為發展規劃的主要內涵，才更利於生態品質的維護與提升。

第四節 他山之石可以攻錯 —國際趨勢

1800 年代的歐洲，正逐漸經歷工業革命的洗禮，生活水準提升

之餘，環境問題也逐漸浮現，在某種程度上其實很像台灣的現況。生態工程的概念最早也是緣起於歐洲諸國為了兼顧環境生態品質與災害防治所採取的工程設計與施做方式。隨後，從 1930 年代德國的 Seifert、1960 年代美國的 Odum、1980 年代的 Uhlamnn、Straškraba 及 Straškraba 與 Gnauck，陸陸續續提出關於生態工程的闡釋，而逐漸建立起生態工程的內涵。到了 1989 年，今日美國生態工程協會主席 Willam J. Mitsch 與 Jørgensn 合作出版《Ecological Engineering》一書，為生態工法的發展立下了重要的里程碑，首次彙整了具共同特質的工程技術並賦予定義，正式確立了近代生態工程一詞的實質內容與領域。

至 2000 年，國際生態工程協會（IEES）與美國生態工程協會（AEES）相繼成立，近代生態工程的主導勢力於焉形成，並且逐漸顯現細部的差異。以坡地工法、河溪治理為主的歐洲，主導 IEEE 的發展；而由 Mitsch 主持的 AEEE，則引領了人工溼地與生態工程在水污染上的應用發展。這樣子的發展分野，正好可以讓我們思考台灣未來在生態工程上的發展走向。

隨著 AEEE 的發展與其創辦 Ecological Engineering 期刊的發行，可以預期生態工法應用於水質控制勢將成為國際間趨勢之一，台灣最近 1 年來也逐漸有跟上潮流的徵候。除此之外，源自於歐洲山地諸國，也被鄰國日本大力取經的水土保持、坡地整治、河溪治理等與土木、水利相關的工法，也早就是國際主要應用領域，台灣前幾年主要推廣的也在於此。

第五節　台灣生態工程的迷思與省思

在公共工程委員會近 4 年來的全力推動之下，生態工法在台灣已

然是與任何自然環境相關的公共工程所無法摒斥在外的一個重要部分了。一次一次的研討會、訓練班，經濟部水利署、農委會水土保持局等公部門，總不免要拿出一些「優良案例」來告訴大家他們是很用心在推展生態工法的。然而，這些案例看得多了，大家就不免要問：嘴巴上說得天花亂墜的成效，證據在哪？有任何相關的基礎研究來探討究竟這些我們自許為成功的工程，真的有讓台灣的生態環境、讓那些鳥獸蟲魚的生活條件獲得實質改善嗎？很遺憾的，就筆者所了解，台灣目前幾乎沒有對任何生態工法案例進行紮實的成效評估研究。沒有長期的生態追蹤調查，「好」自何來？

感謝公共工程委員會的努力，讓生態工法在無法想像的短短幾年間蔚為王道，這確實大幅減輕了環境被荼害的壓力；然而沒有足夠時間讓所有基層執行者真正了解生態工法的內涵，卻也造成了如今許多人對生態工法的錯誤認知與不諒解。這裡就筆者個人淺見，提出現今台灣推行生態工法所造成的一些迷思供大家參考。

 ## 一　生態工法＝綠美化工法？

這句話直接指出了一個倒因為果的邏輯騙術，也就是說，一個工程如果成功的生態化，想當然多半會是綠意盎然的；但是反過來說，一個綠意盎然的工程是否就表示其成功的生態化，卻不必然成立。然而由於多數執行者對「生態」意涵了解的淺薄，至今無數的示範案例，若真是深入了解，便會發現其實都只是做了些自以為是的綠化而已。像是在水泥護岸上噴植波斯菊、百慕達草等便是一例。我們必須承認這樣的作法比起光禿禿的水泥堤岸確實是有所進步，但是否符合「生態工程」的深層本意，卻頗值得玩味。若是綠化用的植物是外來種（甚至只是非本地固有種），恐怕原本的善意反倒要變成惡意了。

二 生態工法＝蛇籠工法？

相信在很多民眾的心中，都會以爲蛇籠就是生態工法的一切。理由很簡單，想想看，光只是一條景美溪，就用了多少蛇籠？如同前述，我們必須要說，蛇籠比起以前唯一的水泥堤防，是要好得多了：更多的孔隙、更粗糙的表面、更自然的景觀。但這都只是比較的結果，尤其是和完全沒有生態考量的水泥堤岸比較的結果。我們不能因爲這樣的比較，就認定蛇籠是美好將來的解答。想想看，蛇籠用的石材是從哪來的？一小段蛇籠的貢獻，會不會是另一條不得寵的野溪的災難的開始？

三 生態工法＝計算公式＋通用圖籍的成果？

爲了加速生態工法在工程應用上的推廣，公共工程委員會一直積極建置所謂的參考圖籍與案例，也已經有一些成果。但是在便於工程設計之餘，恐怕很多人都已經把生態工法最重要的「因地制宜」原則與生態學中如同棟樑的「多樣性」原理拋到九霄雲外去了。畢竟，真正執行生態工法細部設計的是土木或水利工程師，生態多樣性對這些工程師而言是遠比計算結構應力要難上百倍的。結果，若是原本堪稱美意的通用圖籍與示範案例，真的被一字不改的「通用」下去，「示範」到全台灣，會不會造成另一種型態的「水泥化」的災難呢？

四 生態工法＝不安全、不耐用、不經濟？

今日生態工法在安全性以及單位費用上的問題一直是反對者最汲汲於撻伐的。即使是站在生態工法這一方的筆者，也必須承認確實

有不少已經完成的生態工法案例，有著安全性或是耐用性上面的問題；其中不少案例也確實所費不貲。然而必須思考的是，我們原先所熟用的鋼筋水泥結構，沒錯，確實是比較安全穩固，但這是歷經了多久的發展與多少的失敗所累積出來的成果呢？即便時至今日，RC 又難道就不再曾有過任何非設計預料的損壞？面對生態工法所發生的一些失敗，我們要釐清，這究竟是因為生態工法本身的問題，還是設計者因為不熟悉所犯下的錯誤，或者是遠超乎估計的天災所導致的？如果環境美質真的是民眾未來所希望享有的，那麼我們應該要對生態工法抱持著不斷的研究、嘗試、學習與累積，而非因為既得利益版圖的改變，就畏如狼虎、裹足不前。

至於另一個經濟性的問題，就是根據先進國家發展與應用生態工程的經驗，生態工程在初期投資與維護費用的比例上是接近 1：1 的。回顧台灣，筆者倒是還沒有見過所謂的生態工法維護費用。這其中利害恐難詳述，但卻頗值得關心生態工程發展者來深思。

第六節　台灣生態工程現階段的挑戰

不管是觀察先進國家的發展走向，或是台灣民眾對環境品質要求的逐漸高漲，生態工程都將是台灣未來必須走下去的一條路。尤其是僅能以自然生態與景觀資源傲人的台灣，更應該比世界各國都要積極地去發展植基於本土環境的生態工程。為了將來的發展，第一步就是要破除上面所說的迷思。以今日生態工法執行上的一些實際經驗，個人認為在台灣生態工程正面臨著下列兩項主要的挑戰：

一　設計、施工與驗收等行政作業的配合與整合

不管政府高層多麼支持與積極推廣，或者民眾多麼殷切期盼，站在第一線執行生態工法的，還是那無數勞苦功高卻不為人所見的一般公務員。在今日的採購法與工程驗收既定規範之下，愈是想要實現生態工法「因地制宜」的精神與「多樣性」的目的，公務員所要面對的風險也就愈大。如果對於公務員而言，生態工法的成功與「明哲保身」只能二選一的話，我想生態工法的成功將遙遙無期。所以如何針對生態工程的特性，建立適合的招標、設計、施工、驗收與操作維護規範，才是身為上位主導者的公共工程委員會所必須積極著手的要務。

二　基礎研究的扎根

前面提過，現今生態工法所宣稱的成果，幾乎全部都沒有經過嚴謹的研究來加以驗證。而事實上，生態工程從需不需要做，到背景生態環境的了解、細部設計的執行、施工流程的規劃，乃至於後續維護的原則，無不需要各式各樣基礎研究提供所需的資訊。只知不斷推廣應用，卻無視於基礎研究的貧乏，無異是疊床架屋，早晚釀成更嚴重的災難。

這其中，尤其是生態效益與工程所需參數的同步化，必須要長時間詳細的實驗與生態研究才能建立足夠的資料庫，至今已到了非要積極進行不可的時刻。

第七節　台灣生態工程未來趨勢

參考國際上生態工程的發展趨勢，並依據過去幾年台灣生態工法

的發展經驗，以及今日所面臨的實際問題，筆者以爲台灣生態工法未來當有如下趨勢：

 截長補短，水質水量兼顧

過去的台灣，無論在工程規劃設計、行政職權管轄，乃至於法律條文的訂定，一向是水質與水量各行其政的局面。水量歸水利屬管，水質歸環保局管，一談到整合就變成政治問題，敏感得很。然而到了生態工程的時代，水質和水量共同組成水域棲地環境條件，不可能當作互不相關的兩回事，也更是缺一不可。所以未來如何將兩者由行政架構開始整合爲單一系統，到以集水區爲尺度進行流域管理，將是從事相關水環境研究管理者的最重要挑戰。

 基礎學理的整合

受到台灣既有教育制度的限制，扮演生態工程兩大棟樑的「工程」與「生態」人才，從高中開始就分道揚鑣，於是乎演變成今日兩邊人馬各說各話、難以溝通的局面。如何讓工程師與生態學家找到能夠溝通的共同語言，然後進一步讓工程師具備生態學養、讓生態學家了解工程需求，將是台灣未來教育工作上以 10 年計的長遠挑戰。

 地方性多元化技術的發展

生態學講究多樣性，但是到了工程應用上，這反倒成了一大麻煩。事實上，所謂的多樣性，其實可能有著 80% 的共通性與 20% 的地方特性，因此在適當的使用規範下，通用圖籍的建置應該是利多於弊、

且有其必要性的。於是乎重點就變成如何妥善的發展那最關鍵的 20%
符合地方生態特性的工程技術，這就得要仰賴長期的背景資料研究蒐
集與生態系統分析。

四　應用領域的擴大

　　台灣目前所推行的是「生態工法」，前面說過這只是「生態工程」
整體概念的一環。因此未來如何將生態考量推廣到與環境相關的各個
層面，是必然的趨勢。生態工程在台灣，將從目前的河溪治理與崩塌
地整治生態工法，進展到水污染處理、道路工程、都市生態環境，乃
至於國土規劃的領域，真正具備「生態工程」的完整架構。

五　基礎資料的蒐集與成效評估方法的發展

　　隨著生態工法案例的日漸增多，以及民眾對「生態」認知的逐漸
深化，過去那種「行而後知」的陋習將被迫改變。經由對已完成的案
例做詳實的檢討，包括背景資料的蒐集與後續追蹤調查研究的執行，
才能獲得可回饋到日後工程設計中的有效資訊，讓生態工法能持續進
步與發展。

六　Bottum-Up v.s. Top-Down

　　公共工程委員會過去幾年以主管單位之姿大力推行生態工法，雖
然獲致了相當的成果，但這種 Top-Down 的推動方式卻也引起不少質
疑與反彈。前面一再強調，基本面的薄弱一直是生態工法在台灣最嚴
重的問題。因此如何在執行面上轉變成「Bottum-Up」的型態，實在

是需要主管單位發揮高度智慧的議題。

　　而在執行面之外，相對的規劃層面上，生態工法卻又太侷限於地區性的問題上，囿於「Bottum-Up」的框架中。像是河溪工法總是不脫單一河段，始終無法以整個流域或者集水區為解決問題的對象。未來應當逐漸由國土規劃的最上位計畫，來衡量整體生態環境資源的規劃配置，讓生態工法在規劃面上具備「Top-Down」的宏觀視野。

第八節　結語

　　生態工法的推動勢將成為台灣未來長期的走向，但是如果現階段的問題無法有效解決，愈是推動反而問題愈多。在急躁的向前走以前，應該是時候停下腳步想一想我們的下一步了。

生態農業與外來物種議題

第26章

境外輸入植物對台灣環境之衝擊

吳依龍

因為現代的交通容易且頻繁，地理上的阻隔效應已經幾乎不復存在，在地球任何一個角落發生的任何事件都有可能會影響至每個國家，小至地區性的瘟疫，大至全球性的問題，如：溫室效應等。而在各國面對的問題中，外來種的入侵常被大家所輕忽，且原本因為地區阻隔而形成的各個具有特色及多樣性的生態系統，面臨了我們所想像不到的巨變。

第一節 外來種之定義

隨著人類科技與交通運輸的發達，國與國的距離相形之下愈來愈近，國際間的旅遊、貿易、移民等活動日趨頻繁，而其規模也愈來愈大。正因爲現代的交通容易且頻繁，地理上的阻隔效應幾乎已經不復存在，在地球任何一個角落發生的任何事件都有可能會影響到每個國家，小至地區性的瘟疫，大至全球性的問題，如：溫室效應等。

在各國面對的問題中，外來種的入侵常被大家所輕忽。由人爲輸入的外來種即是境外輸入物種，基於經濟效益、改良品種、賞玩價值、國人喜好奇異品種等各個因素，政府與民間常試圖引進各種外來種，以滿足市場需求；另一方面，也由於交通的發達，使得原本因爲地區阻隔而形成的各個具有特色及多樣性的生態系統，面臨了我們所想像不到的巨變。

物種因爲自然或人爲因素跨越原本之地理障礙阻隔而進入另一區域後，其族群有可能因無法適應新環境而被自然淘汰，但其如果能夠穩定生存及繁衍，就稱爲外來種（Exotic species）。此一外來種可能於新環境從此建立一穩定發展並演化之族群，或是與本地物種雜交，形成新的原生種；然而其亦有可能過度擴張而威脅其他原生物種的生存，大幅改變生態環境之結構，這些外來種被稱爲外來入侵種（Alien invasive species）。IUCN 在 2000 年公布外來種與外來入侵種的定義：

一、外來種：指一物種、亞種乃至於更低的分類群，並包含該物種可能存活與繁殖的任何一部分，出現於其自然分布疆界及可擴散範圍之外。

二、外來入侵種：指已於自然或半自然生態環境中建立一穩定族群，並可能進而威脅原生生物多樣性者。

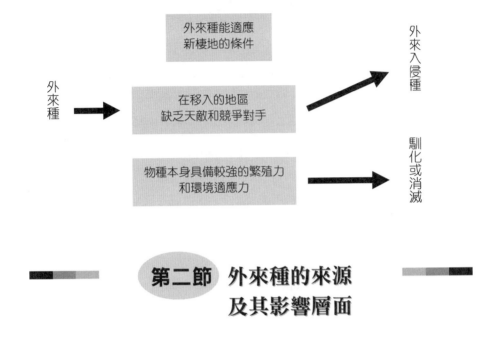

第二節 外來種的來源及其影響層面

　　自然界物種之越境轉移是經常在發生的，可能藉由物種之主動擴張或遷移、伴隨其他物種遷移、洋流或風力、地理環境的改變等途徑達成，然而此類型的轉移往往是小範圍並且需要長時間來達成，伴隨著物種之演進及適應以及生態環境之緩慢調整，自然地維持著某種動態的平衡與緩慢的變遷與演進。隨著人類科技與交通的發達，人為造成之非自然的物種轉移則常常造成快速而大規模的生態變動，其管道之多，傳播之快，往往超乎我們的想像。一般如：農業或貿易行為引入（如：福壽螺、牛蛙、法國菊）、因特殊需求引入（如：大肚魚、寄生蜂）、因原來棲地改變而主動遷移（如：白頭翁）等等比較容易被注意到的行為已是難以管制，更不用說，許多不經意也未加管制的隨貨物及交通往來夾帶或偷渡入境的物種。

　　外來種可能影響到的層面很廣，大致可以區分為對農業及經濟層面的影響，以及對自然及生態層面的影響兩個角度來描述。

　　以農業與經濟角度而言，外來種造成的影響主要有伴隨植物輸入引起的病蟲害造成農作物的減產損失、病蟲害防治造成的農業藥劑支出增加之直接損失，以及其引起的附帶環境成本、林業損失，由於農產品品質下降，以及成爲病蟲害疫區所造成的國際貿易形象損失等等。而自然及生態環境的損失則包括原生物種之滅絕、生態系統的改變、生物多樣性降低，以及基因漂移等問題。

　　這樣區分的主要原因是由於前者可以簡單清楚的被量化，對於多數人的觀感及政府施政決策而言，屬於「看得到」的影響；而後者則很難具體的呈現出來。比方說「某外來種使得我國若干種植物或動物絕種或瀕臨絕種」，相對於「某外來種使得我國每年農業經濟蒙受若干億元之損失」就顯得不著邊際，摸不著重點。相較於與自己人身安全相關或是金錢可衡量的單位而言，多數人講到「生態環境」及「生物多樣性」，或許會覺得重要，但其實並不清楚其價值究竟爲何，也不覺得幾種動植物滅絕到底對自己的生活會有什麼樣的影響，因而即使有國際公約加以保護，政府也有意推動相關的法令政策，亦往往因爲這些觀念不易衡量且缺乏明確指標，造成實際推動執行上的困難，甚至淪爲口號而已。

　　美國前總統柯林頓 1999 年批准成立聯邦級跨部會的「全國入侵種委員會」，隔年發表委請康乃爾大學的調查結果，入侵種造成美國每年經濟損失高達 1,370 億美元。台灣對入侵種的危害不太重視，遲到 2003 年 2 月行政院才開始發動，造成重大經濟損失的項目雖尚未調查，但不出美國的類別：入侵植物、昆蟲以及植物病原菌。事實上，我國對於管制境外輸入植物的思考方向，也只是針對農業與經濟層面而已，然而若能落實執行，對於緩和物種因人爲所造成之境外轉移已有甚大之效果。

　　依照我國相關法律的規定，境外輸入植物包含植物本身或附帶物種（植物危險性有害生物）。農委會動植物防疫檢疫局 89 年 9 月 17

日訂定之植物防疫檢疫法施行細則規定管制範圍為：

一、真菌類，指農業或工業上有用之黴菌、酵母菌、菌蕈類。

二、植物產品，指籽仁、種子、球根、地下根、地下莖、鮮果、堅果、乾果、蔬菜、鮮花、乾燥花、穀物、生藥材、木材、有機栽培介質、植物性肥料。

三、直接或間接加害植物之生物，指真菌、黏菌、細菌、病毒、類病毒、菌質、寄生性植物、雜草、線蟲、昆蟲、蟎類、軟體動物、其他無脊椎動物及脊椎動物等。

四、供植物附著或固定，並維持植物生長發育之物質，指土壤、泥炭土及其他天然或人工介質。

在大多數的情況下，昆蟲及植物病原菌之越境轉移都是伴隨植物及植物生長介質，如：土壤而發生的，因此一般在管理上多以限制境外轉移植物的方式來加以管制，畢竟全球物種之加速轉移，是為人類活動對環境所造成之一種必然衝擊，其勢無法阻止，只能盡力減輕而已。

第三節　境外輸入植物在台灣造成的危害

台灣屬於較為年輕的離島型生態系，除東岸以外，與中國大陸之地理環境關係類似馬達加斯加島與印度，同為後來與母生態系形成區隔而平行演化的例子。雖然台灣於地質年代上相當年輕，其與母生態系的變異性不如馬達加斯加島，卻仍具有相當多的特有種植物，加上本島地形、氣候垂直變化大，生物多樣性高。自從台灣開發以來，即不斷有外來種侵入，並危害本土生態系之物種，除了長期以來因為農耕引入的作物、植物，隨著科技與交通的發達、國際貿易的興盛，境

外輸入物種的種類愈來愈多，規模愈來愈大，加上早期政府並不注重此一問題，遂使得台灣本土植物多數已經滅絕或瀕臨滅絕。其實除了農業活動帶來的外來種，過渡的開發與交通線亦造成這些外來種以及本土但不同區域之原生物種過於快速的擴散，其於數 10 年間所造成的影響，可能大於自然條件下數 10 萬年變化的結果。

　　境外輸入物種，尤其是境外輸入植物對於台灣生態之影響，長期以來多數沒有被注意，其中大部分物種的來源甚至已經不可考，單就近幾 10 年來比較受到關注的幾種外來物種而言，其所造成之影響已經難以推算。這些外來物種多數是因為農業或經濟之需求，大量引入台灣，甚至由政府主導，有計畫的大面積種植，在這些外來種成為成功的入侵種之後，已經與原本之生態體系相互糾結，難以剷除，每年造成國家農業經濟極大的損失，其對於生態環境上的影響更是無從估計。

　　台灣因為境外輸入植物所造成之災害，近年比較受到注意的有：
◆銀合歡危害墾丁原生植被。
◆小花蔓澤蘭讓台灣中低海拔植物面臨死亡。
◆金門地區豬草危害居民健康。

　　幾乎全部與境外輸入植物有關，其中部分為最近幾年發現的；部分危害較劇的多半是民國 70 年以前缺乏環境意識下，由政府或政府輔導大量引入而發生的。早期發生的問題幾乎已經沒有辦法解決，而最近發生或還未發生的問題，則考驗著政府與民眾的智慧。以下將其中幾個問題作簡單的介紹。

 一　銀合歡危害墾丁原生植被

　　據墾管處委託嘉義大學呂福原教授調查，墾丁國家公園陸域有 1 萬 7,000 多公頃，銀合歡族群覆蓋面積竟然達 9,000 多公頃，其中銀

合歡純林就有 1,400 多公頃。這些外來植物盤據墾丁國家公園，造成原生植被及動物的大面積消失，對動、植物生態環境的改變極大。

銀合歡原產於中南美洲，由於會分泌「含羞草素」壓制其他植物生長，加以自身成長迅速，以致台灣南部、東部及外島到處都可見到銀合歡，排擠原生種植物存活。

銀合歡入侵台灣，是典型的引進物種評估不周全的全記錄。1970 年代，林業單位發現原產於薩爾瓦多的銀合歡樹型高大，生長迅速，適合造紙，因此列為造林樹種，初期引進台灣試種約 100 公頃，稍後民間業者也加入引進行列。

農業試驗所恆春中心主任王相華指出，銀合歡有性與無性繁殖能力旺盛，入侵荒廢地，5 年內可形成純林，要恢復原生種植物族群，十分困難。

 二 小花蔓澤蘭讓台灣中低海拔植物面臨死亡

小花蔓澤蘭原產於中南美洲，1950 年代後期被用做水土保持的覆蓋植物而引進東南亞。台灣最早發現小花蔓澤蘭是 1986 年於屏東萬巒，當時誤以為是台灣原生種蔓澤蘭而未加重視。

農委會特生中心曾調查小花蔓澤蘭的分布，發現中部、南部與東部海拔 1,000 公尺以下的山坡地、林班地、廢耕地、檳榔園等，都可見到小花蔓澤蘭大面積危害；連都會區台北市植物園、郊山都也零星出現它的蹤跡。

一旦小花蔓澤蘭入侵，首先地面會被它覆滿，排擠其他雜草生存空間；之後它的莖蔓會沿著樹木攀爬、纏勒，使樹木無法行光合作用而死亡，也影響鳥類或其他動物棲息，對原生林生態環境影響極大。

小花蔓澤蘭在國外被稱為「一分鐘一英哩雜草」，可見它生長的快速。出身農家的靜宜大學生態學研究所副教授楊國禎分析，中南部

山坡地陽光充足，很適合小花蔓澤蘭生長；如果農地還在耕作，農民經常除草翻耕，沒有小花蔓澤蘭趁隙立足的機會；但只要廢耕，小花蔓澤蘭立刻進占。

小花蔓澤蘭超強的繁殖能力，使得清除工作分外困難。以 90 年在花蓮美崙山的淨山除蔓活動為例，當時雖然清除得很乾淨，但不到 1 年，小花蔓澤蘭又蓋住美崙山雜木林。

台灣地區正面臨外來種全面入侵的危機。自加入世界貿易組織、推動貿易自由化之後，加上走私猖獗，這一、兩年台灣地區的外來種入侵空前嚴重，從高山湖泊到田野濕地，都可見到新一波外來種掠奪環境的危害，已逼迫許多本土動、植物瀕臨滅絕的困境。

許多環境的問題是難以衡量的，政府和民間不應該等到災害或金錢等實際上的損失發生以後，才來思考解決之道。如果不能從基本面做好環境教育，以及外來種之管制宣導，相信台灣未來將面臨的類似問題應是層出不窮。筆者個人認為看待境外輸入物種這樣的問題，不能只是從農業、經濟實質損失這樣的純利益觀點來看，必須有其他的切入角度，才能完整的看到整個問題所在。

第四節　生態與環境的角度

在自然環境的演化程序中，環境的隔離（isolation）是形成新種或是新基因型的必要條件，物種在不同的區隔環境中平行演化，彼此只有非常有限的聯絡，經過數百萬年尺度的時間，造就了生物及基因型多樣性的生物圈，其本身與周邊的生態體系藉由此一地理上的屏障達成穩定的動態平衡，緩慢的環境變化及物種間的相互競爭成為物種進化與變異的原動力。自然界偶發的災難或物種大規模的越境遷移往往造成原本環境短暫的失衡，物種間平衡被破壞的結果造成物種結構

的簡單化、脆弱化，同時降低了物種及基因的多樣性，也就是降低了新生態系對於環境變遷的應變能力，最後的結果常導致物種大量的滅絕，回歸原點，經過一段時間以後，新的平衡將會再建立，根據古生物學家的推測，這樣的戲碼其實一直不斷的在地球生態史上上演著。人類科技的進步，常常使得原本自然條件下需經數 10 萬年才能完成的變化在數 10 年間發生，例如：大氣與環境的變遷、地貌水文的改變、自然生態的改變等等。或許以百萬年為尺度來看，人類的作為根本不算什麼，大自然始終會回到平衡的，問題在於以人類生活的時間尺度來看，地球環境在短時間內有這麼大的變動，其結果或後續變化能不能為人類所能承受。

近年來許多國際公約明定保護生物及基因多樣性、管制基因轉殖的立場，然而在面臨經濟利益為前提的社會文化型態，以及人類對科技管理環境的自信下，選擇性、片面性的環境保護政策能夠維持生態甚至人類本身的生存到什麼時候，誰也不敢斷定。

第五節　更廣的角度

不論是就什麼樣的角度來看境外輸入物種的問題，基本上都是以人類社會之福祉利益作為前提，多數人也視之為理所當然的。人類與環境間的依存就經濟學或環境經濟學的角度來看，最大利益的產生並非在於單方面最大利益，而是在於兩方總合最大利益的時候，這也是環境永續利用的基礎。然而，這樣的理論事實上有著很大的問題存在，其關鍵就在於如何判定所謂最大利益的產生，以及如何決定人類社會利益和自然環境利益之權重與平衡點，或者說人類有沒有足夠的智慧與能力去決定這樣一個平衡點，若是其根本並不存在又當如何？由於人類對於自然環境的欠缺認識以及過度的自信與本位

考量，造成了無數嚴重的環境問題。近年來基因改良作物讓人們相信自己又一次的凌駕了大自然的力量，給予了人們解決糧食問題的願景，在未經考慮下廣為栽植散布，雖然至今還未顯現出任何災難，但是愈來愈多的證據已經使得許多科學家開始擔心今後可能會發生的問題。本文最後一部分就針對幾個一般比較少考慮到的物種越境轉移的例子，說明物種越境轉移是如何不斷的、大規模的發生在人類的歷史上，其影響又是如何的廣泛而危險。

 史無前例的物種越境轉移－基因改良作物的散布

基因改良生物體（GMO）對於任何地區之生態系而言都可視為外來種，尤其是基因改良作物，往往被大面積栽種而且欠缺妥善管理，其所造成的問題，基本上與一般外來入侵種性質相似而更加廣泛且嚴重。除了前面所提到的基因和生物多樣性損失，GMO 物種可能造成另一個使科學家們擔心的問題，即跨物種間的基因漂移（gene shifting）現象。

以往認為不同物種之間的基因轉移現象是幾乎不可能會發生的，然而自從 60 年代微生物學家注意到一些病毒在宿主 DNA 中插入或抽出自身基因的過程中，有低機率錯誤的情況發生，造成不特定基因在宿主個體間不正常的交換現象之後，利用這個原理，之後的幾 10 年基因轉殖工程有了大幅的進步，現在人類幾乎可以利用病毒跨物種地轉殖任何基因。剛開始利用細菌在實驗室生產抗生素、藥物和酵素；後來更未經評估用來創造高抗病性、耐寒、耐旱、高營養價值等新品種作物，並且大規模栽植於開放的田野，某種程度上的解決了糧食問題，並提高產量與品質；近年來更成功的應用在高等動、植物間的基因互相轉殖，並有醫學及優生學方面的研究，未來人類利用基因工程的前景似乎是一片光明、不可估計，然而伴隨著基因工程的獲利，

其未知的危害似乎亦漸漸地顯露出來。

　　許多科學家擔心殖入基因的穩定性，這些人工轉入基因會不會在人類預測以外的範圍散播開來。最簡單的就是 GMO 如同外來入侵種與野生種雜交所造成的問題，預計可能會造成原生種基因與生物多樣性的流失，以及生態環境大規模的改變。更嚴重的可能為殖入基因經由病毒或其他不明管道進行跨物種地漂移現象，例如：肉質改良豬的基因會不會經由人畜共通病毒轉到人體，其又將引發何種問題等，目前的研究對這方面所知仍不多，也沒有直接的證據，但或許類似的現象已經發生而沒有人注意到。根據歐盟的調查，歐洲市場農產品有 1% 檢驗出帶有轉殖基因；最近更有日本學者的研究發現某些野生魚類帶有細菌之基因，但無法確認其來源為何；歐美許多研究報告亦發現轉殖基因已經大量地出現在世界各地野外土壤、微生物及原生種植物 DNA 內；甚至人跡罕至的秘魯深山，也發現原生馬鈴薯基因受到轉殖基因的污染。目前無法推斷這些現象的原因和轉殖基因散布的管道，唯一可以確認的是轉殖基因擴散的速度遠比想像中的快，一場大規模史無前例的新物種越境轉移正悄悄上演著。

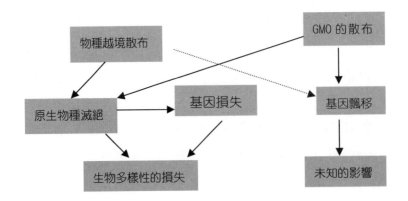

二　史上最大規模的植物越境轉移－農業活動

　　自從人類進入農耕社會，利用環境的方式就有了很大的改變，因為基本上農耕就是一種澈底改變地貌、水文、原生物相，並大規模引入外來種的造境工程，要說到人類對環境影響最直接的活動就是農業活動。近代交通發達，伴隨農耕技術的進步，甚至基因改良作物的引入，正全球性的加速農業對環境的衝擊，在人類致力於降低工業污染的同時，某種「農業污染」正快速的惡化，卻沒有受到太大的重視。農業污染與工業污染不同的地方就在於除了部分農業藥劑的施用，其並不直接產生對人體健康有害的物質，對環境的衝擊和影響更不容易評估；再來就是農業發展對於任何國家而言，具有強烈的必須性。因此，即使在生物多樣性公約以及卡塔赫納「生物安全議定書」的規範下，農業活動對環境所造成之衝擊仍然未獲改善。生物多樣性本身難以具體量化，而卡塔赫納「生物安全議定書」雖限制基因改良物種的輸出輸入，卻無法禁止糧食不足的國家在本國境內的大規模種植，科學證據顯示，轉殖基因在全球的擴散或許正以某些不被注意的管道持續進行著。

三　人類史上最大規植物境外轉移的例子－玉米和馬鈴薯

生物種滅絕

原生物種滅絕

原生物種滅絕

（一）玉米

玉米是全球最主要的糧食作物之一，美國是全球最大的玉米和玉米產品出產國兼出口國，22%的玉米種植區作基因改造，大部分的出口玉米作物中，都可能含有基因改造過的種子。這對墨西哥來說，尤其重要，因墨西哥是美國玉米的大買家，也是玉米的品種多樣性集中地。（美國的轉基因玉米在該國廣泛種植，同時政府也在鼓勵和推廣）

人類大約 7,000 年前開始種植玉米，最早的玉米在墨西哥的 Tehuacan 蝙蝠洞發現。玉米在前哥倫比亞時期引入南美，加以栽培歸化，因此南美大多數國家都有很多玉米品種。對馬雅人來說，玉米象徵生命。今天的馬雅人，仍常道「玉米乃吾血」。初生嬰兒的臍帶，也是在玉米穗上切斷。農戶玉米種植步驟為：播種後 2-4 星期，白玉米已經長到 4-6 釐米高，農夫這時會到田裡細看，通常發現有些沒有發芽。他不會浪費土地，會在沒有芽的地方補種藍色玉米。藍玉米味道比白玉米好，但產量較低。但最重要的是它比白玉米快熟 2-4 星期。如果有些藍玉米也沒有發芽，他就會補種紅玉米，味道差，收成少，但最快成熟。由此看出，墨西哥玉米多樣性對農民的重要。

幾年前，美國曾經向墨西哥輸送出一批轉基因玉米，但這批作為難民的食物卻與墨西哥當地傳統種植的玉米雜交，發生了基因漂移的現象，在墨西哥悄悄擴散了。2000 年，一個美國研究小組在墨西哥南部偏僻的奧克斯喀山區四個樣地中採集了一些玉米軸穗，震驚的發現其中有 4 份帶有外來基因，同時在市場中採集的 7 個樣本中有 5 個已遭到污染。證明了從栽培玉米到起源物種種群的高水準基因漂移，還因為他們的樣本來自於偏僻的地區，所以可認為在更容易到達的區域會有更高的基因滲入比例。

基因技術出現於上世紀 80 年代。科學家發現原來植物間也可以進行嫁接，但須是同種類植物之間，若水稻和茄子則不可想像。基因

技術讓科學家們發揮天馬行空般的想像力，他們可以從自然界中任何生物種的 DNA 鏈中截取想要的片斷，嵌入目標植物的 DNA 鏈中。目前轉基因農作物一般具幾種特性：耐除草劑、抗蟲、耐旱、晚熟等等。

沒有想到的問題發生了，外來基因會傳播給野生植物和農作物，使它們比附近的植物更適應環境，快速並大量的繁殖。假如基因改造植物有一種野生的相關品種，而且是一種雜草，新基因會通過花粉傳播給雜草，形成含有新基因的超級雜草，不斷蔓生，嚴重破壞生態平衡。更威脅到「品種多樣性的集中地」。此集中地通常指某種農作物的原產地，因原產地往往是品種最多的地區；品種多樣性也是一種生物機能，以適應不斷轉變的環境，確保糧食供應長期穩定。如果一個地區的一種農作物基因單一化，若受病蟲害侵襲，全都沒有抵抗力，會造成病蟲害的迅速傳播，後果嚴重。而這元兇就是品種的單一化。所以，基因的多樣性對全人類的糧食供應非常重要。

（二）馬鈴薯

馬鈴薯（學名 Solanumtuberosum）源於秘魯中部安迪斯山脈一帶，當地有最多塊莖類的 Solanum 品種。墨西哥南部是另一個「品種多樣化的集中地」。馬鈴薯歸化的歷史仍備受科學家爭論，但有足夠證據顯示，最常見的馬鈴薯 Solanumtuberoum 是兩種野生馬鈴薯 S. Stenotomum 和 S. Sparsipilum 雜交而成的，後者是玻利維亞和秘魯一帶常見的野草。出土陶瓷及放射性碳定年測試結果顯示，馬鈴薯在至少 7,000 年前被栽培歸化。

在前哥倫比亞時代的秘魯和玻利維亞，馬鈴薯不但是主糧，而且是文化和宗教的重要元素。印加族人崇拜女神 Aro-Mamma（馬鈴薯之母），用馬鈴薯做陪葬品。印第安人稱馬鈴薯做 pasas，意思是塊莖。在秘魯安迪斯山脈一帶，馬鈴薯乾 chuno 一直是居民的重要食糧，營

養豐富、方便，可存放很久，發生饑荒也不怕。chuno 做法如下：先把新鮮馬鈴薯放在草地或草蓆上曬數天，然後小心翼翼把水分榨乾，再曬。安迪斯降霜地區目前仍種植含高甘醇生物鹼的特別品種用來做chuno。

1565 年，西班牙國王腓力二世收到一份禮物，是幾個馬鈴薯。他送了一些給身在羅馬的教宗庇護四世。其後幾年，馬鈴薯遍布歐洲，主要在植物公園裡被當作異國稀有植物，供人欣賞。第一個關於歐洲人食馬鈴薯的紀錄，是在 1573 年由西班牙塞維爾一間醫院（Hospital dela Sangre）發出的信，內容是訂購馬鈴薯。馬鈴薯由西班牙傳到意大利，1586 年傳到英國，1601 年再傳到德國。由於馬鈴薯與塊菌類植物（truffles）十分相似，故又叫 taratoufli（西班牙語）、tartufoli（意大利語），亦形成了德文的 kartoffel。拉丁文是 solanmtuberosumesculentum，即是「可食用、塊莖形狀的茄科類植物」。

十八世紀未，馬鈴薯適應了北歐的氣候，並成爲了主要食糧，即使其他農作物歉收，馬鈴薯仍有收成，使人民充饑。在貧瘠的土壤裡，馬鈴薯的收成明顯比小麥和大麥高，而且在地底生長，不易被破壞或偷去，在戰亂期間尤其重要。雖然如此，歐洲人過了很久才能接受馬鈴薯：鄉間農民對這種不知名而難吃的東西十分抗拒，不肯栽種。他們的反應可能與飲食習慣有關：他們用馬鈴薯做麵包（甚至到了十九世紀也是這樣），效果甚差。此外，當時的馬鈴薯質素差劣，有時更有毒，因此農民認爲，馬鈴薯只宜做飼料，不能食用。

其後各地政府發現原來馬鈴薯可以解決戰亂期間的糧食問題，便實施多項措施，迫農民種馬鈴薯。意大利政府利用教會，在彌撒中教人怎樣種馬鈴薯。德國皇帝腓特列一世下令人民種馬鈴薯，違者重罰。他的兒子腓特烈二世在 1746 年修改法令，強迫地主把十五分之一的土地種馬鈴薯。十八世紀，馬鈴薯經英國和百慕達到了北美洲。

1851 年前，歐洲的馬鈴薯全賴兩次外地引入，第一次是 1570 年

代引入西班牙，第二次約 1590 年引入英國。因此歐洲馬鈴薯的基因變化不大，極易染病，最後導致 1840 年代的愛爾蘭大饑荒。歐洲馬鈴薯沒有抵抗葉枯病的能力。1845 年，一種引致馬鈴薯枯萎病的真菌 Phyto- phtorainfestans 首次侵襲愛爾蘭，令馬鈴薯變黑，在地底枯死。當地的馬鈴薯品種不多，全部都沒有抵抗真菌的基因，真菌很快便傳遍愛爾蘭，釀成大饑荒，長達 5 年，奪了近 200 萬人的性命，亦驅使同樣數目的人移民北美洲，是為品種單一化的禍害。

傳統植物培育者依賴多樣化的植物品種，栽培了現代的高產品種，結果諷刺地害了自己。1983 年，植物培育者 Dr. Carlos Ochoa 致函 Cary Fowler 和 Pat Mooney，詳述這個問題：「記得大約 25 年前，我在秘魯北部考察。當時仍能找到很多有趣的原始馬鈴薯品種。20 年後，已很難找到了。很多品種如：Naranja 可能已絕種，主要原因是－我很遺憾地說－秘魯引入了 Renacimiento 品種，是我多年前為秘魯培植的品種之一。」
南美和中美洲有大約 200 種野生的 Solanum 品種，多數都能雜交。馬鈴薯專家表示，基因改造馬鈴薯把基因傳到野生品種是無可避免的。美國風險評估計畫（risk assessment program）的初步研究結果顯示，栽植品種能與大部分塊莖類植物雜交，尤其與安迪斯一帶的野草 Solanumsucrense 雜交。栽植品種馬鈴薯的基因來自超過 20 種野生馬鈴薯。

幾次基因改造馬鈴薯實地試種都在馬鈴薯的「品種多樣化的集中地」進行。1993 年，委內瑞拉中央大學研製的防霜品種在玻利維亞實地試種。截至 1995 年，國際馬鈴薯中心已在秘魯和安迪斯附近的國家做了三次實地試種。

基因改造馬鈴薯已在美國和加拿大有售。孟山都公司已獲准出售兩種馬鈴薯：抗蟲品種（Newleaf）以及同時抗蟲與抗病毒品種。抗蟲品種含一種專門對付科羅拉多馬鈴薯甲蟲的蘇雲金桿菌（Bt）的基

因。美國近 10 萬公頃土地都種了這個品種。

　　1998 年，綠色和平一次調查發現，大量基因改造馬鈴薯被引進前蘇聯共和國格魯吉亞。格魯吉亞沒有依例評估基因改造作物對生態和健康的影響，但孟山都公司依然跟格魯吉亞政府達成協議，在 1996 年共輸入了逾 130 公噸基因改造馬鈴薯嫩芽，隨後數年也有種植和出售。後來證實該批馬鈴薯在收成後便往全國銷售，有些更出口到俄羅斯和亞塞拜然，情況失控，完全沒有評估風險、監察或諮詢農民。有些亦已輸入烏克蘭。據報，附近的農民從 1997 年和 1998 年的試驗場地偷取一些出來，沒有申請或經當局批准，私自拿到當地市場出售。東歐有沒有試種基因改造馬鈴薯則不得而知，因為大部分東歐國家都不公開試種詳情。

　　除了玉米和馬鈴薯，咖啡原產地非洲，目前最主要種植在南美；可可原產於南美，目前在非洲栽植最多；茶和稻米原產於雲南，現在已廣植各地。農業活動幾千年來不斷的改變生態環境，但基於人類之生存與發展需要，很難加以限制，到了全球人口逾 60 億、糧食不足的今天，如何滿足人類的需求，同時減輕農業對環境之衝擊，將是本世紀最重要的課題之一。

第六節　結語

　　物種的越境轉移已經在全球造成了基因與生物多樣性之流失，人類面臨可能的農業與生態浩劫，科學家預測到了 2050 年，全球最少將有 100 萬種以上的物種滅絕。基因轉殖物種已經遍布世界，進入每個人的生活，我們卻還不清楚其可能造成的問題及嚴重性。在台灣，境外輸入植物已經漸漸造成看得見的災害，造成農業、經濟、環境的損失，許多未知的問題相信也已經不斷在發生，未來要如何管制外來

物種進入台灣，要如何加強環境教育，考驗著政府與社會大眾的智慧。

第27章

甲蟲商業行為對台灣生物環境之衝擊——以鞘翅目昆蟲（Coleoptera）為例

王上銘

販賣國外昆蟲時，若在飼養的過程當中蓄意野放或管理不當造成昆蟲逃脫，而使得外國昆蟲進入野外環境中，由於鞘翅目昆蟲對環境的忍受性大，一旦遇到適合其產卵的環境，則會大量進行繁殖，容易造成外來種昆蟲入侵台灣生態環境，或是在台灣落地生根與台灣本土昆蟲進行競爭。

第一節　甲蟲商業行為

　　鞘翅目昆蟲由於具有獨特的外型以及具有亮麗金屬光澤之翅鞘，而有別於一般的昆蟲，故在數 10 年前起，已有人開始採集、販賣此類昆蟲之活體或標本。常見的鞘翅目昆蟲有鍬型蟲（Lcanidae）、金龜（Cetoniidae）、兜蟲（Dynastidae）、天牛（Cerambycidae）、長臂金龜（Euchiridae）、吉丁蟲（Buprestidae）、象鼻蟲（Curculionidae）、金花蟲（Chrysomelidae）、步型蟲（Carabidae）……等等，其中又以前 5 類昆蟲的商業行為最為頻繁。一般而言，甲蟲商業行為大概可以包括幾個部分：

　　第一、是活體昆蟲的買賣，包含成蟲及幼蟲（或是蛹）。

　　第二、是昆蟲標本之輸入（出）。

　　第三、是飼育甲蟲周邊商品以及相關配備之販售。

　　其中活體昆蟲的販售若是販賣國外昆蟲，若在飼養的過程當中蓄意野放或管理不當造成昆蟲逃脫，而使得外國昆蟲進入野外環境中，由於鞘翅目昆蟲對環境的忍受性大，一旦遇到適合其產卵的環境，則會大量進行繁殖，容易造成外來種昆蟲入侵台灣生態環境，或是在台灣落地生根與台灣本土昆蟲進行競爭。

第二節　外來種

　　「外來種」生物的引入是指因某種原因將非本地產的動物或本地原產但已滅絕的動物引入該地區的過程，而此物種在自然情況下無法跨越天然地理障礙，如：海洋、河流、高山或長距離的隔離等而播遷

至該區域。IUCN 於 2000 公布了一份避免外來入侵種導致生物多樣性喪失的指導方針（IUCN guidelines for the prevention of biodi- versity loss caused by alien invasive species），其中對外來種有明確的定義。在這份文獻中將外來種區分為「外來種」以及「外來入侵種」，其定義如下：

一、外來種（Alien, non-native, non-indigenous, foreign, exotic species）：指一物種、亞種乃至於更低的分類群並包含該物種可能存活與繁殖的任何一部分，出現於其自然分布疆界及可擴散範圍之外。

二、外來入侵物種（Alien invasive species）：指已於自然或半自然生態環境中建立一穩定族群並可能進而威脅原生生物多樣性者。

而通常外來種變成外來入侵種的條件有下列四項：

一、與原生棲地相似的環境條件。

二、在移入的地區缺乏天敵和競爭對手。

三、新地區有豐富的食物。

四、物種本身具備較強的繁殖力和環境適應力。

鞘翅目昆蟲對環境的忍受程度較大，且目前台灣輸入的外國昆蟲當中又以東南亞以及南美洲的昆蟲為主（包含各種巨扁、大鍬、鋸鍬、兜蟲等等），其原本產地之氣候條件與台灣類似，甚至以台灣原始林的整個生態環境，反而更適合其生長與繁殖，加上外來種昆蟲的個體一般在同一亞種而言，均比台灣原生種鍬型蟲巨大，且幼蟲期已具有攻擊力，生長速度也比較快，很容易對台灣原生種的鍬型蟲造成威脅，儼然具有演變成外來入侵種的潛力，千萬不可小覷之。

第三節　日本方面之相關研究

日本國立環境研究所生物多樣性研究計畫中曾指出，日本政府早

期曾經因為森林樹種的保育而明令禁止甲蟲的輸入，在 1999 年才正式開放 34 種外來甲蟲活體的輸入，直至 2003 年已有 505 種解禁種。據統計指出，甲蟲活體的輸入在日本每年快速成長，現在已達到 1 年 80 萬隻的水準。這對日本人而言，的確是一項活動十分熱絡的娛樂性商業行為。但是如此發達的商業行為卻也為日本的環境生態埋上了一層陰影，以下將就此生物多樣性研究計畫進行介紹。

 一　應用分子生物技術對日本原生種鍬形蟲進行普查

研究中蒐集了各地的扁鍬形蟲（Dorcus titanus ssp.），包括日本本國、外島、鄰國（韓國、中國大陸、台灣……）及東南亞各著名產地的巨扁鍬型蟲，以分子生物的方法檢測其基因型的相似程度。研究中提出了一個扁鍬形蟲演進的假說，即扁鍬形蟲之祖先可能源自於中南半島上（或馬來西亞），向北（即向中國大陸、日本、韓國、台灣等）演化成個體較小之亞種，向南（印尼群島、婆羅洲、菲律賓群島等）演化為個體較大的巨扁亞種（如圖 27-1）。雖然這些亞種的基因相似程度頗高，但是仍有不同；若是有外來種扁鍬形蟲散布至野外，則和日本原生種扁鍬形蟲雜交產生具有繁殖能力之雜種後代，可能性極大，故進行下一階段實驗（雜交試驗）證實此假設。

二　日本原生種扁鍬形蟲與蘇門達臘巨扁鍬形蟲雜交試驗

這個部分的研究是採用日本本土扁鍬型蟲（Dorcus titanus pilifer）與蘇門達臘扁鍬型蟲（Dorcus titanus titanus）雜交，試驗其是否能產生具有繁殖能力之下一代。實驗結果證實雜交所產生之後代仍具有生殖能力，而且其雜種鍬形蟲之體型明顯優於日本原生種扁鍬形蟲。

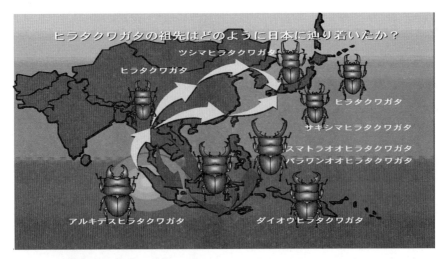

圖 27-1　扁鍬形蟲（Dorcus titanus ssp.）演化假說

 **日本扁鍬形蟲基因庫受到污染之情況**

　　該研究在日本野外採集的野生扁鍬形蟲個體，經由分子生物技術的方法檢測（mtDNA），已證實帶有外來種的基因；而且帶有外來基因之野生個體，不僅只有一個地區，而是散布在日本境內（如圖27-2）。

第四節　甲蟲商業行為對台灣所造成之衝擊

　　原本鞘翅目昆蟲買賣及飼育的風氣在台灣並不是非常盛行，但是近5年來在日本影響下，國內也吹起了飼育鍬型蟲及兜蟲的熱潮，而飼育者又以年輕的學生居多。國小以及國中教師也於自然科學的課程當中教導獨角仙、鍬形蟲之飼育過程，無形之中也造就了新世代對甲

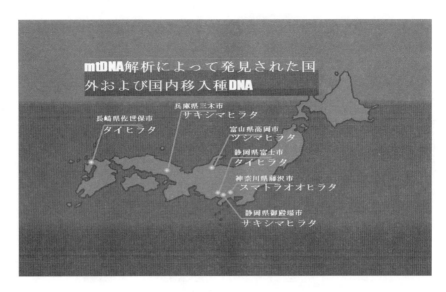

圖 27-2　帶有外來基因之扁鍬形蟲採集地點

蟲的好奇心；但這些年輕的飼育者並不具有基本的生態學觀念以及正
確的管理昆蟲方法，時常造成幼蟲以及成蟲的死亡及逃脫。所以基本
上在甲蟲的管理方面，台灣也比日本來的困難的多。

一　甲蟲販售店急速成長

　　台灣 10 年前對鞘翅目昆蟲的熱衷度並不如現在來的高，大部分
對昆蟲有興趣的民眾應該是以蝴蝶類為主，販售昆蟲標本的蟲商也大
概只有在南投以及台北市才見得到，全台灣應該不超過 10 間，且這
些蟲商抓獲之甲蟲也大部分是以極低的價錢銷往日本，僅有少數收藏
者有蒐集台灣產之鍬形蟲（台灣鍬形蟲大部分也是由日本人發表命
名）。近 5 年來台灣的甲蟲市場結構有相當大的轉變，首先是受到日
本甲蟲熱潮的影響，開始有蟲商以台灣產之珍貴鍬形蟲與日本蟲商交
換東南亞或是美洲與非洲產之甲蟲，而這些甲蟲則透過網路虛擬商店
販售。而在這期間，一些原本只討論蝴蝶或是爬蟲類的昆蟲網站，可

以漸漸感受到以鍬形蟲、兜蟲、天牛爲主的鞘翅目昆蟲已成爲大家討論的焦點。

第二階段，大約是以 2003 年爲界，開始有蟲商願意與外國產地直接購蟲而直接走私入台灣。因此，外國甲蟲之價格跌落數倍，這也代表可以入手的民衆數目也將與日遽增，小學生也可以用自己的零用錢買到屬於自己的外國甲蟲。到此時，國內已有 10 多家虛擬網路蟲店，開設店面的甲蟲專賣店也不下數 10 家。民衆可以在這些店家裡買到國內外的甲蟲，也可以購得飼育甲蟲的各種耗材。

 ## 外來種昆蟲對台灣生原生種昆蟲之影響

台灣本土之鍬型蟲與東南亞各國之鍬型蟲由於因海洋之隔，故大多爲亞種之關係，外型也類似。如：台灣扁鍬（Dorcus titanus sika）與日本扁鍬（Dorcus titanus pilifer）、印尼蘇門達臘產之扁鍬（Dorcus titanus titanus）、菲律賓巴拉望島產之扁鍬（Dorcus titanus parawanicus）以及中國大陸產之扁鍬（Dorcus titanus platymelus），互爲亞種關係，在外表型態上極爲類似，公蟲僅有少數特徵可以分別（如：齒突位置不同及前胸背板之突刺），母蟲更是無法區別。如果日本扁鍬可以跟其他亞種之扁鍬雜交（如：前述），產出具有生殖能力之下一代，這也代表台灣本土之扁鍬也有可能與其他產地之扁鍬雜交，導致台灣地區扁鍬型蟲基因庫之混亂。

其他如：保育類之台灣大鍬型蟲（Dorcus curvidens formosanus）與中國大陸（Dorcus curvidens hopei）、日本（Dorcus curvidensbinodulosus），以及中南半島（Dorcus curvidens curvidens）產之 Dorcus curvidens 種大鍬型蟲，不但外型極爲類似（公蟲僅有大顎齒型以及內

齒突不同,如圖 27-3 所示。母蟲則無法分別),可以相互交配產出具
有生殖能力之後代也早已眾所皆知。但是國內卻有不肖之商人,因為
產地價格高低不同而亂報產地,甚至用台灣大鍬型蟲之母蟲配對外國
產之 Dorcus curvidens 公蟲出售,此種行為實在是為基因庫混亂埋下
了一顆未爆彈。

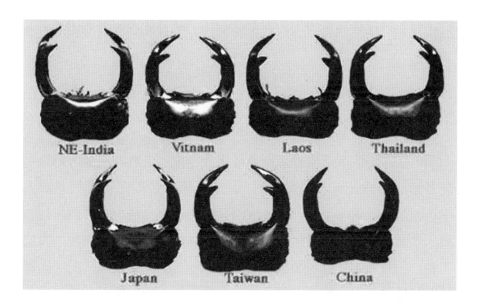

圖 27-3　各產地 Dorcus curvidens ssp. 之齒型

 外來入侵種

　　菲律賓 X 肥角鍬形蟲(Aegus philippinesis)原屬於菲律賓原生種
之鍬形蟲,該種鍬形蟲的生殖能力以及對環境之耐受度十分驚人。但
此種鍬形蟲卻不知何緣故(疑似遭飼育者不當野放),在幾年前已經
在屏東地區陸續有野生 X 肥角鍬形蟲的採集紀錄;而在 2004 年,該
種鍬形蟲已經可以在大部分的南部丘陵地(甚至平原)的朽木裡發現。

第五節 外來種甲蟲對台灣生態環境之潛在性影響

　　外來種對環境的影響大致可分為經濟部分與生態部分。不過，外來種對生態的影響常常無法清楚估計其損失，但是影響層面卻極廣泛，而且需耗費極大的人力與金錢彌補，也會間接影響經濟部分。

一 經濟部分

　　最直接的代價是金錢上的損失。各國政府每年都必須支付龐大的金額，作為防治或賠償外來種或外來入侵種所造成的農業、健康、生態各方面的損失。以台灣為例，過去引進養殖的福壽螺與非洲大蝸牛，因毫無計畫的棄置，造成族群擴散至農田，嚴重影響農作物的收成，尤其造成稻米大量減產，政府必須以大量金額補償農民，農民每年也必須花費鉅額購買農藥噴灑，形成極大的社會成本。而甲蟲對環境的影響雖然沒有前例可循，加上大部分的鞘翅目昆蟲在自然界僅屬於分解者的角色（幼蟲食朽木與腐植土），似乎並不會造成直接性的損失；但是若以另一觀點來看，外來種昆蟲與本土昆蟲雜交後產生的後代可能會改變其原有的食性，而造成不同種類昆蟲間食物的競爭，而改變原本自然界的平衡狀態，最終結果可能就是物種的滅絕，而任何物種的滅絕都是經濟層面無法評估的損失。

二　生態部分

（一）競爭與排擠

外來種若習性與原生種相近，就會競爭食物與棲地等資源，影響原生種的生態區位或造成原生種滅絕。鍬形蟲等鞘翅目的昆蟲習性以及食性大多類似，只是在不同的海拔會有不同的優勢種類；若是外來種入侵後，勢必會對原生種昆蟲的食物以及棲息地造成競爭。

（二）疾病或寄生蟲的傳染

外來疾病或寄生蟲對原生生物的影響往往出乎意料的嚴重。當初歐洲在世界各地的探險與移民活動，成為各種疾病傳播的主因，除了各國原住民的感染與死亡，也造成夏威夷的鳥瘧疾與鳥病毒，致使數種夏威夷特有種滅絕；台灣因引進琉球松也順道引入松材線蟲，造成後來大量松樹的死亡。鞘翅目昆蟲身上通常會帶有蟎（mites）類的寄生蟲，這類的寄生蟲會緊緊附在甲蟲的腹部，啃食甲蟲身上的分泌物維生。而這一類的寄生蟲對人類的影響不明，但是對原生種的昆蟲是否會造成傷害則還有待進一步評估。

（三）雜交

如果外來種親源與本地原生種相近，將使自然雜交率提高，改變原生種的基因組成，降低基因多樣性（如：前面日本國家生物多樣性計畫所述）。假定 1 對雜種成蟲的壽命有 1 年，同時能產出 1 對的後代，這樣一對成蟲經 10 代的繁殖後可以達到數 10 萬個雜種後代。而由於基因的污染，造成本土種因雜交而不復存在；本土種在特定棲地自然演代了數百萬年，不論在型態和基因上都已自成一格，具有其特

性所在，但因為人為因素將外來種引進，因為雜交而造成某物種的特性消失，當雜交後代數量到達一定程度時，本土種的生存便遭威脅，再加上雜交不斷的進行，如此一來便加速了此物種的滅絕。

（四）生態系統的改變

在生態系統中，各種生物維持著穩定的動態平衡，自然環境才能維持相對穩定的環境，但外來種的引入常會干擾當地的生態系統，造成失衡的現象。境外輸入甲蟲乍看之下似乎對生態系統影響並不大（因其非生產者也不屬於消費者），但台灣未經開發的原始林地本來就所剩不多，似乎也經不起如此萬一的重擊。

第六節 強化對外來種昆蟲之經營管理

一般而言，對人類沒有明顯利益且對被侵入的生態系動、植物相或生態過程明顯有負面效應的入侵物種，均應被滅除或控制，雖然對某些已普遍存在的外來種，大部分國家均無法有效防除，但像是島嶼或特有性高的生物多樣性脆弱地區仍應努力去滅除或控制新的外來入侵種。對已經建立的入侵種，「控制」恐怕是大部分案例的唯一選擇。

滅除或遏止入侵種最好的選擇是在入侵的早期階段，在族群尚未擴增之前。某些外來種在突然顯現強烈入侵性之前，可能經歷一段看似無害的潛伏時期，而或許是在遺傳性質的突變、局部環境變遷，或是另一些可協助其擴遷的外來種被引入後，如：食物來源、播粉、種子擴散者等，而改變其入侵強度。當然另有某些外來種可迅速建立並

擴散族群。因此，早期偵測新生物入侵變得非常重要，一旦新入侵者被偵測後則應採取快速的行動以阻止入侵，在做得到時，滅除是處理外來種的最佳選擇，它可免去永久控制所需源源不絕的經費支持與環境代價。

「預防勝於治療」是面對外來種問題時最適切的態度，以下參考IUCN 所公布的指導方針中所提列的要點，作為台灣在面對外來物種問題時必須謹慎思考的方向：

 ## 增進對外來種影響的認識與認知

台灣地區一般民眾自然保育觀念於近年透過民間與政府單位齊心努力，已有長足進步，但對外來種部分至今始終是較為薄弱的一環，因此奠基於正確知識與資訊並廣泛宣導與教育，是為國內處理外來種問題時重要的一個環節，唯有大眾對外來種有相當認識與認知，外來種的議題才會受重視，外來種也才不會被隨意引入或運出，而與外來種相關經營管理作為也才能得到足夠的支持。

 ## 建立偵測機制

避免外來種不當引入為處理外來種問題最有效、最經濟的首要措施，因此需要針對各種蓄意、非蓄意引入管道設計足夠的偵測機制，並能夠快速反應。

 ## 立法管制外來種

對於不同管道（合法或不合法）進入台灣的甲蟲進行列管或是管理，立法管制外來種昆蟲的不當的野放行為，以及對輸入昆蟲對台灣

生態環境影響之評估，也是目前相當緊迫的工作。

四　強化相關單位功能

　　為杜絕外來種的危害，當務之急，應加強外來生物走私之查緝及動、植物防疫與檢疫工作，以防止外來種生物入侵；同時，對外來種生物之引進，應做好環境影響評估，避免對本土生物之衝擊；上述業務之推動，有賴相關單位通力合作，始竟全功。

五　推動相關研究以增進外來種知識

　　不論是防範於未然的監測通報系統或是對入侵物種的防制移除，都有賴足夠的研究資料為依據。

第七節　結語

　　在飼育風氣漸熱的今天，我們不禁要想想，當全世界都在談「生物多樣性保育」的今天，不論是為本土生物多樣性的保育或是原生物種的保護，外來種問題都不容輕忽，尤以台灣是小型島嶼，擁有獨特的生態系，對於外來種生物的侵入更是敏感與脆弱。因此，了解外來種生物在台灣地區的現況與影響，以避免其在封閉的生態系所可能帶來的嚴重傷害，益發有其必要性與重要性。

參考文獻

1. 顏仁德，生物多樣性保育展望大會議論文集—外來種與放生問題。中華民國自然生態保育協會（SWAN），2000。

2. "Biological invasion caused by Commercialization of stag beetles in Japan"，日本國立環境研究所生物多樣性研究計畫，五箇公一。

3. BE-KUWA NO.10 雜誌中文版，MOOK NO.1，商鼎文化出版社。

4. 世界鍬形蟲的生態與飼育，鈴木知之、福家武晃，商鼎文化出版社。

5. 沈醉兜鍬，賴廷奇，晨星出版社。

第28章

台灣地區有機農業之現況與發展－以農產品為例

馮宇柔

有機農業（Organic Agriculture）就是古代的農業生產，當時沒有化學農藥及化學肥料可用，栽培資材取之於自然且無污染，因此，有機農業亦可說是復古農業。有機農業是一種較不污染環境、不破壞生態，並能提供消費者健康與安全農產品的生產方式，其定義因各國法規之不同而相異，歐洲聯盟的 12 個國家，雖採用相同的管理條例，卻分別使用生態農業、生物農業及有機農業等三種名詞，而我國農委會則統一採用「有機農業」一詞。

第一節 有機農業的起源

一 有機農業之定義

有機農業（Organic Agriculture）就是古代的農業生產，當時沒有化學農藥及化學肥料可用，栽培資材取之於自然且無污染，因此，有機農業亦可說是復古農業。有機農業是一種較不污染環境、不破壞生態，並能提供消費者健康與安全農產品的生產方式，其定義因各國法規之不同而相異，歐洲聯盟的 12 個國家，雖採用相同的管理條例，卻分別使用生態農業、生物農業及有機農業等三種名詞，而我國農委會則統一採用「有機農業」一詞。

二 有機農業對生態環境之影響

（一）減少農藥及肥料對環境之污染

有機栽培法對於病蟲害防治，以栽培抗病蟲品種，或利用天敵、微生物製劑取代農藥，或以套袋、誘殺板、捕蟲燈等物理方法防治。此外，以有機質肥料取代化學肥料，此種栽培方式可避免河川、湖泊、水庫中農藥累積或優養化之現象，以確保水源品質，減輕對環境之負擔。

（二）農業廢棄物資源再利用，改良土壤性質

台灣地區 1 年所產生之農作物殘渣、稻殼、家禽畜排泄物等農畜廢棄物高達 1,000 餘萬公噸，如未妥善處理將造成環境污染，這些農業廢棄物若經充分醱酵後轉化為有機質肥料再施於田間，不僅可有效

處理農業廢棄物，更可改良土壤性質，並提供農作物生長所需之氮、磷、鉀肥，因而降低化學肥料之用量。

（三）健全耕作制度，利於水土保持

一般栽培法連續種植作物，其吸收養分相似，會造成土壤中養分快速損失，最後必須仰賴大量的化學肥料補充，以致增加化學肥料的用量。而有機栽培法，如：採取與豆科植物輪作、間作或輪作綠肥，可以改善土壤理化結構，並減少發生病蟲害之機率；此外，土壤覆蓋亦較完全且滲透力及保水力增加，可避免雨水沖刷，故可有效防止土壤沖蝕。

（四）減少 N_2O 形成，保護臭氧層

化學氮肥大量的使用會產生氧化亞氮（N_2O），而破壞大氣中平流層的臭氧層，使得紫外線穿透大氣層直達地面之量增加，將危及地球上的生物，因此，減少或不使用氮肥可減少 N_2O 之生成量。

三　有機農業對食品安全之影響

（一）風味較佳

根據美國農業貿易季刊報導，全美國數百位美食主廚認同有機食品風味較一般食品為佳，國內研究報告亦指出，有機農耕法栽培之稻米其游離糖含量較高及直鏈澱粉含量較低，其口感較佳。另以化學農法栽培之香蕉一般較為粗大，且果肉會有硬心，葡萄果粒雖大，但有時會有明顯的藥斑，枇杷果皮常會皺曲且有不易剝離、果肉硬、風味較差之缺點，反之，以有機農法栽培則有明顯之改善。

（二）營養成分優良

根據美國農業貿易季刊報導指出，有機食品未必比傳統食品更有營養，但有機食品不用人工殺蟲劑、除草劑、殺菌劑及化學肥料，產品較為衛生安全。國內研究指出，白米之磷、鉀、鎂、矽等元素之含量以有機法較化學法為高，而鋅、錳則相反；就新鮮毛豆而言，有機栽培法之產品，其粗脂肪、粗纖維、灰分、游離糖含量較化學法略高，而胺基態氮、不溶固形物含量則較低。由於有機農產品完全使用有機質栽培，其所吸收之養分亦與一般化學栽培者稍有不同，通常有機農產品的錳含量較低，其他如：鋅、銅、鎳等金屬含量有時也較低。至於有機栽培之水果，其糖度、酸度及礦物質含量較高，水分含量則較低。

（三）硝酸鹽含量較低

大量施用化學氮肥，將可能導致蔬菜中之硝酸鹽與亞硝酸鹽累積，國內之研究指出，尚無證據顯示植株施用有機肥料其硝酸態氮含量比施用化學肥料為高之情形。

（四）貯存期限較長

根據台中區農業改良場試驗結果，化學農法栽培之楊桃儲藏 5 天即開始產生褐斑，8 天就劣變，而有機楊桃要在第 12 天才有劣變情形；化學農法栽培的番石榴亦較有機栽培者約早 1 星期劣變。另有研究指出，有機農產品之所以有耐儲藏性之特性，或與其不溶固形物、糖分及礦物質之含量有關。

四 世界各國有機農業之發展演進

有機農業的發展在國外起源較早，早在 1924 年即有德國人開始提倡有機農業，希望以耕作技術來取代化學物的使用。1935 年，日本岡田茂吉生開始倡導自然農法，並於 1953 年成立自然農法普及會，並於 1985 年組織自然農法國際研究中心。主張完全不使用化學農藥及化學肥料等，而用天然有機物來培養健康之土壤以生產健康之作物，同時利用生態平衡原理來防治病蟲害。美國、英國的有機農業開始於 1940 年代，但真正受到重視及推動則到了 1970 年以後，其他歐洲國家，如：丹麥、法國等，近年來有機農業也快速成長。早期宣導發展有機農業的幾乎都是較為先進的工業國家，但到了 1980 年以後，逐漸受到全球各國的普遍重視。

（一）國際有機農業聯盟

國際有機農業聯盟（International Federal of Organic Agriculture Movement，簡稱 IFOAM）是一個全球最重要的有機農業組織，是由分布於 100 多個國家中的 500 多個與有機農業有關之組織所組成，這些組織包括農民、消費者、加工業者、貿易商等組成之協會，以及研究、推廣、訓練等機構，另有許多個人會員，但沒有投票權（目前台灣並沒有 IFOAM 之協會會員）。IFOAM 是一個非營利的世界性組織，1972 年成立於法國，目前該組織在瑞士註冊，但行政總部設在德國，故與德國有機農業協會及有機農業之發展有密切關係，對引導德國有機農業之發展及對農業政策之影響貢獻卓著。

（二）世界永續農業協會

世界永續農業協會（World Sustainable Agriculture Association，簡稱 WSAA）指出，現代農耕必須調整方向，期使農產品減少污染，使

農業能永續發展。為使此種永續農業成為世界性之農業生產體系，由日本 MOA 發起兩次籌備會議，決定在 1991 年 9 月 6 日於聯合國總部成立世界永續農業協會。

五　台灣地區有機農業之發展演進

台灣有機農業的發展與上述這些國家相比，可說起步甚晚，台灣地窄人稠，除實施多作型的精耕栽培外，同時也依賴大量的化學肥料與化學農藥來謀求高產量。此外，台灣高溫多濕，有機質分解迅速，地力快速減退，農產品亦有農藥殘留及污染之問題，有機農業之發展始被重視。台灣正式加入世界貿易組織（WTO）後，有機農產品將是較具競爭力及發展潛力的項目之一。

第二節　有機農業之實施準則

一　環境條件

農地土壤重金屬含量及灌溉用水水質皆應符合相關的標準。

二　雜草控制

以敷蓋、覆蓋、翻耕或輪作方式減少雜草叢生，且不得使用化學合成除草劑。

三　肥培管理

（一）定期採取土樣分析，了解土壤理化性質及肥力狀況，作為土壤肥培管理之依據。

（二）施用農家自產之有機質肥料、經充分醱酵腐熟之堆肥，或其他有機質肥料，以改善土壤環境並供應所需養分。

（三）不得施用化學肥料（含微量要素）或含有化學肥料之微生物製劑及有機質複合肥料。

四　病蟲害防治

（一）採行栽培防治、物理防治、生物防治、種植忌避植物及利用天然資材等防治法，以防病蟲害之發生。

（二）不得使用化學合成農藥以及對人體有害之植物性萃取物與礦物性材料。

五　收穫、調製與包裝

有機農產品採收後均應與一般農產品分開處理、貯存及包裝，收穫後之處理不得添加或使用任何化學藥劑。

第三節　有機農產品之驗證與標章

一　驗證與標章的重要性

有機農業在環境保護、生態保育及食品安全等方面均有貢獻，

受到各國政府及消費者之重視，然因有機農產品外觀與一般農產品並無顯著差異，因此常有以假亂真的情況發生。有機農產品的驗證及標章可作爲區別是否爲有機農產品之重要依據，故成爲各國發展有機農業極爲重要的一環。

在有機農產品買賣的市場中，賣方對產品的資訊（包括其來源、生產者或生產過程，以及是否爲合格有機農產品等之了解程度）必定多於買方，若無可資區別或證明的「證據」存在，有機農產品市場將會因爲「資訊不對稱」，而導致假有機品日益增多、真有機品日益減少之「劣幣驅逐良幣」的嚴重後果。因此，爲解決有機農產品市場中資訊不對稱的問題，有機農產品的驗證與標章即爲「信號放射」（signaling）最重要的方式。

二 國外之狀況

（一）相關重要規範

1.IFOAM 的有機農產品生產及加工基準，有機食品生產、加工、標示及行銷準則，以及認證計畫之操作手冊。

2.聯合國的有機食品規範。

3.歐盟的有機農產品規範。

4.德國的有機農業法及有機農產品標示法。

5.美國有機農業之相關法律相當齊全，包括「農業生產力法案」、「糧食安全法」、「農業法案」、「有機食品生產法」、「美國農業部有機食品證書管理辦法」及「有機食品法」。

6.日本有機農業相關法規亦稱完備，包括「自然農法技術推廣要綱」及「有機農產品等青果物特別表示準則」（簡稱「有機農產品準則」）。

（二）驗證項目及對象

　　由國外重要之有機農業驗證規範可知，驗證項目會隨著有機農業之發展而演進，主要的改變包括下列各項：

　　1.先對植物產品加以規範，而後才對畜牧產品、漁產品、蜜蜂產品、林產品及採集農作物等加以規範。

　　2.先對國內及初級產品規範，而後才將加工及進口產品包括進去。

　　3.先對生產階段規範，而後加入儲藏、運輸及包裝等過程。

　　4.在有機農業發展初期或針對新引入的有機農產，可以容許外購植物材料或牲畜、飼料及動、植物肥料等，惟應限制外購資材之比率，而由自家農場供應或自其他有機農場購入。

　　5.先對作為食品的有機農產品驗證，而後亦將作為農業資材的有機農產品納入驗證體系。因有機農業應使用由有機農場生產的飼料、肥料、種畜、種苗等，因此將之納入驗證產品項目，可提供有機農場選購。美國有機規範即規定：飼料必須為 100%有機者才可稱為有機飼料。

三　國內之狀況

（一）相關法規

　　1.行政院農業委員會所頒布之「有機農產品驗證機構輔導要點」、「有機農產品生產基準」、「有機農產品驗證輔導小組設置要點」及「有機農產品驗證機構申請及審查作業程序」，皆已於 92 年 9 月 15 日停止適用。

　　2.行政院農業委員會於 92 年 9 月 15 日訂定「有機農產品管理作業要點」、「有機農產品驗證機構資格審查作業程序」，及「有機農產

品生產規範—作物」。

（二）驗證制度

　　一般而言，各國的驗證工作多由經核准之民間機構執行，並要求應具備足夠數量且訓練合格之工作人員，依據有機農業生產準則對生產者或加工業者進行嚴格的驗證，並須定期繳交相關報告及資料等。爲落實有機農產品之驗證工作，行政院農委會積極輔導正式成立之有機農業團體辦理驗證事宜，通過農委會審查即可在其驗證標章上標示「行政院農業委員會認證」之字樣。目前通過審查之驗證團體包括有下列五個民間組織：「財團法人國際美育自然生態基金會（MOA）」、「財團法人慈心有機農業發展基金會（TOAF）」、「台灣省有機農業生產協會（TOPA）」、「中華民國有機農業產銷經營協會（COAA）」及「臺灣寶島有機農業發展協會（FOA）」。

（三）認證標章

1.行政院農委會輔導之有機農產品驗證機構所使用之標章：
（1）國際美育自然生態基金會（MOA）

| 有機農產品標章 | 有機農業轉型期產品標章 |

（2）慈心有機農業發展基金會（TOAF）

有機農產品標章	有機農業轉型期產品標章

（3）台灣省有機農業生產協會（TOPA）

有機農產品標章	有機農產品標章	有機農業轉型期產品標章
經「驗證委員會」審查通過達三年以上。	經「驗證委員會」審查通過達二年以上。	

（4）中華民國有機農業產銷經營協會（COAA）

有機農產品標章	有機農業轉型期產品標章

（5）台灣寶島有機農業發展協會（FOA）

有機農產品標章	有機農業轉型期產品標章

2.安全蔬果（吉園圃）標章：農藥殘留問題是消費者最關心的問題，雖然近年來由於政府的努力及農友配合，目前農藥殘留合格率已達98%以上。但因為農藥殘留是看不到、聞不到的，消費者屢有反應蔬果上宜有安全用藥標章，以供選擇辨識，另有許多農民反應政府除應取締不合格之農產品外，尚應對於遵守農藥安全使用規定之農民給予某種鼓勵，因而設計「安全蔬果（吉園圃）標章」，並制定嚴格之核發使用管制要點及認證程序供優良產銷班申請使用，該標章黏貼或印製於蔬果之外包裝上，代表品質的安全及農友的榮譽，消費者可放心採購並安心享用。

第四節　國內有機農業發展之瓶頸

一、消費者對有機農產品之信心不足。
二、氣候、土壤等天然條件不良。

表 28-1　吉園圃標章圖案代表之意義

本標章照原圖比例製作成直徑分別為 7 公分、5 公分、2 公分等大、中、小三種尺寸，以適用於不同包裝袋（箱）上，或更小尺寸，以直接黏貼於農產品上。	
二片葉子為翠綠色（代表農業），字體為藍色。	
圓圈為紅色。三個圓圈代表此產品經過「輔導」、「檢驗」、「管制」，符合國際間為達到品質安全所強調之優良農業操作。	
GAP 係 GOOD　AGRICULTURE　PRACTICE（優良農業操作）之英文縮寫。	

三、有機農產品生產成本高。

四、有機認證基準不合時宜。

五、有機農產品認證標示混亂。

六、部分認證機構認證人員素質參差不齊。

七、外國有機農產品充斥，無法可管。

八、推廣有機農業之經費嚴重不足。

九、消費者的參與度不夠。

十、農民無法負擔高價之認證費用。

第五節　國內有機農業未來發展之改進方向

　　台灣地區病蟲害問題較為嚴重，農業生產環境與國外不盡相同，且尚處有機農業發展初期，未來數年不宜急遽擴大有機栽培之面積，應著重於有機栽培技術及資材之研發與輔導量產，先求質之提升，再求量之擴大。未來在管理上應針對下列各項加以改進：

一　加強驗證輔導小組之審核功能

二　擴大驗證對象

各國相關法規均以生產者、加工業者及進口業者為主，此三者經驗證後可使用有機標章，雖然各國規範均未針對有機零售業者加以驗證，但零售業者仍應納入規範。

三　強化對驗證機構之規範

（一）明定驗證機構認證之有效期限

IFOAM 及美國所規定之驗證有效期限為 4 年及 5 年，我國亦應訂定每次認證核可之年限，例如：前兩次核可各以 2 年為限，以後則可增為每次 5 年。

（二）提升驗證人員之專業素養

農委會驗證輔導小組須因應驗證機構之需要，開設驗證人員訓練課程，使各機構驗證人員具備基本之驗證能力及專業知識，同時應規定唯有經過訓練及通過考核（或擁有證書）之人員方能擔任驗證工作，期能提升驗證水準並維護驗證之公信力。

四　擴編驗證管理機構以利事權統一

（一）設立專責單位，統籌管理事宜

因應未來擴大有機農產品之驗證項目（將畜牧、漁業等產品加

入），農委會應設立專責之有機農業主管部門，以統籌有機農業之政策及驗證管理事宜。

（二）中央地方分工，落實監督與管理

目前我國有機農產品驗證管理工作，地方政府並未實際參與，未來應建立中央政府與地方政府之分工管理機制，以有效管理及監督全國各地有機農業之驗證及有機食品之買賣。

五 儘速研訂相關法規

（一）加重違規處罰

目前國內相關法規之罰則過輕，有礙國內有機農業之正常發展。

（二）建立完整之驗證通報與處理機制

除依規範生產、加工、行銷及標示等外，通報及處置亦是驗證中非常重要的一環，對一般驗證過程應予規範外，對於驗證問題之通報及處置亦應加以規範。對於未依法通報或處置，或未適時、未正確、未完整通報或處置者，應依法處以罰款，執法從嚴。

六 加強宣教活動，建立正確觀念

七 提升國內適用之生產技術

由於國內農業生產環境與國外不盡相同，氣候高溫多溼，病蟲害問題較為嚴重，土壤中有機質肥料損失較快，故亟待建立國內適用之雜草控制、肥培管理、病蟲害防治方法及適用資材等生產技術。

第六節　結語

在台灣有機農產品的市場中，必須以驗證制度來區別真假有機農產品，並保障生產者及消費者之權益。有機農業之驗證規範會隨著生產技術之改進、消費者之要求及進口產品之競爭而日漸提升。為保障國人之消費安全與權益，及維護國內有機農產品之生產，更應制訂相關法律作為規範，以杜絕不合格之進口有機農產品充斥國內而無法管理。

政府應明訂相關法規，並擴大有機農產品之驗證項目，將農、畜、漁等主要產品均予納入，同時應針對進口之有機農產品加以規範或驗證。對於違反規範之生產、加工、進口或行銷業者、有機農產品驗證單位或相關行政單位，應嚴格處以罰款或刑責，以公權力確保相關規範之實現。此外，有機農產品驗證資料之管理及驗證之通報體系亦應納入規範中，以落實驗證制度並能積極控管驗證制度之運作。

至於驗證機構工作人員之教育訓練方面則應予以加強，並以授予證書之方式考核及鼓勵。對於有機農業驗證人員及驗證機構之認證授權（或授證）亦應訂定期限，以提升並維護驗證工作之水準。在驗證工作之監督與管理方面，農委會應設立專責單位負責有機農業事務，以因應有機農產品驗證項目後續擴增之需求，待有機農業蓬勃發展之後，則應研擬中央與地方之職權分工，以落實有機農業之監督與管理工作。

參考文獻

1. 丁全孝，有機農業發展現況及未來展望。花蓮區農業專訊。第26期，頁10-12，1998a。
   有機農業推廣面面觀。農業世界雜誌，第181期，頁11-15，1998b。

2. 王銀波，有機農業之由來及定義。有機農業發展研討會專刊，頁1-4。台中區農業改良場，1999。

3. 林傳琦，推動有機農業之成果與展望。農政與農情，第137期，頁32-36，2003。

4. 官泯希，另類農法回歸自然。消費者報導，第183期，頁5-8，1996。

5. 邱宗治，有機農業，商機無限－農會行銷有機農產品之挑戰與展望。農訓雜誌，5月，頁52-56，1997。

6. 施明山，台灣有機農業發展概況。有機農業科技成果研討會專刊，頁6-11，台中區農業改良場，1997。

7. 胡淑玲、賴清涼，台灣省有機農業生產協會發展有機農業之理念與作法。有機農業發展研討會專刊，頁135-145，台中區農業改良場，1999。

8. 黃璋如，我國與歐美有機農產品驗證制度之比較。農政與農情，92年3月號，頁36-40，2003。
   中德兩國有機農業之發展。行政院農委會研究計畫，1997。
   台灣有機農業之產業規劃研究。農業經營管理，第4期，頁102-126，1998。

9. 游仲恆，有機農產品認證問題分析－以消費層面分析。碩士論文，台灣大學農業經濟學研究所，2000。

台灣有機農業推廣之探討－公部門與非營利組織之比較。農業推廣學報，第 18 期，頁 48-70，2001。

從全球觀點探討台灣有機農業之發展，中華農學會報，第 3 卷第 4 期，頁 311-324，2002。

10. 劉佳玲，美國有機食品的標準。食品市場資訊，第 90 卷第 1 期，頁 59-60，2001。

11. 鄧耀宗、黃伯恩，台灣永續農業之現況與展望。永續農業研討會專輯，頁 1-8，台中區農業改良場特刊第 32 號，1993。

12. 謝衣鵑，美國有機食品產業成長。食品市場資訊，第 92 卷第 3 期，頁 23-25，2003。

世界有機食品市場有潛力，食品市場資訊，第 91 卷第 1 期，頁 25，2002。

13. 行政院農業委員會　http://wwwe.coa.gov.tw。

14. 有機農業全球資訊網　http://ae-organic.ilantech.edu.tw。

15. 公基金會　http://www.liukung.org.tw。

16. 琉璃光出版股份有限公司　http://www.lapislazuli.org。

環保心靈與環保文化議題

第29章

從歷史制度與環境倫理
看當前環保生態問題

魏元珪

在環保觀念中更重要的一環即人對自然的關係，人對自然不是征服者，或一味的開發或利用者，而是並存者。此即莊子所說：「天地與我並生，而萬物與我為一」的境界（《莊子·齊物論》）。人在自然之中，受自然所賜，應是發揮生生之德，彼此和諧相處，「利用」出乎「正德」，其目的在乎「厚生」。「利用」若出乎「喪德」，其結果即淪為「喪生」。

第一節　前言

　　環境工程學是當代嶄新的工程科學，其內涵實包括環境科學與環境人文學兩大領域。就環境科學而言，擴及公共環境的工程措施，諸如：環境美學、環境景觀學、環境衛生學。就實際事務而言，包括土壤、地質、地形、地物之維護、森林植被之推廣與評估、水利工程中河川疏濬、溝渠設計、邊坡之防護與都市造城之設計與審查、鄉村、道路之延伸與評估，以及任何重大工程與環境之審查。更涉及氣候、濕度、雨水對環境工程之影響等。其外延涉及土壤學、地質學、氣候學、造型美學、建築學，以及一切土木工程之設計與監督，生態之維護與平衡，空氣品質之監護暨各種交通工程與環境與衛生工程之監督等等。就環境人文學方面而言，則涉及環境心理學、環境美學、民俗學、環境文化、環境倫理，與環境道德學等諸方面。其實際事務方面擴及環境教育，其主要任務是培養國民環保意識、環保心靈及環保文化方面之精進。

　　現代的都市觀念不再是一切聚居者的集合，而是高品質的公民有計畫、有秩序、有品味的高水準的社區人文村落。都市已是世界村的一部分，都市文化將是一國文化的具體表徵，無論物質建設或人文精神，皆表現出泱泱大度、有教養、有氣度、互體、互諒、互助的新社區，透過環境的嶄新工程，排除一切鄙俗與簡陋，以達現代文明社會與人文生活的水準。

　　在環保觀念中更重要的一環即人對自然的關係，人對自然不是征服者，或一味的開發或利用者，而是並存者。此即莊子所說：「天地與我並生，而萬物與我為一」的境界（《莊子‧齊物論》）。人在自然之中，受自然所賜，應是發揮生生之德，彼此和諧相處，「利用」出乎「正德」，其目的在乎「厚生」。「利用」若出乎「喪德」，其結果即

淪爲「喪生」。大自然中的所有生物，包括一切動物、植物、微生物，無一不與人們共生、共處，動物中包括一切家禽，以及野外的昆蟲、猛獸，甚至海洋中一切的生物，都與人之生存有密切的關係，當生態平衡被破壞了以後，食物鏈亦起反撲，若海水化學平衡被人爲的工業污染之後，一切水中之族類無法生存，亦即引起生物鏈的重大危機。河川中若遭受重金屬之污染，則直接受害者亦即是人類本身。任意地以化學藥品去撲滅昆蟲、細菌，則有益人類之昆蟲與細菌反被滅絕，致使致命的病毒和細菌缺少了天敵而到處橫行，反使人類健康出現危機。

當今人類從事並試驗生物作戰，培養各種病毒、細菌，其結果終至反撲人類，束手無策。今人更好基因試驗，利用基因改造各種動、植物，以求改善其品種，卻反而馴至破壞了自然的生態系統與自然成長之法則，終至得不償失。

環境工程學，放在宏觀調控的立場，係指導人類如何在自然中生活，而非竭澤而漁，一網趕盡殺絕。此即孟子曾所倡的「數罟不入漁池，則魚鱉不可勝食」之理。今人好用流刺網捕魚，這是扼殺大自然生機的短視作爲。

環境工程一方面在善盡建設一個合乎現代水準的都市與人文居住的空間，另一方面更在美化我們的環境與心靈的空間，以合乎環境美學與環境高度的文化水準。

第二節 當代人類破壞自然生態 平衡之檢討

一 不當的移植所帶來的後果

（一）大自然所安排的秩序，不是人類可以隨心所欲地加以變動。

（二）諸如：熱帶植物、溫帶植物、寒帶植物各有其不同的領域與功用，不可隨便種植，否則必影響其成長，甚至釀成水土保持的流失與危機。若干棘類植物具有排他性，若不當蔓延，其結果必造成其他植物之死亡與枯萎。

（三）昆蟲、魚類與爬蟲類之不當移殖將造成生態上極嚴重的危機，如最近火蟻侵襲台灣，在南部及彰化地區肆虐，受害的人畜不計其數。又外國牛蛙亦入主台灣田土，各種毒蛇因不當移殖，造成了本土蛇類與其他爬行動物之威脅，馴至田野間各物種生態平衡失去調和，而釀成意想不到之危害。

有人引進非洲或南美洲之巨蟒或巨蜥等。也有人從熱帶地區引進食人魚，或各種兇猛之水中生物，致使本土魚類及一切水產遭受死亡之厄運，此誠不可不察，當予以早日防範，在法律制度方面，應嚴禁出入境旅客或貿易商攜帶危禁品與危險動物入境。

二 交通頻繁下病毒細菌到處傳播

（一）世界各地樹林或花草經常受到不明病毒與細菌傳染，以致植株枯死或萎竭，如橡樹、松樹林之病毒，便侵擾各地林區。茲據洛杉磯時報報導，幾世代以來，加州大瑟爾風景區和雄偉的橡樹一直是許多人安歇心靈的所在。如今橡樹逐漸凋零，風景區大難臨頭，一種名為「橡樹猝死」的病毒正以驚人的速度在加州擴散，侵蝕成千上萬株的橡樹林。病毒侵襲樹幹、樹枝與樹葉等部位，足以摧毀樹木的循環系統並蝕盡水分。這種病毒名副其實，可以在兩星期內使樹齡兩百年的老樹死亡。不只是樹木，還包括杜鵑與山茶花等在內的其他植物也無法倖免。美國農學部區域公共事務官郝金斯說：「這是一種嚴重的植物病毒。它會影響森林的樹木和園藝業者種植的原生植物。科學家正忙著蒐集化驗被病毒侵襲的樹葉樣本。

（二）柏克萊加大環境科學教授嘉貝洛托已經研發出一種可以激發植物天然防衛機制的直接接種疫苗。……（見 2004 年 5 月 8 日聯合報國際 A14 版轉載洛杉磯時報報導）

又據紐約時報 2004 年 5 月 7 日電：「如今距美國第一批感染荷蘭榆樹病的榆樹已過了七十多個春天，……五年前，哈洛維（亞特蘭大經營護士介紹所的支持者）曾經一路追尋能抵抗疾病的超級榆樹，……但即便能抵抗疾病的榆樹也無法完全免疫，當其染病時，必須立即砍去。」

（三）人口密集空氣污染下所致之各種災害：大都會區人口密集，空氣多受工業污染或車輛來回奔馳所排放之二氧化碳等空氣嚴重污染。造成人類呼吸道病變，或各種過敏病症之增加，又因各種下水道之污染，而帶來各種病媒致人畜生病。

三　不當開發所帶來的地脈阻塞，或高山岩土鬆動，或地盤下陷

（一）地下水之不當抽取：致使雲、嘉、南一帶地層下陷非常嚴重，由於養殖業者，大量抽取地下水，使地層水位下降。或都市不斷地建築大廈，深達數層的地下室，致使地下水脈被人為建築所阻擋，而破壞了地層的水流。如：台北圓山大飯店建成之後，劍潭之水流即被阻塞，而無法保持昔日源源不絕劍流之景觀。

又因不斷開發高山公路、開挖山脈，使山勢移位、水土保持破壞，每逢大雨必使高山湧下之水流致附近低窪地區盡成澤國，甚至道路坍方、岩石崩落。

（二）植被之不當砍伐破壞了原來的林相，或因山坡地草叢稀疏無法著力而致山崩。台灣中南部林地原來木本植物遍布，被人工砍伐而改種檳榔樹，致樹根抓地力減弱，每逢颱風豪雨，便造成土壤嚴重

沖刷問題而使水土保持不易。

四　不當之養植業破壞了原來田野之生態平衡

（一）養植各種奇花異草，或由境外移入一些寵物或水產類，破壞了原田野之生態平衡。

（二）各種蘚類、水藻類以及家庭中昆蟲如：蟑螂大量由國外移入，台灣可見到德國蟑螂、美國蟑螂，無形中傳播各種傳染源。

（三）由於隨意養殖破壞了原來生物鏈之平衡，使田野之生態失衡。

五　重金屬之污染水源或都市排放污水以及化糞池之污染地下水層等

（一）都市或其郊區由於工廠林立，每日不斷排放重金屬進入溝渠、河圳，然後流入河川、海洋，使海洋附近魚類、貝殼類大量死亡，或含有重金屬之成分，經人食用後影響健康。

（二）都市排放污水，缺少污水疏流道俾導入污水處理工廠，使水資源再回收利用，否則日以繼夜的污水不斷奔流，造成環境嚴重之污染，如：都市化糞池即導使地下水源嚴重污染，致使都市地下水質嚴重惡化，並挾帶無數菌數與病毒，導致無形疾病之殺手。

第三節 中國歷代思想與制度 對生態保育與環境之措施

 三代之際自然環保思想與制度

（一） 區田制

中國在商代（公元前 1766-1154 年）已進入務農的社會，農業中之重要條件為田地，田地劃為阡陌之制。《書‧盤庚上》說：「若農服力穡，乃亦有秋。」

「樹穀曰田，象形囗十，阡陌之制也。」（《說文》）

種植之法，則為區田制，每耕種之地域，分為三區，輪流耕種，使地力得以恢復，此因古代地面廣闊供過於求，才有此制度之設定。氾勝之書，《區種法》說：「湯有旱災，伊尹作為區田，教民糞種，負水澆稼。區田以糞氣為美。」（《齊民要術》）

此所謂區田制，即將鄉野田地區分為三大區，每年輪流耕種一區，讓其他兩區休息，好培養地力，於是種植之農作物極富原味。當時不知有何化學肥料，土地亦不竭盡所用，使土地有恢復生殖力之機能。在畬田時，當以火燒草使留灰燼（鉀肥）以天然地沃土。此種區田法按三年輪耕一年，一歲曰菑田，二歲曰畬田，三歲曰新田，（《禮記注》），一歲為菑，始反艸也。二歲曰畬，漸和柔也。三歲曰新，謂已成田而尚新也。（《詩詁》）

按此區田制，創自商代之伊尹，將耕種地域劃成三區[1]，輪流種植，使地力易得恢復，此區田制，又名代田制。三區亦稱三甽，周朝承襲

---

[1] 見陳元德《中國古代哲學史》，台灣中華書局，民國 60 年 3 月台三版，頁 27。

商制，三區依其耕廢之情形而有名稱[2]，為菑、畬、新[3]。我國商、周二代，即已知土壤環保之重要性，不竭力地使用土地以免其中土壤成分流失，而變成瘠田。

察今日台灣，一田每年二耕至三耕，對土地利用誠為竭力而為，終使土壤貧瘠，而又過分使用化學肥料及殺蟲劑等致使土地酸化、土壤變質，因此所種出來的稻穀與蔬菜，缺乏原始之米香與菜香，這是過度榨取土地資源所釀成的惡果。如是日復一日，只有愈來愈惡化而已。

商朝或周朝所用的區田制，土地分為菑、畬、新三等，每年耕新田（即成熟可耕之田，亦即經休息後可再耕之田），其他菑、畬二等，則需休息或休耕，加以天然肥料如以火焚草所得的鉀肥，以豐沃之。

這種制度比希伯來人每七年土地需休耕一年之規定，更為先進合理，但中國大陸當時地廣人稀，自然可用這三畖制，希伯來地小人稠，每七年休耕一年已為難得，台灣田畝若能效希伯來制，亦每七年休耕一年，則土地維護必可獲相當之效果。

但任何制度與當地之經濟情況密不可分，若台灣真實行七年一休耕，必遭農民抗議，甚至引起他們生計的恐慌。至於商、周之區田制，則因台灣地少人稠，只有羨之而不可為之。

---

[2]　趙過能為代田，一畝三畖，古代也。（見《漢書‧食貨志》）

[3]　此為養田之法。第一年為菑田，即不耕之田，《說文》：田荒廢至第二年，名曰畬。以火焚草，餘灰留為肥料。田中積存肥料，至第三年，則為可耕種之田，名為新田。田之三畖，更迭廢種，則地力恢復，而收穫豐盛。畬，火種也。（見《集韻》）

（二）凡伯之提倡順乎自然

凡爲周同姓之國，在今河南輝縣，其主曾爲王官[4]，凡國爲周朝分封之伯爵國，故其國君稱爲凡伯，《春秋・隱公七年》說天王使凡伯來聘[5]。此時約當周厲王（878B.C.）與周宣王之時（約當公元前 878B.C. 至 827B.C.）[6]，凡伯曾作詩諷刺周厲王之惡政。《詩序》云：《板》與《召旻》凡伯刺厲王也。

當時凡伯認爲周代文物之盛皆因人有所作爲，有所奮進、大事建設，終致破壞了大自然之秩序。如：大事砍伐樹木營建宮室，則破壞了大自然間之生態平衡，他以無爲爲倡，不主張大事開發，認爲人不必創作，宇宙自有其秩序。人只需順其自然秩序之運行，則無錯誤與紛擾。以後此種思想爲春秋時期之老聃所承繼。凡伯反對矯揉造作。《爾雅・誓言》云：「爲造作也。」凡有所爲，即有所失。若人間之作爲破壞了大自然之平衡則得不償失[7]。此種反造作之思想，在周厲王、周幽王之時，益爲激烈，人們對此二昏君之作爲大爲不滿，因爲他們不但破壞了社會安祥的環境，也破壞了生態環境，以致天災人禍不絕如縷，終致民不聊生。故凡伯乃提出了尊重自然之主張。

（三）尹吉甫保全自然之主張

尹吉甫爲周室之王官，當西曆紀元前 8 百年左右，約當西周宣王至幽王之間（827B.C.-781B.C.），他是周之卿士，尹爲官氏，（見《詩箋》）曾作《烝民》之詩，詩中自署己名：「吉甫作誦，穆如清風。」

---

[4] 凡伯，周同姓分封之王侯，周公之胤也，入爲王卿士。見《詩箋》）及陳元德著《中國古代哲學史》第六章、群哲篇，頁 103-104，台灣中華書局版。

[5] 天王指周天子，按當時凡臣屬之國，在一定的時間內，皆須向周天子行報聘述職之禮。

[6] 按西周厲王元年爲 878B.C.，宣王元年爲 827B.C.，幽王元年爲 781B.C.。

[7] 參見陳元德《中國古代哲學史》，台灣中華書局，民 60 年 3 月台 3 版，頁 104-105。

《詩序》說《烝民》尹吉甫美周宣王也。吉甫之思想，提倡自然主義，尊重宇宙中所有自然之法則，人只需循此法則而行動，勿自矯揉造作，以免破壞了宇宙與自然之平衡法則。自然中有其生滅之機制，彼此制衡，保持一貫之中和，若任意加以人為之干涉，則反而破壞了自然間的競存與生生之法則。他首先提出：「天生烝民，有物有則，民之秉彝，好是懿德。」之箴言，他認為不但自然中有其法則，即連社會中亦有自然之秩序，道德即此秩序之運行，人循道德而行動為輕易之事；但人不能製造道德或廢棄道德，亦不能將此秩序據為私有。人亦有言：「德輶如毛，民鮮克舉之，我儀圖之。」人能明瞭自然之運行，則知持己之法則，可以保全其身軀，所謂既明且哲，以保其身[8]。

（四）伯陽甫的宇宙哲學與陰陽平衡原理

伯陽甫姓伯，名陽甫。伯姓為夏朝益之後，春秋時有伯宗、伯州犁。陽甫為周幽王時太史，其年代當為西曆紀元前 780 年左右[9]。人稱其為史伯。伯陽甫以宇宙觀點論自然與社會之盛衰，認為任何時代及君主應具宏遠之宇宙觀、自然觀。宇宙有其運行之勢與規則，非人為之所可左右。一切所行不可悖逆宇宙發展生生之原則，亦即人不可逆天，否則必功敗垂成。天不可欺，亦即自然不可欺，凡欺天亦即欺侮自然，莫不招致嚴重之禍害。

宇宙中有正負、陰陽、剛柔兩股力量相互交替，有其自有之秩序，若此秩序被擾亂，則宇宙間必有怪異之事變發生。宇宙中之陰陽二氣，其運行若得其秩序，則陰陽得其和諧。若運行悖亂，則必有一氣窒塞而不通，另一氣必盛行而無制。此則宇宙中之運行表現同一而無

8　參見《詩序》、《詩·烝民篇》，及《詩箋》等文獻。又參見陳元德《中國古代哲學史》，第六章群哲篇，頁 105-106。

9　按古代史官有太史與內史之分。太史記言，內史記行，分別其言行之記載，以昭信天下，傳為後代之殷鑑。

調劑，宇宙之陰陽不和，難得和諧[10]。則自然失序，人間有變。

按《國語·周語》記載如下：幽王二年，西周三川皆震。伯陽甫曰：「周將亡矣。夫天地之氣，不失其序；若過其序，民亂之也。陽伏而不能出，陰迫而不能丞，於是有地震。今三川實震，是陽失其所而鎮陰也。陽失而在陰，川源必塞。源塞，國必亡。夫水土演而民用也。水土無所演，民乏財用，不亡何待。昔尹，洛竭而夏亡，河竭而商亡，今周德若二代之季矣[11]，其川源又塞，塞必竭。夫國必依山川，山崩川竭，亡之徵也。川竭，山必崩，若國亡不過十年，數之紀也。夫天之所棄，不過其紀[12]。」

以上所云若按當今地質學、土壤學，與河流之生態學言之，並非危言聳聽。伯陽甫站在自然生態學的立場，見山川阻塞，不利耕耘，有損農民耕作，因天災必引起人禍，故特為之預言。因川竭則水氣不潤，土枯不養，故乏財用，水泉不潤，枯朽而崩。伯陽甫由地動而泉源塞，從水利、氣候、土壤、農耕與水土保持等自然環境之維護，而談及人類社會秩序之失衡。是由自然之失修而言及社會之動亂。故乃古代環境觀察之巨擘。此史料彌足珍貴。

二 東周之際自然環保思想與制度

（一）單朝的自然環境觀

單亦周同姓之國，乃姬姓分封之伯爵，其國當今之山東單縣。單

---

[10] 參見陳元德《中國古代哲學史》，第六章群哲篇，頁 106-108。

[11] 所謂兩代之季，指夏桀與商紂之時。（見《國語·周語》注釋）

[12] 幽王 2 年為西元紀元前 782 年。所謂西周之川皆震，指西周王室居處之三川地帶發生大地震。此三川指黃河流域及其支流涇水、渭水、洛水之間的鎬京地帶，此三川皆出於岐山。此段原見諸《國語·周語上》，頁 26-27，九思出版社，民國 67 年 10 月出版。

伯為周天子之卿，單為其采邑地；伯即伯爵，謚為襄公。其時約當周定王 606B.C.直至周簡王 585B.C.及周靈王 571B.C.之時。周定王使單襄公聘於宋（見《周語》）。

　　單朝之思想受天文、地理與人事的關係，認為任何社會之生活與活動，都與自然生態與氣候環境攸關。人間施政不可與氣候、土壤與自然一切先天的條件相左，人文須與天文相配合，社會環境須與自然環境相協調，否則所行必不順。單朝有名之論證謂：「夫辰角見而雨畢，天根見而水涸，本見而草木節解，駟見而隕霜，火見而清風戒寒。故先王之教曰：雨畢而除道，水涸而成梁，草木節解而備藏，隕霜而冬裘具。清風至而修城郭宮室[13]。」

　　以上記載見諸《國語‧周語中》周定王命單襄公聘問（即出使）於宋國，所謂聘問即藉使臣去安撫天下萬國，以便其存省體察。單襄公以天候徵兆言明與人間社會的關係，即治國者，不可不明氣候與大自然環境的關係，否則調度無節，不知配合大自然的時令，則政令必然苛民擾民。

　　以上所言指：當天上二十八宿中之蒼龍座角宿（辰角，大辰蒼龍之角），當其顯現時，見東方建戌之初（下午 7-9 點為建戌）[14]。雨畢者殺氣日至天地乾枯，而雨氣盡也。言當角宿上升之時，亦即雨水收斂之季。為政者，務農宜在適當之時期，乘有雨水務必興農，否則到了雨水畢，逢乾旱之季，農民即無法耕耘。

---

[13] 天上二十八宿，為東方蒼龍座七星—角、亢、氐、房、心、尾、箕。北方七宿—斗、牛、女、虛、危、室、壁。西方七宿為—奎、婁、胃、昴、畢、觜、參。南方七宿為—井、鬼、柳、星、張、翼、軫。

[14] 建子之時為三更即清晨 11-1 點。建丑之時為四更即清晨 1-3 點。建寅之時為五更即清晨 3-5 點。建卯之時即上午 5-7 點。建辰之時即上午 7-9 點。建巳之時即上午 9-11 點。建午之時即正午 11-1 點。建未之時即下午 1-3 點。建申之時即下午 3-5 點。建酉之時即下午 5-7 點。建戌之時為初更即晚上 7-9 點。建亥之時為二更即晚上 9-11 點。

所謂「天根見」係指亢宿、氐宿之間。意指當春分之後，蒼龍座始由東方天空向上升，至夏至時，蒼龍座正逢中空，過了秋分，蒼龍座即將西沉落入西方天際，當角宿初露，言明春分已屆，為政者當獎勵農民耕田，到了蒼龍座的亢、氐兩星顯現時，則已過了春分時，再去耕種顯已過晚了。到了馴見，馴即天馴為蒼龍座之房星，意謂到了看到房星時，以迫秋分時分，此時已開始霜降，當霜降之後，秋風已涼，戒人當先為寒備了。所謂火見，即指蒼龍座中之心星，又名鶉火，此時已到建亥之月初，天候已漸寒，已不利耕作了。

以上所言，莫非道盡人間之作為，須與天上星宿之運行相配合，因星宿之運行與時令氣候有關，若違背了天時，則一切人間努力，都屬枉然。這可見我國早在西周之時，以迄東周即注重自然環保觀念，以天時地利與人事息息相關，人為之努力，若與天時相違，則所做一切都將落空。

（二）單旗

單旗為單朝之五世孫，諡為穆公，為周景王時（544B.C.）之卿士，他任周王室之卿士約當公元前 520 年左右。他主張心靈環保之重要性，認為人民若心中無規律，則生活中必任意破壞社會規範，則其亦必破壞大自然之規律，故特主張法律首在律心，但最高之法律乃為音樂，音樂可以娛人，使人心靈薰陶於樂律中，不敢隕越，則其人亦必尊重自然之律例。音樂為中和調度之本，若太過則流於奢侈，則樂亦可為害。總之音樂為一切制度之準則，得其宜，乃能利人，否則害人。其詳細主張見《國語・周語下》。

他以音樂的目的在正之以度量，耳內和聲，口出美言，以為憲令，而布諸民。耳目是心之樞機，故必聽和而視正，聽和則聰，視正則明，

聰則言聽，明則德昭，聽言昭德，則能思慮純固……[15]。

這種以心中平和爲守律法之根本，若心中不平和，則有律法亦難行。按環保規範之不容破壞，但對不知天地律例之人，心中悖逆之徒，仍然破壞自然秩序與糟蹋自然環境，對此輩之人，非區區法律所能繩之，唯有靠音樂之教化，故重在環保教育與心靈之啓迪，一個國家社會中之人民，若普遍缺乏環保意識，則一切環保工程亦可毀之於一旦。

（三）醫和之自然生命有機體觀

醫和爲秦國之醫官，當春秋時，晉平公有疾（541B.C.）曾求醫於秦，秦景公乃使醫和爲之視病。醫和之思想以爲人體由宇宙之六氣所成，人爲小宇宙，大宇宙與小宇宙息息相通，人體須有調節，否則發生疾病，大自然亦須有調節，否則自然環境亦會生弊病，人體與自然息息相關，其疾病之理彼此相通[16]。

生命是有機體有其組織功能，大自然亦是有機體，有其自然機制，此機制不可違反，人或違之則罹疾患。任何一單元有病，都可影響及全身，故大自然中有一不調適，則亦影響及自然萬物與人類。

（四）晏嬰反對發展社會福利而過度開發

晏嬰字平仲，爲春秋時期齊國之大夫，曾事齊靈公、莊公、景公等數位君王，時期約當爲西元前522年左右[17]。

他認爲政治之目的不在培養國富，因爲富極必趨向惡富，故曰：求富必失富，在富中迷失自己。他主張理財應有節制，一個國家過度追求財富，則必大事開發而致破壞自然、損及環境，故宜以幅利，而

---

[15] 詳見《國語・周語下》周景王段，單朝所引之心靈環保文本。詳見《國語》校注本，九思出版社。頁122-126。

[16] 見《國語・晉語》第八卷，晉平公有疾，秦景公使醫和視之……。見同書，頁473-475。

[17] 詳見《左傳・魯昭公20年》，當齊景公25年，爲公元前522年。

非追求福利。所謂幅利，則按幅度得其所宜。如人裁衣，必量身定做，而非用盡天下之布。社會追求福利，按其限度故曰幅利，不是盲無止境的福利，當人人追求福利時，國必大危，而社會所費之成本愈高，自然生態愈遭破壞。下文是一段記述與他本人有關的事蹟。

「與晏子邶殿，其鄙六十[18]，弗受。子尾曰[19]：富，人之所欲也，何獨弗欲？對曰：慶氏之邑[20]足欲，故亡。吾邑不足欲也。益之以邶殿，乃足欲。足欲，亡無日矣。在外不得宰吾一邑。不受邶殿，非惡富也，恐失富也。且夫富如布帛之有幅焉，為之制度，使無遷也。夫民生厚而用利，於是乎正德以幅之，使無黜嫚，謂之幅利。利過則為敗。吾不敢貪多，所謂幅也。」（見《左傳・襄公》28 年，公元前 545 年）

以上所引《左傳》原文意指齊侯封給晏子邶殿和邶殿邊上六十個城邑，晏子不接受。子尾說：「富有，是人人所希望的，為何你獨不要？」晏子答謂：「慶氏之城邑雖已滿足了慾望，但卻因慾望惹禍，所以棄封而逃亡。我的城邑雖寡，而不能滿足慾望，若把邶殿增加添上，就可窮奢極欲了；但滿足了慾望，難免惹禍，則離逃亡之日恐不久了。既有一日逃亡在外，則連一個城邑也不能主宰。何故要接受意外之財－邶殿。我並非討厭富有，卻因恐增加了富有反失去了富有。況且富有就如布帛一樣，都須有一定的幅度。為之制定幅度，就不能逾越，則當生活豐厚之餘不致傷風敗德，且不敢放肆傲慢。此乃限制私利，若私利過了頭必要失敗。」

晏子為齊國相，提倡舉國節儉，反對奢侈，更反對大興土木廣修宮舍，以致上行下效而使國本動搖。更因大興建設而大動自然資源以

---

[18] 按魯襄公 28 年為公元前 545 年，邶殿：齊國之別都（在今山東昌邑縣西），其鄙六十：指附屬於邶殿的邊上六十個城邑。

[19] 子尾是齊國大夫，乃公子旗（子高）之子，后為高氏。

[20] 慶氏之邑：齊國大夫慶封、慶舍等所領之采邑。

致破壞了生態。

這是春秋時期非常有見識並具環保心境的士大夫。

他知道一個地方的有序，往往建立在別處的無序上，當時雖不知有熱力學第二定律以及熵值之不斷升高；但晏子心中早知，一處之成，即他處之毀，故爲維持自家與社會之和諧，寧可不享分封廣大之采邑而自厚庶可長久，且不爲社會增添大興土木之累，庶幾保持了大自然之和諧。

連孔子都稱讚晏平仲之高風亮節，子曰：「晏平仲善與人交，久而敬之。」（《論語‧公冶長》）

（五）梓愼、蔡墨、范蠡的自然觀

1.梓愼：是魯國的大夫，當魯國昭公之時（魯昭公元年爲西元前541年）他是星象家，能觀天體之氣色與大地之關係。他恆以天文現象解釋地上之事變，以天文、地文、人文，三文相通，彼此關係若失調，則天災地變隨之。他以人事之作爲破壞了地文，則必受到天文之警告，天象的特徵，攸關人文之措施。人文對地文之破壞必影響於天文。他強調善盡人事勝於祭禱，人間之禍福，純在人爲，天地有陰陽平衡之原理，不當之處理，恆破壞了大自然的調和，必應在天災地變上，故爲政者不可不愼。他屢言宋、衛、陳、鄭各國必有火災，各皆應驗，因爲祭祀不能免災，若無環保之措施，則水火無情，並吞噬列國。（詳見《左傳‧昭公》15年、17年、18年、20年等文獻）

天地之五行平衡，與陰陽協調爲大自然之根本，所謂五行平行，即金、木、水、火、土之保護與維持，任何一行過強，都會招致失衡，而陰陽之氣，端在保持正負、正反、剛柔作用方面之對稱，不可使有偏斜，就人體之健康與社會全體之間之諧和，都在如何調和正負之間的平衡。隨便開採樹林、興建宮室，是爲金勝木。疏濬河流有所怠忽，或加以阻塞，是爲土克水，最後必馴至水災之大患。五行之中，重在

彼此相生，切勿相剋，凡相剋之道，最後終將構成災禍。在戰國時代墨子亦言及，五行不相勝，說在多，以量勝，但量有消長，不可依恃，金未必克木，杯水不能克大火，迷信五行相剋，不知相生之理，正是不知自然生態中微妙的作用。

2.蔡墨：亦稱史墨，是晉之太史，約當魯昭公32年，公元前511年，他也是天文星象專家，對五大行星之觀測始於黃帝之時（公元前2697年），他認為五大行星，乃為宇宙之精氣所圍聚而成。如：以水星為地上水之代表，地上凡屬水性之物，皆受其影響。火、金、木、土亦然。天文形象有干支之區劃，故干支亦有物性之性質。宇宙是天、地、人、物所共同的場所，彼此之間各有定數，地上之人類其命運亦有定數。即連天地諸物，亦各皆有其定數。此種定數不容破壞與違背。如：樹木（木）之定數為百年、千年，若任意砍伐之，使其不得天年，則地上必有大水災，以及山崩地裂之禍。

如：土之定數為凝聚，若一昧開挖之，則必破壞地脈、水脈，與山勢之走向，而使山坡失其依峙之勢，則土崩必水甕，川塞則水枯，影響了樹木花草及其他植物之生存。

事實上，五行所代表的是宇宙天地萬物間的平衡原理，不使一物剋一物，而在相互間的彼此生生，彼此繁榮，在生態上，保持一定的抑制作用與平衡作用，勿使其中有所偏頗之謂。

3.范蠡：范蠡為越國之名臣，於公元前473年，佐越王句踐滅吳，功成隱退（詳情見《會稽典錄》、《國語‧越語》等）。後易名經商，度其晚年，卒於公元前454B.C.。

范蠡思想受天文學以及宗教思想之影響頗深。他深知宇宙中天道反覆之理，天道有其自然之運行，若能順其動向，則人之所行，無往而不利，否則無有不顛覆者。他深知宇宙之運行為對動的，即向對立之方向運動。天道有正動與反動，互相交替。當正動發生之後，繼起者必為反動，此為宇宙之定式。故人欲有所成者，先居其敗。欲其敗

者，先求其成。智者之行爲，常行其反面，此即所謂陰反成陽，陽反成陰。

　　陰陽在人類行爲中所最易表現者，爲軍事與商業，所謂虛中處實，實中處虛，虛實變化令人莫測。在自然之表現者即氣候中陰陽寒暑、冷暖、溫燠、乾濕、冷熱之變化。在天地中之變化即晝夜、朔望、春秋、歲之終始等。在土地中即隱藏、起伏、生息、毀滅。大凡宇宙自然與人間皆不離此盛衰起伏，生然肅殺之遞嬗，一切都在生生滅滅中毫不間斷。

　　范蠡之宇宙觀以爲陰陽有消息運動，如：「天道皇皇，日月以爲常，明者以爲法，微者則是行。陽至而陰，陰至而陽，日困而還，月盈而匡。」（見《越語》）[21]

　　「聖人之功，時爲之庸，得時不成，天有還形，天節不遠，五年復反[22]。」

　　「天道盈而不溢，盛而不驕，勞而不矜其功[23]。」

　　范蠡思想中有宇宙自然與保育之理，說明天理循環，自然萬物各有其數，彼此互補，不可損此益彼，或損彼益此，自然之安排，有其秩序，不可以人工去干涉之，否則必致大自然秩序之紊亂。如：

　　王問於范蠡曰：「節事奈何？」對曰：「節事者與地。唯地能包萬物以爲一，其事不失。生萬物，容畜禽獸……以養其生。時不至，不可彊生；事不究，不可彊成。自若以處，以度天下，待其來者而正之，因時之所宜而定之。同男女之功，除民之害，以避天殃……事無閒，時無反，則撫民保教以須之[24]。」

---

[21]　見《國語‧越語下》國語卷二十一，頁653，九思出版社。天道皇皇，謂天道著明，明有其常象，當日月盛滿時，天象著明，當虧損薄蝕時，謂之微。法者，以其明而進取，當其微時，則隱遁，日西而窮則還，月匡則虧而退隱。

[22]　同上。頁656。謂天有還形，即終而違始，一切有其節期，絲毫不爽。

[23]　同上。頁641。

[24]　同上。頁644-645。所謂「節事」指修改政事。

　　此段說明自然環境，各有其宜，皆成之以養人。物生各有時，不可強求，人為之妄動，必有所偏，而致有所失。農穡之事，各期其時而成，非人之所能勉強，過分加強生產，反損地利。山川土壤亦皆有其所保，不得其保，則必廢置。茲悉當今雲南麗江之自然冰川，因受人為之過度開發，而致崩塌，又因遊客絡繹不絕，以致熱氣增加，而致冰川融解[25]。范蠡之見在數千年前，即已言及。

　　總之，范蠡強調人所作為，須順宇宙自然之運行，不可強自作為，所謂：「上帝不考，時反是守，彊索者不祥。得時不成，反受其殃[26]。」又云：「因陰陽之恆，順天地之常。柔而不屈，彊而不剛，德虐之行，因以為常；死生因天地之刑，天因人，聖人因天；人自生之，天地形之，聖人因而成之[27]。」

　　所謂上帝不考，指上天只安排自然之要件，成之者在人，凡強求其成者，必有不祥之事發生，又言得生時之際，而人弗能成之，則必反受其殃。至於天地陰陽、剛柔、陰晴、圓缺本是天地之常。凡能順自然之道而運行之，不勉強驟成，方克有濟。天垂象，聖人則之。因人之善圖與否而福禍之。

　　前所謂時不至，不可彊生，事不究，不可彊成，自若以處，以度天下。這是范蠡處自然與人事之最大法則。亦即孟子所謂之「斧斤以時入山林，林木不可勝用[28]。」注重自然環境之維護，而切戒濫用自然資源，否則必有匱乏之虞，因自然資源不是無止境供應的。

---

[25] 見民國 93 年 5 月 13 日聯合報兩岸篇 A13 版：「熱島效應，麗江冰川崩解不斷。雪線以每年 15 公尺到 20 公尺的速度上升。冰川也以每年 30 公尺的速度後退，雪山已經進入高速退化期，其主要原因還是來自全球溫度升高，使冰川範圍縮小。」

[26] 見《國語・越語下》（國語卷二十一）頁 648。

[27] 同上，頁 646。

[28] 見《孟子・梁惠王上》。

（六）周祝之維護自然法則

周祝爲東周之巫人，祭主讚詞者（《說文》），他極推崇道與自然。認爲天地之中有大道之準則，則而行之則昌，逆而行之則必危及天下。他說：「善爲國者使之有行。定彼萬物必有常。善用道者終無害，天地之間有滄熱，善用道者終無竭。陳彼五行必有勝，天之所覆無不稱。……海之大也，而魚何爲可得，山之深也，虎豹貙貀何爲可服？人智之邃也，奚爲可測？……君子不察，福不來，故忌而不得……[29]。」

他主張一切人事作爲須順大自然之法則，因而行有常，是謂「有行」。天地雖大，魚類濫捕必有時而盡，不要認爲海無限大，可毫無止境的供應，即山林中之猛獸亦應予保護，否則必有時而絕，天空之飛鳥，亦非隨時可取，故曰凡胡作胡爲，君子不察，則福不來，所欲不可得必反受其災了。

三　《管子》書中有關自然保育之思想

（一）水土保持與環境管理

管子在＜五輔第十＞（《管子卷三》）中提出許多治國安邦的建議，對於政治制度、經濟制度等，各方面都有詳盡的說明。其中對於振興農業、如何保護水土與自然資源等亦所言甚詳。

管子主張德有六興、義有七體、禮有八經、法有五務、權有三度。其中所指的六興，大抵是有關民生經濟建設與自然環境保護之措施。

茲分述如下：

1.如修樹藝：鼓勵種植林木。

2.導水潦：疏濬河道、山川，使勿淤積。

---

[29] 見《逸周書·周注解》。又參見陳元德注《中國古代哲學史》第七章群哲，第八節，頁128。

3.利陂溝：即〈四時篇〉所謂的修溝瀆，凡山坡所在的溝澗，多因雨水沖刷溝澗而致淤積，務必時常挖深、疏導，勿使亂石、淤沙及斷木殘枝阻塞排水之功能。

4.決潘渚：水之溢洄不能向前流，叫做「潘」，因水流之前頭地勢漸高渚住水勢不能直流，故有洄流之勢，務必疏導之，否則每遇大潦，必罹水患。

5.潰泥滯：所有溝渠排水道，應時常疏濬勿使垃圾所掩塞，此爲布政之第一要務。

6.通鬱閉慎津梁：大川、小川、大河、小河、池塘、湖泊，時間長久之後，必然鬱閉，有時受地形之改變，致河道改流，如：地層下陷、遽然地震都會使原先之河道變形，宜常注意清理，使水流順暢。這些都是攸關萬民的庶政，不可不勤。所謂慎津梁－務要慎於戒除水害，多種樹木以蓄之，是爲自貽之利。以上是爲管子的六興，皆係有關環保之重要工程[30]。

（二）對生態平衡之管制[31]

1.對山澤之時禁

（1）包括對自然資源的保護與合理使用，如定期定點舉行禁漁活動，在若干水域不得捕漁，以維護魚數之繁殖。〈四時篇〉說，毋發山川之藏，即對金玉珠貝之屬不可任意發掘。

（2）對特定山林區之禁伐活動，保護林木繁衍，尤其對罕有之森林，或某些高貴之林木，絕對禁止濫伐。

2.對狩獵的時禁：非得時令之宜與許可，不得隨便捕獵。〈四

---

[30] 見《管子纂詁》，五輔第十，《管子卷三》，河洛圖書出版社。民國 65 年 3 月台景印，初版，頁 26-27。

[31] 同上。〈禁藏〉第五十三，《管子卷十七》，頁 14-16。又見卷十四，〈四時〉第四十，頁 11-12。

時篇〉說，五政曰：令禁網設禽獸，毋殺飛鳥，無殺麑夭。

（三）對水性之分析與管理

管子將天下之水分為五種，分別予以適當之管理。

1.經水：水之出於山而流入於海者謂之經水。經者言其如織如絲、脈絡一貫，水專達於海，如織經之本末條暢。

2.枝水：水別於他水。即從他水分流（若江別為沱）入於大水及海者，命曰枝水。（凡入大水或分流入於海者名枝水）

3.谷水：山之溝，一有水一毋水者，命曰谷水，即溝瀆所流之谷水。

4.川水：水之出於他水溝，流於大水及海者，命曰川水。此所謂溝指河谷而言，即非由山上往下流者，有別山水而言。

5.淵水：出地而不流者，命曰淵水－所謂出地即出於平地而成淵者，如：湖泊、池塘等。

此五水者，因其利而往之可也，不可使扼，宜順水勢之利而導之。按管子之意見，水利與水害是一而二、二而一的，利即其害，害即其利，疏之導之謂利，壅之塞之為害。為政者須審視以上五水之勢，而作全國性通盤之管理[32]。

齊桓公曾與管仲談水利問題。其要點如下：

1.治淤水：水流高，即留而不行，必高其上，水可走也。或迂其道而遠之以勢行之。

2.治湍水：水過激，乃因遇杜曲，曲則激，則躍，激則偏倚於一方。偏激於一方，則必回環為渦。回環為渦，則激勢既衰，則水復行於中流，必挾帶泥沙，而淤積，而致河流改道。

3.治曲水：河流、川渠多曲折，必不通暢，宜截彎取直，務使去

---

[32] 見《管子纂詁・度地第五十七》，管子卷十八，頁 10-12。

塞而勿氾濫傷人[33]。

管子極重視決水潦、通溝瀆、修障防、安水藏，使時水雖過度無害於五穀。以司空掌營築，水利既修，潦可泄瀉，旱可灌漑，故水旱皆有所（豶）穫[34]。在＜五行篇＞中，更重視修潽水土，以待乎天變，使金、木、水、火、土，互不失序。

（四）大宇宙與小宇宙之相互平衡

管子在＜五行篇＞第四十一中，強調宇宙自然中之大和合，亦即以後《易傳》中所強調的保合太和、各正性命之理。

他認為宇宙中不離本與器，本是宇宙之根，器是宇宙之用，為政之道勿因器而喪本。他揭示了十個準則，作為治世的準則：

1.一者本也：「本」為天地自然之源，天地一切非可予取予求，當有愛物之心、惜物愛物，此為環保心靈之關鍵所在。天下之物皆為民本，物有所竭，有日當思無日。

2.二者器也：人類製物以成器，器亦物也。器可利人，亦可害人，天下之器端看如何用之，可導之生生，亦可導之毀滅。

3.三者充也：萬物充滿天下，上天之德在乎生生之為大有，凡事以厚生為主，天生人養，天生人治，苟能將此精神充滿天下，則自然莫不條理，若不能充天生人治之功，凡事違反物性之作用，只有收反害之禍，水可載舟，亦可覆舟，水生萬物，亦可滅萬物。端看如何充分發揮其作用。

4.治者四也：充而不治，必損。充滿天下之物，待人去治理之，治理得當則器用無窮，否則必損及環境與人物。

---

[33] 同上。頁 11-12。水之性，行至曲必留退，滿則後推前，地下則平行，地高則控，杜曲則擣毀，杜曲激則躍，躍則倚，倚則環，環則中涵，涵則塞，塞則移，移則控，控則水妄行，水妄行則傷人。

[34] 同上，卷一，〈主政〉第四，頁 28。

5.教者五也：教育是治政不可或缺之一環，否則必成亂民與亂世，舉凡人與天地之關係，與萬物之關係，與氣候時令之關係，與人倫相處之關係，都是教育的一環。中國古代的教育已注意及九倫，前五倫為父子、夫婦、君臣、兄弟、朋友之關係。第六倫為人群相互之關係，第七倫為人與萬物之關係，第八倫為人與天地之關係，第九倫為人與宇宙以及與本源之關係。此九倫包括天地之間，與天人之關係，涉及家庭、社會、國家、群體與動植物，以及山川河流與天地之間的倫理。

6.守者六也：教育之道貴在守恆，非一曝十寒，或隨便更迭，教無類，學不厭，貴在有守，蓋人而無恆德，不能成巫醫。有守在乎有持，所守不當，則所持之一切，將盡如泡影。

7.立者七也：無守之人，無守之國，皆不能立身於天地之間，為政在乎有所立，有所立則有所創設，所立不當，則一切所創，皆如鄙屣。

8.前者八也：一個個人、社會或團體、國家，必須有其前瞻性，所謂前瞻性即時代主見（Time bias）。若凡事無預見與預為規劃，則所作之一切措施，必紊亂不堪，無補於大局。

　大自然之整治、河川之疏濬、森林之廣被、都市建設與大自然山川形勢之關係、都市內部之規範，都在在涉及嚴密周全之前瞻性管理，否則隨意拆建，徒費心力，國家社會一切之庶政莫不在乎有預見，與前瞻之明。

9.終者九也：未有善始，絕無善終，任何建設，皆在慎始慎終，未在始上著力者，必在終上失敗。公共建設是善始善終之規劃，否則一切作做，都是枉費心力，勞而無功，或錯誤百出，浪費公帑。

10.者然後具：凡事須求十全十美，上天賦人以十數，十是五之合，合伍為什，伍非雜亂之湊合，有善伍始有善什。十是明事得理之具，宇宙與自然乃秩序之安排，此秩序紊亂，則人天共厄。

　　管子在〈五行〉第四十一（該書第十四），即詳闡明此十方之道，治國理世，以此十為本，環境管理與維護亦不離此「十」之理[35]。管子強調宇宙天地有其大常，必明乎天道，使為當時，勿違大自然之法則，故司空（掌管建築工程之官員，或工程師）必須明乎工師之理，不可隨便造次。而司徒（掌管教育之官）之掌必須善為培養九倫之識，否則不可能建立環保心靈與環保文化。

　　管子書中所倡之五行，謂天地萬物各有其常行，金、木、水、火、土，各有其屬性，此屬性各有其行誼，在時空上有其特性，不可違逆使用與作用，故不含以後陰陽家所謂的五行關係，管子是站在環保科學觀點下，去審視天地間五行的關係的。管子強調，萬物得度，各得其適，萬物中義，守一不忒之理。能通萬物之化，與萬物之變，而不悖自然之理，是為智慧[36]。

（五）對公共場所的環保設定：土壤之認定與分析，公共財之維護

　　1.管子在〈地數篇〉藉黃帝與伯高的對話，說明地質土壤對人之關係：

　　上有丹沙者下有黃金，上有磁石者下有銅金，上有陵石者，下有鉛錫赤銅，上有赭者，下有鐵，此山之見榮者也[37]。

　　凡屬如此之礦山不准建築，亦不許遊覽，應為封山。有動封山者，罪死不赦，此為保全公共資源，以免遭人盜採。天財地利，為國家之財產，不容私有。

　　2.不許燒擄山林：燒增藪，焚沛澤，不益民利，管子反對無故燒山、焚樹林，以維護自然資源[38]。

---

[35] 詳參《管子纂詁》卷十四〈五行第四十一〉河洛圖書出版社，民國65年3月台景印，初版。纂詁者為日人安井衡。

[36] 同上。卷十六〈內業第四十九〉頁4。

[37] 見《管子纂詁·地數篇第七十七》管子卷二十三，頁2。

[38] 同上。〈國准第七十九〉管子卷二十三，頁78。

四　易經、易傳思想中對環境保育之信念

（一）保合太和的宇宙觀與自然觀

《易經》與《易傳》皆以天、人、地為三才，彼此和洽圓融，人居天地之中，與天地並生。英國當代廣義相對論與量子物理學家霍金（Stephen Hawking）在思索宇宙意義，而非宇宙數目時，他正思想如何正視宇宙的本身，並把它放在正確的觀察位置上。當研究到宇宙的起源，無形中充滿了一股宗教感與宗教情懷，但大多數科學家都迴避宗教的一面；但宇宙為何如是，而非彼是，若不如是就無人提出如此之如是，無人能證明在造化之一瞬為何如是，偉大的物理學家惠勒（John Wheeler）[39]擴大了霍金之人本原理（anthropic principle）認為宇宙之可貴在乎其有生命，不在其超空間之如何龐大。

《易經》與《易傳》皆以宇宙為天、地、人之結合，並在綿延流變的時間中的大匯集。

當代科學正由高度分化而走向了高度的綜合，而《易》正是宇宙天人大綜合的智慧，全地球的變化與全宇宙的變化息息相關，宇宙星辰不論是否有如人類之高級生命居住著，但宇宙本身實是一生命體，都落在升降起伏、生死毀滅之間，很多星系都化作白矮星或中子星，很多星系因質子衰變而向內崩塌，而成了黑洞，我們的太陽也有一天終會毀滅，而變成吞噬一切的黑洞。

地球圈和生物圈相互關係，彼此息息相叩，即連太陽系與銀河系也是彼此休戚相關的，一切都在此存彼存、此滅彼滅終中存在著。《易》學早在二、三千年前即提出了天地人系統觀，應從整體上去探討地球、

---

[39] 德克薩斯（Texas）大學物理學教授，被稱為物理學家中的物理學家。他擴大了人本原理（anthropic principle），認為超時空宇宙大多數是死寂而無生命的所在，以我們的宇宙是獨一無二的，因為有了生命。

星系和人生社會的問題，中國人早以天文、地文、人文相互關連，不容分隔與侵犯。

天文學、地球科學、生命科學是自然科學中的三大領域，它們各自又包含著許多分支的學科，其內容十分繁雜與廣博。

當前世界正面臨能源、資源、農業、工業、人口、生態等重大危機，這些都屬於天地人研究的範疇。

二十世紀 60 年代以後，世界上一些國家相繼發生了各種嚴重的自然災害，這些災害都牽涉到天文、地質變動、地震、氣象、海洋生態等多方面的變遷。

人類已發覺到，宇宙、地球、生命三者相互聯繫，相互作用的整體，彼此環環相叩。

由於海洋溫度增高，使地球表面發生溫室效應，更加上臭氧層的破洞，引起輻射升高使兩極冰山逐漸融化，若干高山積雪亦不能長存，雪線逐漸增高，海洋生態發生變遷，連海水化學平衡都發生失常，藻類在海灣逐漸蔓延，魚類、貝類生態發生危機。又如：大環境的污染，使草原被破壞，草中含有戴奧辛，影響到牛隻。在牛奶中亦含有戴奧辛的成分，而成了食物鏈中的連環影響。這些多是人類發展工業文明和高度利用石油，並焚燒五金與能源所致。

此外，對自然災害以及人類生存密切有關的河流污染，內陸沙漠化，森林萎縮或大火，暖冬或乾旱、暴雨無常、地層下陷等都在在使人類生存面臨威脅。

人類覺悟到自然乃人類之溫床，並非征服的對象。大自然不是人類予取予求的大倉庫，亦非取之不盡用之不竭的大蘊藏，而是高度熵值增高的無序狀態。我們的宇宙與自然，正由有序邁向無序，其情況愈益嚴重。

人類無法征服自然，太空船飛離太陽系邊緣，會遇到億萬個以上的大小黑洞，非人之所能超越。我們的地球只有一個，它是目前所知

唯一有生命居住的所在。人類卻不斷的糟蹋它，並企圖移民月亮或火星，誠屬可笑。

中國道家與儒家本屬同源，都本於《易》學之思想，以天地人本不相害。善以駕馭之，則彼此生生，否則終必招致嚴重的禍害。所謂保合太和，基於各正性命。前者重在宇宙、自然與人類群體的自然調和，後者重在自然與人生中的個體調適。譬喻彈琴，每個琴鍵的是否調適，是謂各正性命，若有些琴鍵變音了，則整體的音響必不協調。人類社會與所居處的自然，若個別發生了部分的不協調（即不能各正性命），則整體必發生不能和諧的危機。今天世上各地區都各自競相發展高度建設，一再地使熵值增高，世上各地已產生不能各正性命的生態危機，整個地球與地球圈自然地產生了反彈，而使環境情況愈益惡化。自然與人是共生共存的，彼此是相順、相依、相濟的，人類若不停止戕天役物，物競天擇與適者生存的迷思，則自然與人生皆必走向毀滅。《易傳》說：「與天地合其德，與日月合其明，與四時合其序，與鬼神合其吉凶。」「先天而天弗違，後天而順天時。」都是提醒人類必須與大自然合其節拍、合其時序、合其吉凶，不能去奴役自然或支配自然。《周易》認為，天地人三才之間有密切的關係，地道與人道是從屬於天道的。《繫辭上傳》說：「是以明于天之道，而察于民之故，是故法象莫大乎天地，變通莫大於四時。」《易》曰：「自天佑之，吉，無不利。」

朱熹在《周易本義》一書序言中概括的說：「易之為書，卦爻象象之義備，而天地萬物之情見，六十四卦，三百八十四爻，皆所以順性命之理，盡變化之道也，散之在理，則有萬殊，統之在道，則無二致。」

《易》卦爻象象是用來研究天地萬物的道理，遠在六合之外，近在一身之中，集天地人共同的規律，亦如是始能與天地合其德……與四時合其序。若人之作為違背了天地自然之理，沒有不收到惡果的。

　　道家之老子、莊子以及儒家之孔孟，所述之天地之理，皆不外易道之翻版。易道更以善言天者，必驗於人，人與天地萬物卻是動態的系統，是複雜的網絡系統，人破壞了自然生態亦即破壞了自身。

（二）天地人的交互系統觀

　　宇宙本是層層系統的集合，在大集合中有小集合，如銀河系是一大集合，太陽系則為一小集合，恆星系統是一大集合，其中之星系則為小集合。太陽系本身復為一大系統，太陽系中之十大行星則為小系統。每個系統與集合之中各有其相聯繫的律例，一個系統出了問題，其他的系統則亦出問題。此外，天文、地理、人生、樹木、花草、鳥獸、魚蟲、河流、山川都構成了不同的集合。在相同與不同的集合之中，都有休戚相關的問題。如水藉著土而流，土藉著水而潤，火藉著木而生，金藉著土而生，而木藉著水而長，這些環環相叩，其中有一環出了問題，其他皆受到影響。人在地球上不僅與不同種類的人相互關係，亦與自然環境發生關係，人的生活與自然根源密不可分，人與自然本是一體。在各種整體觀、系統觀中，更存在著協同觀，與控制觀，此亦即二十世紀 70 年代以後所出現的系統論、集合論、協同論、訊息論、控制論所研究的問題。宇宙的信息與人間的信息是彼此相通的，而宇宙自然現象是互相協調的，彼此諧和的。各系統間相互協合方得到有效之控制，而信息是控制的前驅。易的每個爻代表不同的時間與空間，一個爻位變會影響到整個卦象的變化，此即牽一髮動全身，時位與空間之位都在宇宙場中相互影響。人的生死疾病和天時地利都有密切的聯繫。總之，《周易》思想的核心是整體有機自然觀。決定系統狀態好壞的，是在整個系統中陰陽、正反、剛柔、強弱的互補和協調的程度。東西方文明本不能分別來評論，都是在系統中不同的表現，西方重「質的文化」，東方重「心的文化」，但中西文化實係彼此互補，不可偏廢。「文」與「質」本是相互補助的，過於偏頗則

必發生偏差。西方重質文化，自工業革命以來即重在開發自然、利用自然、征服自然，把自然視為人類擴展其功利的目標。東方文化則重在天地與我並生，萬物與我為一，人物本不可強分，彼此諧和互補。東方文化從未將自然視為人類開拓與榨取資源的場所。

　　二十世紀人類文明突飛猛進的發展，能源的耗費、資源的開發、交通通訊系統的快捷、建築的增進、人類活動領域的逐漸擴大，上及高空下及海洋，就自然界方面而言，造成了能源與資源的危機，自然生態的失調、環境遭受嚴重的破壞、自然景觀的衰退、空氣嚴重的污染、大氣層中臭氧的被破壞、水資源之受污染，都是人類陽剛活動的副產品，此即《易》學中所謂的陰陽平衡失去了作用。當人類進入二十一世紀的四年中，人類當面臨文明的反思，東方原有的尚柔、尚陰的文化與宇宙整體觀、系統觀，正好能治療文明所患的陽剛亢奮之症。因此東西的文明及其哲學必須互補，協調發展，共同創造出二十一世紀的文明理念。注重環保文化與環保心靈，而不是一味地仍然強調征服自然，物為我用。把自然視為人類的奴僕，無止盡地開發，必致地球上的生態平衡愈益嚴重。因此，東西方文化及東西方哲學思想，應求互補並協調發展，俾共同創造更為合理的二十一世紀世界經濟的新生活秩序。

第四節 當代西方環境倫理之探討

一 對自然的義務與自然界的價值（Duties to and values in the natural world）

（一）珍惜自然環境―人的神聖義務

　　人活著必須對自然作反應，必須與自然環境相遇，二十一世紀的人已較過去更深地明瞭大自然的演化歷程，更深地明白動物群、植物群、微生物群以及大自然環境中的協作關係。我們當尋找一恰當的「順其自然」的倫理，使我們所住的地球合乎自然之本然，這是當今環境倫理的責任。

　　傳統倫理最大的錯誤，認為只要處理好人與人之間的關係，即是良好的公民與道德，當今人類已恍然大悟，人要處理的是與天、與地、與所有生物、無生物共同間互存的關係。康德（Kant）以為人是自存的、自主的，這種看法顯已落伍[40]。人與萬物是互依、互傍的，甚至在天地間根本不是自主自存的，而是互依互存的，人以主體性自居，以自己為自立自存體，此種觀念一日不改，則人類心態仍存著征服萬有的雄心，以為有朝一日人可以解開萬有之結，而作萬物之主人，事實上人不過是與萬物並生而已。

　　深入非洲叢林的史懷哲（Albert Schweitzer, 1875-1965）和法哲雨果（Victor Marie, Hugo, 1802-1885）都期待著這天人合一、人與自然間大和融的整體大倫理。事實上，在我國九倫思想中，早已關注及此，

---

[40] 參 Immanuel Kant：”Kritik Der Reinen Vernunft” part II Vol . II。關係的無條件的統一，即認識到自己不是依存性的，而是自存性的。見鄧曉芒德文中譯本，楊祖陶校訂，聯經出版社。

而一般陋儒只知大談五倫而已。

　　土壤、空氣、水、光合作用、氣候與雨量，都是我們生存中的基本伴侶，而動、植物與微生物都與我們的生存有著密不可分的關係，對於以上諸環境加以有意或無意的破壞，都會反彈到人的自身。環境倫理學是當代倫理學的總匯。它勝過傳統的亞理士多德的宜高邁倫理學（Nicomachen Ethics）以及斯賓諾莎的倫理學（Spinoza Ethics and Politics）因爲這些倫理學只是人對人或人與人群之間的關係，未涉及天地與萬物。人類的價值觀不應再奠基在經濟效益、收益成本、社會效用、國家利益、生活水準、社會契約、利益交換之上。人類應站在萬物平等、社會正義、與共利主義的立場，以宏觀的眼光重新評估自然與社會平等的效益。人有義務維護大自然的共生，大自然有它平衡的法則，不要以人爲的方式去助紂爲虐。我們應站在通向宇宙的窗口去瞭望廣闊的浩瀚世界，而不是在人群雜沓中，只考量人自身的利益。

（二）自然所擁有的價值與人類維生的責任

　　造化使一切來到人間，舊約聖經說：上帝命人管理天上的飛鳥、海中所有的魚類、以及山野中的動物[41]。上天賦萬有與人並生，人不是獨立的存在者，一旦失去萬物的依賴性與互倚性，人類將赤裸裸地暴露在大地上無法生存。人類具有對萬有維護的責任，人類必須倚靠自然界的氣流、水循環、陽光和光合作用、固氮作用去分解細菌和真菌。臭氧層、食物鏈與昆蟲的授粉都與人類的生存相關。此外土壤的豐饒性、蚯蚓以及螞蟻，甚至青蛙與蛇類都是相互關係的。自然界的鐵則，比人間的律例更爲嚴謹。人類破壞了大自然的鐵律，人類將自食惡果，如：大地上溫室效應破壞了臭氧層；飛機以超音速飛躍海洋、天空，都在在的破壞了臭氧層；人類以殺蟲劑滅蟲卻殺死了無數益蟲

---

[41] Then God blessed them , and God said to them , "Be..... " - New King James Version , 1982。

與益菌，使生態無法自我調整。又如：濫用化學肥料，使土壤酸化。空氣污染使雨也酸化，這都在在地反撲到了人類自身。人類不能再以經濟價值去高估一切，高呼知識經濟，以生產消費再生產、再分配、再創造、再利潤來支配人類的一切價值。人類切勿以技術決定一切。以為技術所創造出的價值遠勝過自然之價值，若經濟過分強調從物中取材，在自然中取用，以為自然可無盡開發，殊不知這是掘井飲水，而水終有盡時，不可不察。

（三）自然倫理非以人類為中心（Environmental Ethics which are not human-centred）

人類自以為宇宙的中心，並以「我」為知識之主體，以為萬有以人為中心，這是極度錯誤的認識，今日的環境倫理，以人不過是與萬物共存的一部分。這在我國莊子早已言之：「萬物與我為一[42]」，以人為環境的中心，是盲目的自大看法，以為人可任意地支配環境，這是造成環境困厄的主要原因。約翰‧彌勒（John Stuart Mill, 1806-1873）的功利主義，以為人活在世上以追求快樂、避免痛苦為目的。因而，如何開發自然以供人類享受，這正是倫理思想上極大的毒素，極待釐清[43]。

（四）人類公義的破產（the problem of justice）

人類高倡正義卻正是正義的劊子手，以為自然萬物都在人的衡量之下，可任操生殺之權，去定奪萬物的存廢。殊不知上帝的公義，非人間所能比擬，人世並無公義。所謂社會正義不過是經濟分配的分贓平等而已，功利主義正是自然環境的扼殺者。人類心靈不想，則對蒼

---

[42] See: Robert Elliot: Environmental Ethics, p.8, Oxford university Press. Reprinted in paperbook 1995,1996.

[43] See: Palmer: Environmental Ethics and Process Thinking, p.16, Oxford Theological Monographs. Claredon Press. 1998.

生之劫殺必然繼續下去[44]。

 動物權的維護與尊重（the rights of animals）

　　幾乎所有的哲學家都同意人類具有義務不可任意虐待動物，更不可隨意棄養，亦不宜任意引進不同地域的物種，以免它們不適應生態環境，並破壞了環境的秩序，所有的動物未必是供人類的玩伴與寵物，它們有居住與生活的自由，不能任人隨意差遣與隨意遷徙。人不能隨意處置動物，野生的生命有牠們自己的天地。我們應建立尊重野生生物的權利，牠們不是人們的奴隸任人驅策。動物有其自己的王國，不可任意控制牠們的自主權，這是人對其他生物的責任，也是群己關係之外的人物關係之倫。這種尊生思想必須建立[45]。

自然萬物的權利（the rights of natural objects）

　　1.山川、樹木的生存權：許多古代哲人早已宣告萬物都有存在的權利，並生而平等（in fact that all living things are created equal）植物雖可供人食用，但植物也有它生存的權利，樹木需要挺立，草原需要成長，山川水流需要流暢，因為川壅必塞，川塞則不旱則澇。人們需要改變其環保文化素養，不要把自然當作人類玩弄的對象，自然固可供人欣賞，但欣賞之餘，亦應相對地受人尊重，並加以培育。

　　2.土地亦有生存權（The Land Must live）：土地是一切生命的襯托所，破壞了土地及其資源，即是破壞了人類一己的生命，並妨礙人類一己的生存。郊區不是人類任意興建與興廢的所在，也不是垃圾的集

[44] Ibid, p.20
[45] See: K. S. Shrader-Frechette: Environmental Ethics, Chap. 5, p.100-101, The Boxwood Press.183. Ocean View Blod.

散地，人無遠慮必有近憂，破壞了土地，即破壞了人類自己的空間，當人向田園搶土地，向山林搶土地，向山坡搶土地，其結局是使人自陷於困厄之中，當田園盡失之時，人所居的不過是一個乾枯的銅牆鐵壁的居所而已。

3.生態的權利（Ecology and rights）：人尊重自然環境，即尊重自己的生命，萬物相互依存彼此共濟，這是當今人類應有的共識。尊重生態，亦即尊重人類經濟的權益，生態若被破壞，人類經濟亦必遭受嚴重的影響。人類不可因發展經濟建設，而一味開發自然破壞自然，否則必咎由自取。人類對自然生態的尊重，正如對人類社會法律尊重一般[46]。

四　節儉是生活的美德，浪費將是生態的罪人

文明不是浪費，更不是隨意耗費大自然的資源，不知節約的人是物慾生活的奴隸，知道滿足的人才是自然的快樂人。當代人類必須變更一己生存的心態，否則一意浪費資源，將使自然危機益加重。

五　環境道德的建立與文明人

人類社會當今需要建立內省的生活與內在的價值，尊重生物權（Biotic Rights），應從教育中徹底改變過去經濟文化的價值觀，人活著不是單作經濟動物，或是經濟的奴隸。須知在海闊天空裡另有樂趣。在林泉之中，亦有崇高的享受，因此新的美學教育、道德教育與環保文化極待建立。這是當今中小學教育中，極重要的一環。不要把我們的沃土和叢林，變成了廢土。人類真正的失樂園，不是亞當在伊

---

[46] See: K. S. Shrader-Frechette: "Environmental Ethics" pp. 133-135.

甸園中吃了禁果,而是無數的人在糟蹋我們自己的土地,若環境道德
與新的美育不能成長,則人類終有一天,在自己所親手挖掘的土地
上,建立了自己的墳場。

第五節 結語

　　為了增進環保有效的實施,除在文化、道德、教育各方面加強公
民的環保意識與倫理規範外,國外有學者主張加強環保立法,制定環
保法律,以強制人民遵守環保之措施,甚且有人提倡設立環保法庭,
專司處理環保訴訟與環保糾紛事項。至於環保警察,則甚多國家皆已
設立此制度。

　　諸如:對飲用水之每週監測、對飲食品之定期檢驗、對汽車排放
廢氣之限度皆有其準則與罰則,但在台灣似乎尚未得到共識以致市民
對之無動於衷,諸如:在公共場所之抽菸活動迄今尚甚普遍,一般人
我行我素,這是公民素質的低落,也是環保意識的不普遍所致。

　　至於都市建築之環保維持猶為重要,如:高樓高度之限制、建築
位置與風向之關係、建築格局與都市景觀之維持、市相之美化問題,
都與環境有莫大的關係。

　　旁勒士(Mirilia Bonnes)在其所著專文「專家與平民對郊區環境
品質之評估:自然對抗建築環境」(Expert and layperson Evaluations of
Urban Environmental Quality: The 'Nature' Versus the 'Built' Environ-
ment)一文中,極力主張自然勝過建設,任何建築破壞了自然環境則
以環境為先,建設其次。[47]

　　今日台灣以經濟建設為倡,在市區、郊區大建水泥叢林,以致嚴

---

[47] See: "Value and the Environment", A social Science Perspective. Copyright C
1995 by John Wiley & Son Ltd. Edited by Nicholas Alexander. pp. 151-152.

重地破壞了土地景觀與土地環境。無數山林地和田野變成了市區。任
何建築執照之核發，只管土木工程之是否合乎準則，從不問整體建築
是否破壞了林相、木利、地下水流與地文、地脈之關係。按中國古代
極重都市建築的整體環境觀，任何造城皆經極嚴密的審視與設計，
如：中軸線之設定，與山川、河流之形勢，與水脈、地脈之關係，皆
不馬虎。今日之建設，只重實用與功利，對於是否破壞整體環境景觀
與氣候、風向等，皆置之不聞。都市中此種濫建猶為嚴重，建設局只
知作建築線之鑑定，從不計其與鄰近住戶之通風、採光、衛生、景觀
等各方面之考慮，這是缺乏環保文化與環保法制之草率行為，極待環
保教育之加強。

　　國外住宅極重綠帶之區隔，在台灣以建蔽率之前提下，所建之屋
室多如鳥窩與蟻穴，既不注重住的品質，尤破壞了市相與景觀。

　　總之，環境倫理與環境文化，此後應成為學校中通識教育之一，
若國民缺少此種環保教育，則一切建築與土木工作者均水準低落，一
味地任所欲為，則環保問題只有愈來愈嚴重了。

　　當代環保學者羅斯頓（Holmes Rolston），在其名著《環保倫理－
對自然界義務與自然界的價值》（Environmental Ethics－Duties to and
Values in the Natural World）一書中特別強調人類之維生價值，經濟價
值固然重要，但自然所擁有的價值更形重要。人之維生不過一代，而
自然環境之影響則為無數代，甚至一失足可成千古恨。人類追求富
庶，不過為了肉身之舒適，但貧窮人卻可在居有竹中安享天年。雖然
食無肉，卻仍可安然居處，怡養終身。蓋美感上的價值遠勝過娛樂的
價值，而天樂勝過人樂。歷史文化的價值亦遠勝過一時所塑造的價值。

　　最終歸結是，生命價值勝過一切價值的總和。羅斯頓說：「我們
或可用一個命令句來概括環境倫理學的一項主要任務：讓生命永遠

奇妙。」[48]這也就是我國古代《易》學原理中「生生」爲一切價值的總綱，亦爲儒、道二家思想的主流。

---

[48] See: "Duties To and values in the natural World" by Holmes Rolston Ⅲ, Chinese Edition. pp. 29-31.

5U02

臺灣環境保護議題特編

Environmental Issues in Taiwan during Early 21 Century

編　　者 ─ 松根等(454)

發 行 人 ─ 楊榮川
總 編 輯 ─ 王翠華
主　　編 ─ 穆文娟
責任編輯 ─ 陳俐君
封面設計 ─ 童安安

出 版 者 ─ 五南圖書出版股份有限公司
地　　址：106 台北市大安區和平東路二段339號4樓
電　　話：(02)2705-5066　傳　真：(02)2706-6100
網　　址：http://www.wunan.com.tw
電子郵件：wunan@wunan.com.tw
劃撥帳號：01068953
戶　　名：五南圖書出版股份有限公司
台中市駐區辦公室/台中市中區中山路6號
電　　話：(04)2223-0891　傳　真：(04)2223-3549
高雄市駐區辦公室/高雄市新興區中山一路290號
電　　話：(07)2358-702　傳　真：(07)2350-236
法律顧問　元貞聯合法律事務所　張澤平律師

出版日期　2005年6月初版一刷
　　　　　2012年3月初版二刷
定　　價　新臺幣690元

國家圖書館出版品預行編目資料

臺灣環境保護議題特編／松根等著．
　─初版．─臺北市：五南，2005〔民94〕
　面： 公分．
　參考書目
　ISBN 978-957-11-4147-3（平裝）

1. 環境保護運動 - 臺灣

445.99　　　　　　　　　94020002

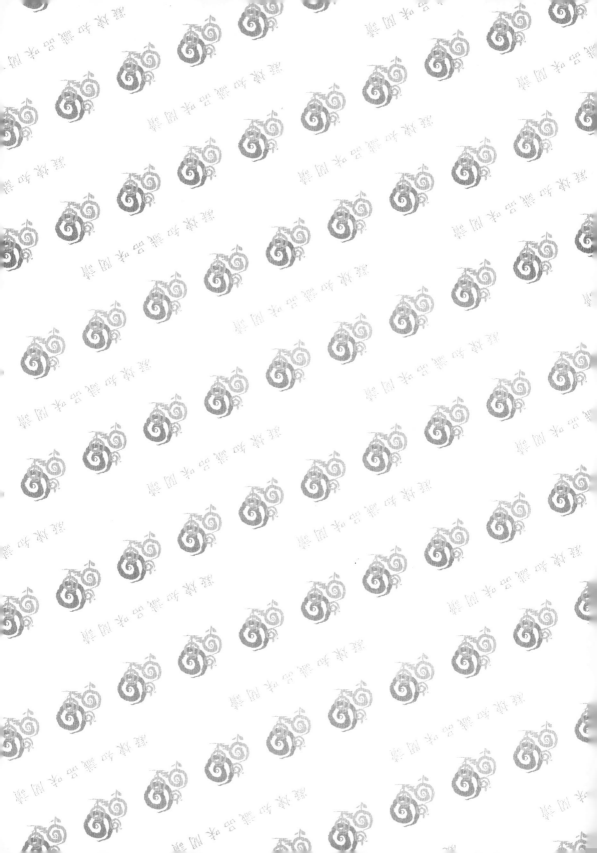

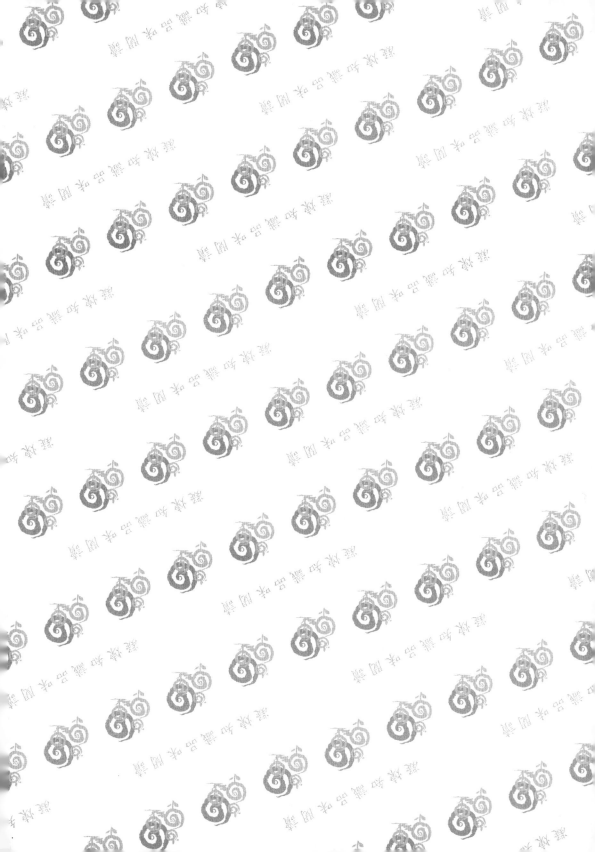